시퀀스 제어와 PLC

김영흡 | 김중배 저

북스힐

책을 내면서

자동제어를 이용한 기계장치는 첨단 기술을 이용한 산업 현장의 로봇에서부터 각 가정에서 사용되는 가전제품에 이르기까지 현대 산업사회의 급속한 기술 발달과 더불어 우리 생활과 밀접한 관계를 가지게 되었다.

그러나 자동제어 시스템을 구현하기 위한 이론과 방법이 매우 다양하고 이를 위한 기기와 부품 또한 기술의 발전에 따라 진보하고 있어, 자동제어를 처음 학습하려는 경우 그 출발이 쉽지 않은 것이 사실이다.

특히 기계 분야에 종사하는 기술자의 경우 전기・전자에 대한 지식이 상당 부분 요구되는 자동제어 분야를 시작하는데 어려움을 느끼는 경우가 많은데, 본 교재에서는 이러한 기초 지식 없이도 자동제어 중에서 기계 분야에서 널리 활용되는 릴레이를 이용한 시퀀스 제어 및 PLC를 이용한 자동제어에 대한 내용을 단계별 흐름에 따라 쉽게 학습할 수 있도록 안내하고 있다.

본 교재의 전반부인 1장에서 3장까지는 시퀀스 제어에 대한 내용이 기술되어 있고, 후반부인 4장에서 8장까지는 PLC 제어에 대한 내용으로 이루어져 있는데, 후반부의 PLC 제어를 원활하게 학습하기 위해서는 전반부의 시퀀스 제어에 대한 개념과 내용을 충실하게 학습해야 한다.

1장에서는 자동제어의 개요를 설명하고 있는데, 제어계에 대한 이해를 돕기 위한 개념도와 설명으로 구성되어 있다. 특히 개회로 제어계와 폐회로 제어계에 대한 내용을 위주로 기술되어 있다.

2장에서는 시퀀스 제어의 개요에서 시작하여 접점의 개념, 시퀀스 제어에 사용되는 각종 기기에 대한 이해, 타임차트, 실체배선도, 시퀀스도 등의 작성법 등에 대해 학습하도록 구성되어 있다.

3장에서는 시퀀스 제어에서 사용되는 기본적인 회로들에 대한 이해를 바탕으로 응용회로를 학습하게 되는데, 대표적인 응용회로로서 3상 유도전동기의 제어 회로들에 대해 소개하고 있다. 또한, 릴레이와 타이머를 이용하는 주요 회로에 대한 실습 과제를 제시하여 시퀀스 제어 회로에 대한 이해를 높일 수 있도록 하였다.

4장에서는 PLC와 릴레이 기반의 시퀀스제어의 차이점에 대한 내용을 숙지해야 한다. 그리고 PLC의 하드웨어 구조와 소프트웨어 구조에 대해서 그 개념을 충분히 이해해야 한다. 이를 통해 PLC를 사용하는 목적 및 적용대상에 대한 이해를 해야 한다. 그리고 PLC CPU에서의 연산방식에 대한 개념을 이해하고, PLC 입출력 모듈의 기능과 외부 기기와의 인터페이스 방법에 대해 충분히 이해해야 한다.

5장에서는 PLC 프로그램에서 사용되는 데이터들과 변수들에 대해 설명하고 있다. 특히 5장에서는 변수의 개념을 정확히 이해하고 사용할 줄 알아야 하는데, 직접 변수와 간접 변수에 대한 정확한 이해와 메모리 할당에 대한 내용은 매우 중요하다.

6장에서는 프로그램을 작성하기 위해 제공되는 그래픽 로더에 대한 전반적인 내용들이 소개되어 있다. 프로그램 작성을 위한 툴의 사용법과 프로그램의 구성에 대한 이해가 중요하다.

7장에서는 프로그램을 작성하는데 필요한 문법을 익히게 되는데, 가장 기초적인 연산자들과 이를 이용한 프로그램들이 제시되어 있다. 그리고 다양한 펑션과 펑션 블록에 대한 내용들이 제시되어 있는데, 이들에 대한 올바른 이해와 응용 능력을 갖추도록 학습함이 매우 중요하다.

8장에서는 구조적으로 복잡한 시스템을 제어하기에 가장 적합한 SFC의 문법과 응용 예들을 제시하고 있다.

본 교재는 전기분야와 제어분야에 대한 선행 지식이 없는 학습자들을 대상으로 한 학기 분량의 강좌를 위해 집필되었기 때문에 대부분의 내용들은 쉽게 서술되어 있다. 그러나 학습자에 따라 다소 어려움을 느낄 수도 있으므로 필요한 경우 관련된 서적들을 참고하여 학습함이 좋을 것이다.

본 교재를 통해 얻은 시퀀스 제어와 PLC 제어에 대한 지식으로 기계전공의 학생 또는 엔지니어가 각자의 업무 분야에서 소기의 성과를 거두기를 바란다.

2008. 8
저자 일동

차 례

1장 자동제어 개요

1.1 제어의 기본 개념

일반적으로 제어(control)란 어떤 대상물의 현재 상태를 자신의 의지에 따라 원하는 상태로 조절하는 것을 말한다. 즉, 어떤 목적에 적합하도록 제어대상에 적당한 조작 또는 동작을 주어 원하는 결과를 얻도록 지배하는 것이다. 여기서, 제어의 대상 즉, 제어하려고 하는 물리량을 제어량(control variable)이라고 하며, 제어 장치와 제어 대상을 함께 일컬어 제어계(control system)라고 한다.

제어는 차량을 운전하는 것과 같이 사람의 판단과 조작에 의해서 이루어지는 수동제어(manual control)와 전기세탁기와 같이 사람의 개입 없이 제어장치에 의해 자동적으로 수행되는 자동제어(automatic control)로 구분할 수 있다. 특히 자동제어는 가정용 생활용품에서부터 산업 현장의 생산을 위한 제어기기에 이르기까지 광범위하고 다양하게 사용되고 있다.

제어계는 제어 동작에 따라서 개회로 제어계(open-loop control system)와 폐회로 제어계(closed-loop control system)로 구분할 수 있다. 개회로 제어계는 제어 동작이 출력과 관계가 없는 것이며, 폐회로 제어계는 제어 동작이 출력에 의하여 영향을 받는 것이다. 이러한 제어계를 제어 종류에 따라서 분류하면 표 1.1과 같다.

표 1.1 제어계의 분류

<table>
<tr><td rowspan="6">제어계
(control
system)</td><td rowspan="3">개회로 제어계
(open-loop
control system)</td><td rowspan="3">시퀀스 제어계
(sequence control system)
순서 제어계
순차 제어계</td><td>시한제어(time limit control)</td></tr>
<tr><td>순서제어(sequence control)</td></tr>
<tr><td>조건제어(condition control)</td></tr>
<tr><td rowspan="3">폐회로 제어계
(closed-loop
control system)</td><td rowspan="3">피드백 제어계
(feedback control system)
귀환 제어계
되먹임 제어계</td><td>공정제어(process control)</td></tr>
<tr><td>서보제어(servo control)</td></tr>
<tr><td>자동조정(automatic regulation)</td></tr>
</table>

1.2 개회로 제어계(open-loop control system)

제어계는 미리 정해 놓은 순서에 따라 제어의 각 단계를 순차적으로 진행시키는 것으로 시퀀스 제어계(sequence control system), 순서 제어계 또는 순차 제어계라고도 한다. 개회로 제어계는 구성이 간단하고 쉬운 장점이 있으나, 제어동작이 출력과 관계가 없어 오차가 생길 수 있고, 오차가 발생하는 경우 이를 정정할 수 없는 단점이 있다.

그림 1.1은 개회로 제어계의 제어 흐름에 대한 블록 선도를 나타내고 있다. 목표 값이 제어장치에 입력되면 제어대상에 조작량을 가하게 되는데, 외란에 의하여 제어대상의 응답이 변하게 되더라도 제어량은 그대로 출력되게 된다.

이러한 개회로 제어계는 특징을 살펴보면 다음과 같다.

- 제어계의 구성이 간단하다.
- 제어장치의 설치비용이 저렴하다.
- 제어장치의 조작과 운용에 고도의 기술이 필요하지 않다.

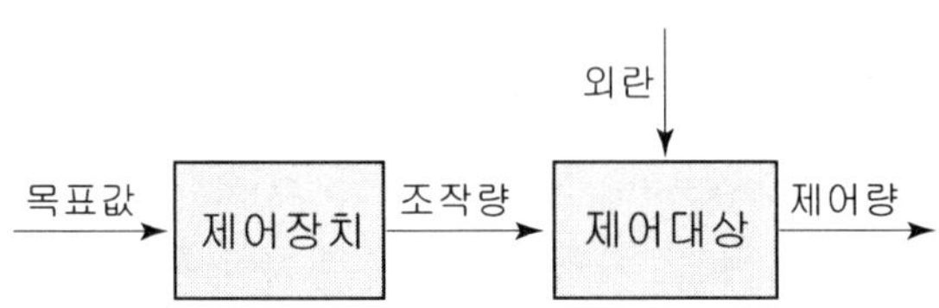

그림 1.1 개회로 제어계의 블록 선도

개회로 제어계의 제어 방식은 표 1.1에 나타난 바와 같이 시한제어, 순서제어 및 조건제어 등으로 분류할 수 있다.

(1) 시한제어(time limit control)

정해진 제어의 순서와 시간의 경과에 따라 작업의 각 단계를 진행시켜 나가는 제어로서 가정의 세탁기, 전기밥솥, 교통신호기, 네온사인의 점등 및 소등 제어와 같이 우리들의 일상생활과 밀접한 곳에 많이 적용된다.

(2) 순서제어(sequence control)

제어의 각 단계를 순차적으로 실행하는 데 있어 각각의 동작 완료 여부를 검출기 등으로 확인한 후 다음 단계의 동작을 실행해 나가는 제어로서 컨베이어 장치, 전용 공작기계, 자동 조립기계 등과 같이 생산 공장에서 많이 적용된다.

(3) 조건제어(condition control)

센서에 의해 검출된 입력 조건에 따라 여러 가지 제어 명령이 결정되고 실행되는 제어로서 자동화 생산 라인에서의 불량품 처리 제어, 빌딩 또는 아파트의 엘리베이터 제어 등에 적용된다.

1.3 폐회로 제어계(closed-loop control system)

폐회로 제어계는 제어계의 출력값이 목표값과 일치하는가를 비교하여 만약 일치하지 않을 때에는 그 차이를 보상하기 위한 동작신호가 제어계에 다시 보내져서 오차를 수정하도록 하는 귀환경로를 가지고 있는 제어계이다. 이러한 귀환경로를 특징으로 하기 때문에 피드백 제어계(feedback control system) 또는 귀환 제어계 또는 되먹임 제어계라고도 한다.

그림 1.2에 폐회로 제어계의 제어 흐름에 대한 블록선도를 나타내고 있다. 목표값이 기준입력 요소에 입력되면 귀환요소에 의하여 검출된 제어량과의 차이에 의한 동작신호가 제어부에 입력되어 제어대상에 조작량을 가하게 된다.

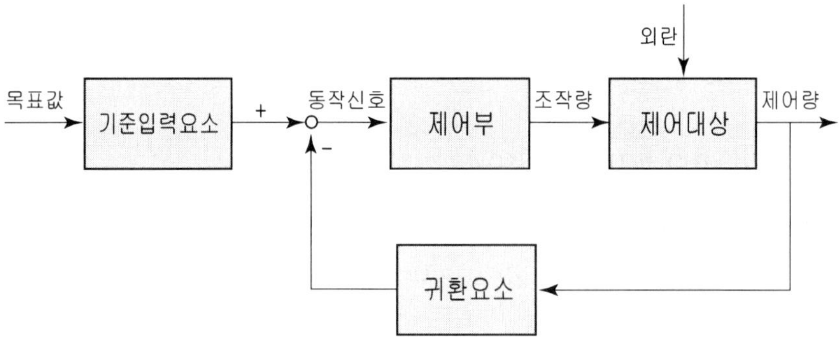

그림 1.2 폐회로 제어계의 블록 선도

제어 대상에 외란이 있더라도 제어량의 변화는 목표값과의 차이에 대하여 항상 동작신호에 반영되므로 목표값을 추종할 수 있게 된다.

이러한 폐회로 제어계의 특징을 살펴보면 다음과 같다.

- 제어계의 구성이 복잡하고 많은 요소가 사용된다.
- 제어장치의 설치에 시간과 비용이 많이 소요된다.
- 제어장치의 조작과 운용에 고도의 지식과 숙련된 기술이 필요하다.

폐회로 제어계는 표 1.1에 나타난 바와 같이 공정제어, 서보제어, 자동조정 등으로 분류할 수 있다.

(1) 공정제어(process control)

생산공정 중의 온도, 압력, 유량, 수위, 습도, 농도, 밀도 등을 제어하는 것으로서 제철공장의 노의 온도 제어, 정유 공장의 유량 제어 등에 적용된다.

(2) 서보제어(servo control)

물체의 위치, 각도, 방위 등의 기계적 변위를 제어하는 것으로서 수치제어 공작기계의 위치 제어, 선박의 방향 제어, 항공기의 자세 제어 등에 적용된다.

(3) 자동조정(automatic regulation)

기기의 전압, 전류, 주파수, 회전 속도, 회전력 등이 목표값에 일치하도록 제어하는 것으로서 발전기의 속도제어, 컨베이어의 속도 제어 등에 적용된다.

연습문제

1. 제어(control)의 정의는 무엇인가?

2. 제어량(control variable)의 정의는 무엇인가?

3. 개회로 제어계(open-loop control system)의 특징은 무엇인가?

4. 폐회로 제어계(closed-loop control system)에는 어떤 것이 있는가?

5. 교통신호기는 제어계의 분류 중에서 어디에 속하는가?

6. 최초의 자동제어 장치는 1787년 영국의 제임스 와트(James Watt)가 발명한 원심 조속기(governor)로 알려져 있다. 이것은 레버와 금속구를 이용하여 부하가 달라져도 증기기관의 속력이 일정하게 유지되는 장치인데, 이 장치의 개념도와 블록 선도를 찾아 그려보시오.

2장

시퀀스 제어 개요

2.1 시퀀스 제어계

시퀀스(sequence)란 '어떤 현상이 발생하는 순서'를 의미하며, 시퀀스 제어(sequence control)란 '미리 정해진 순서 또는 일정한 논리에 의해 정해진 순서에 따라서 제어의 각 단계를 순차적으로 진행해 가는 제어'를 말한다. 최근 산업의 각 분야에서 높은 품질과 생산성 향상을 위한 설비의 자동화가 진행되면서 생산, 제조 공정, 조립, 운반, 포장 등의 작업을 자동으로 처리하기 위한 방법으로서 시퀀스 제어가 널리 사용되고 있다. 또한 산업 현장 뿐 아니라 일상생활에서도 널리 사용되고 있는 전기밥솥, 냉장고, 세탁기, 청소기 등의 가정용 전기 기기로부터 엘리베이터, 보일러, 분수, 무대조명, 신호등, 네온사인에 이르기까지 그 활용 분야가 매우 넓고 다양하다.

시퀀스 제어계에는 사람으로부터 명령을 받아 명령처리부에 신호를 전달하는 조작부, 조작부로부터 주어지는 지령이나 작업명령을 처리하고 그 내용을 분석하는 명령처리부, 제어대상 기기의 제어량 상태를 검출하는 검출부, 다시 제어대상 기기의 동작상태나 고장 상황 등을 보고하는 표시·경보의 표시부 등으로 구성된다. 그림 2.1은 시퀀스 제어계의 개념도를 나타내고 있다.

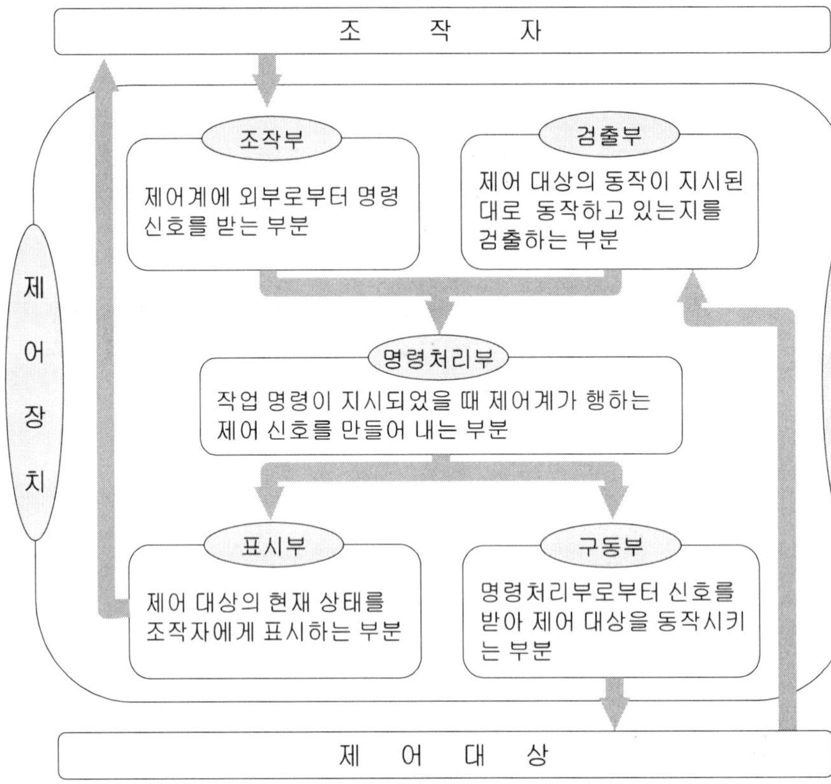

그림 2.1 시퀀스 제어계

2.2 시퀀스 제어방식의 종류

시퀀스 제어에 이용되는 제어기기로서 초기에는 주로 전자석을 이용한 릴레이(realy)를 주요 기기로 하는 유접점 시퀀스가 주종을 이루었으나, 전자기술의 발전으로 트랜지스터(TR)와 집적회로(IC)를 사용하여 릴레이의 접점을 무접점화 함으로써 유접점 릴레이에 비하여 동작의 응답성, 신뢰성 및 기기 수명을 상당히 개선한 무접점 시퀀스 방식이 사용되었다. 이러한 무접점 방식은 컴퓨터 기술의 발달과 더불어 더욱 발전하여 논리 회로의 프로그램이 가능한 PLC(programmable logic controller)가 등장하게 되었다.

유접점 시퀀스와 무접점 시퀀스는 제어 장치의 구성을 위하여 납땜이나 결선 작업을 수행해야 하는 방식으로서 하드 와이어드 로직(hard-wired logic)이라고 한다. 이에 비하

그림 2.2 시퀀스 제어 방식의 종류

여 PLC는 프로그램의 변경으로 손쉽게 논리의 구성을 변경할 수 있는 방식으로서 소프트 와이어드(soft-wired logic)이라고 하며, 기존의 제어 장치가 가지고 있던 문제점들을 획기적으로 해결한 형태의 제어장치로 널리 사용되고 있다. 그림 2.2는 시퀀스 제어 방식의 종류를 나타내고 있다.

2.2.1 유접점 시퀀스(relay sequence)

제어 회로에 사용되는 기기로서 유접점 릴레이를 사용하여 구성되는 시퀀스를 유접점 시퀀스라고 하며, 보통 릴레이 시퀀스라고도 부른다. 이 시퀀스는 가동 접점을 전자석에 의하여 동작되어 통전(On) 또는 단전(Off) 시키는 것으로서 비교적 단순하고 가격이 저렴하여 널리 사용되어 왔으나, 접점의 수명에 한계가 있고 논리 회로를 변경하기 위해서는 결선을 새롭게 해야 하는 등의 번거로움이 있어 그 사용이 점점 줄어들고 있는 추세이다.

그림 2.3은 유접점 시퀀스로 구성된 램프의 점등 및 소등 회로로서 릴레이를 이용하여 구성한 것이다.

이 회로의 동작원리를 살펴보면 다음과 같다.

- 점등 스위치 PB1을 누르면 릴레이 R의 코일이 여자되어 전자석의 작용으로 릴레이의 접점 R(1)을 끌어당겨 접점 R(1)이 닫힘으로써 릴레이 스스로가 접점을 유지하는 자기유지 회로가 구성된다.

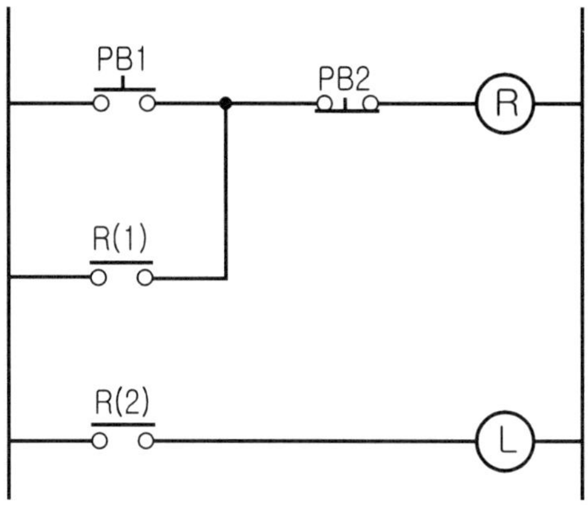

그림 2.3 램프의 점등·소등을 위한 유접점 시퀀스 회로

- 접점 R(1)의 작동과 동시에 릴레이 R의 코일에 의하여 릴레이의 다른 접점 R(2)가 닫혀 램프 L에 전기가 공급됨으로써 점등된다.
- 소등 스위치 PB2를 누르면 릴레이 코일에 흐르는 전류가 차단되어 릴레이 R의 코일이 소자된다. 따라서 접점 R(1), R(2)가 동시에 복귀되므로 자기유지 회로가 해제되고 램프 L도 소등된다.

2.2.2 무접점 시퀀스(logic sequence)

제어회로에 사용되는 기기로서 반도체 스위칭 소자를 이용한 무접점 릴레이에 의하여 구성되는 시퀀스를 무접점 시퀀스 또는 로직 시퀀스라고 한다. 무접점 릴레이로는 트랜지스터, 다이오드, IC등의 반도체 스위칭 소자를 사용하며, 이러한 반도체 소자의 전압 수준(high:1, low:0)에 의한 상태 변화는 유접점 릴레이의 통전(On) 및 단전(Off)에 대응된다.

그림 2.4는 그림 2.3의 램프의 점등 및 소등 회로를 무접점 시퀀스 회로로써 나타낸 것인데, 여기서는 AND 회로와 NOT 회로를 이용하였다.

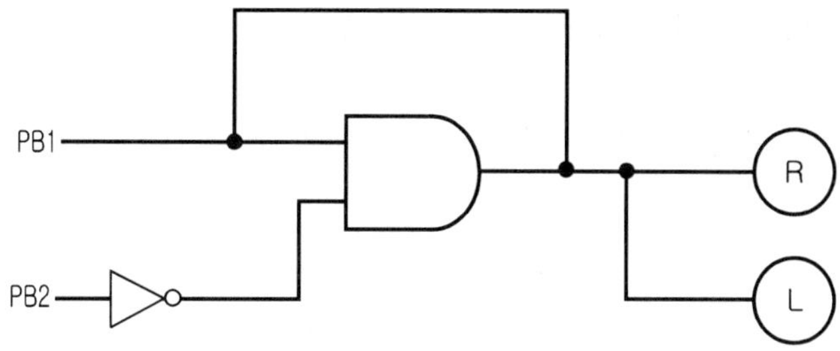

그림 2.4 램프의 점등·소등을 위한 무접점 시퀀스 회로

2.2.3 PLC(programmable logic controller)

PLC는 논리 회로의 생성 및 변경이 프로그램 방식으로 가능한 논리연산 제어 장치를 의미하는데, 이것은 시퀀스 제어장치에서 사용해 오던 릴레이, 타이머, 카운터 등의 명령 처리를 위한 기기를 컴퓨터가 대신하여 소프트웨어 방식으로 처리하는 기기이다.

그림 2.5는 그림 2.3의 유접점 시퀀스 회로를 PLC 회로로써 구성한 것을 나타낸 것인데, 그림 2.3에서 릴레이를 이용하여 구성된 논리 회로는 연산처리부의 소프트웨어에서 구현되어 있으며, 외부 입력기기인 점등스위치와 소등스위치는 입력부에, 램프는 출력부에 연결된 것을 알 수 있다.

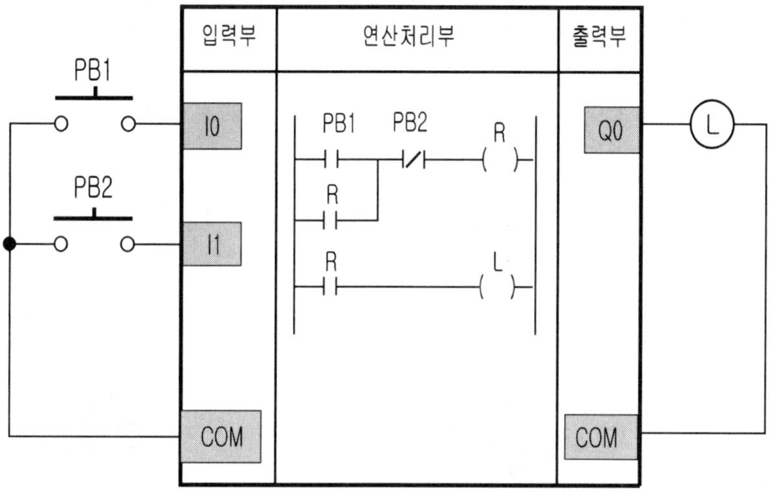

그림 2.5 램프의 점등·소등을 위한 PLC 회로

2.2.4 유접점 시퀀스와 무접점 시퀀스의 특징

유접점 시퀀스와 무접점 시퀀스의 특징을 비교하면 표 2.1와 같다.

표 2.1 유접점 시퀀스와 무접점 시퀀스의 특징

항 목	유접점 시퀀스	무접점 시퀀스
수명	접점이 마모되어 수명에 한계가 있다	가동 접점이 없어 반영구적이다
작동 속도	느리다	빠르다
온도 특성	온도 특성이 양호하다	온도 변화에 약하다
설치 환경	진동, 충격에 약하다	진동, 충격에 강하다
전기적 충격	노이즈에 강하다	노이즈에 약하다
소비 전력	많다	적다
동작 상태 확인	용이하다	용이하지 않다
제어 장치 외형	크다	작다
소음	접점의 동작 소음이 발생한다	무소음이다
입·출력 수	독립된 다수의 출력을 동시에 얻을 수 있다	다수의 입력, 다수의 출력이 용이하다
시퀀스의 변경	변경이 어렵다	변경이 용이하다
전원	별도의 전원이 필요 없다	직류 공급을 위한 전원이 필요하다
제품 예	• 파워 릴레이  • 마이크로 릴레이 	• 반도체 릴레이  • 솔리드 스테이트 릴레이 

2.3 접점(contact)

유접점 시퀀스에서는 누름버튼 스위치 또는 릴레이 등과 같이 개폐 접점을 가지고 있는 제어기기를 이용하여 통전(On) 및 단전(Off)의 2개 신호를 생성함으로써 제어를 수행한다. 이와 같이 전류를 통전 또는 단전시켜 제어 신호를 생성하는 역할을 담당하는 것을 접점(contact)이라고 한다.

접점은 그림 2.6에 나타난 바와 같이 고정 접점과 가동 접점으로 구성되어 있는데, 고정 접점에는 배선을 접속할 수 있는 나사 조임 단자대 또는 납땜 단자가 있으며, 가동접점은 사람의 힘 또는 전자석의 힘과 같은 조작력에 의하여 고정접점과 접촉하도록 되어 있다.

2.3.1 접점의 종류

접점의 종류에는 a접점, b접점, 그리고 이 두 가지를 조합한 c접점이 있으며, 이를 적절하게 활용하는 것이 시퀀스 제어에 있어 매우 중요하다.

(1) a접점(arbeit contact)

그림 2.7(a)는 누름버튼 스위치의 a접점을 나타낸 것으로서 조작력이 가해지지 않은 초기 상태에서 고정접점과 가동접점이 분리되어 있어 전류가 흐르지 않는 접점을 의미한다.

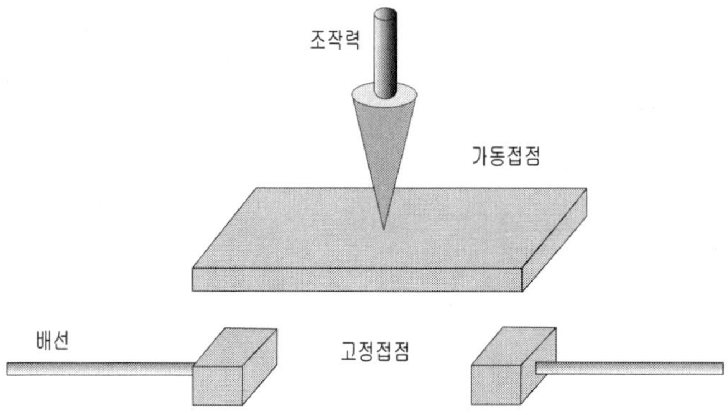

그림 2.6 접점의 구조

그림 2.7(b)와 같이 스위치를 누르는 등의 조작력이 가해지는 동작 상태에서는 고정접점과 가동접점이 접촉되어 전류가 흐르게 된다.

이와 같이 a접점은 조작력을 가했을 때 작동하는 접점으로서, 작동접점(arbeit contact)이라는 의미의 영문 머리글자를 따서 소문자인 'a'로 나타내는데, 항상 열려 있는 접점(normally open contact : NO)의 의미를 가지며 논리값으로 나타낼 때는 초기 상태에서 회로가 끊어져 신호가 전달되지 않는 상태이므로 0으로 나타낸다.

(2) b접점(break contact)

그림 2.8(a)는 누름버튼 스위치의 b접점을 나타낸 것으로서 조작력이 가해지지 않은 초기 상태에서 고정접점과 가동접점이 접촉하고 있어 전류가 흐르는 접점을 의미한다. 그림 2.8(b)와 같이 스위치를 누르는 등의 조작력이 가해지는 동작 상태에서는 고정접점과 가동접점이 분리되어 전류가 흐르지 않게 된다.

이와 같이 b접점은 조작력을 가했을 때 분리되는 접점으로서, 분리접점(break contact)이라는 의미의 영문 머리글자를 따서 소문자인 'b'로 나타내는데, 항상 닫혀 있는 접점(normally closed contact : NC)의 의미를 가지며 논리값으로 나타낼 때는 초기 상태에서 회로가 연결되어 신호가 전달되는 상태이므로 1로 나타낸다.

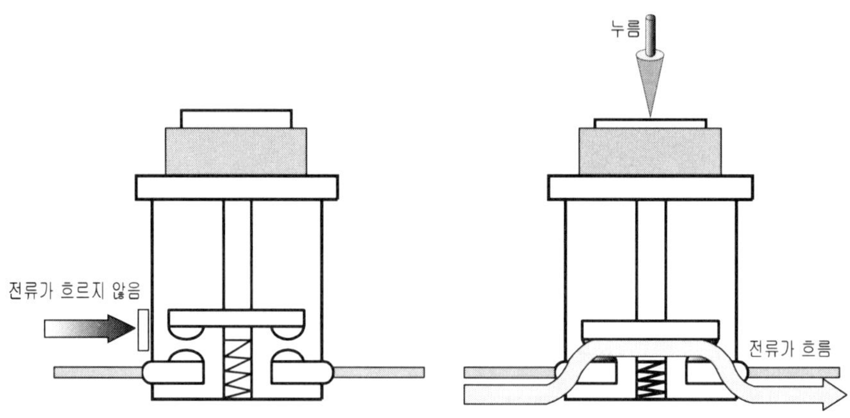

(a) 초기 상태 (b) 동작 상태

그림 2.7 누름버튼 스위치의 a접점

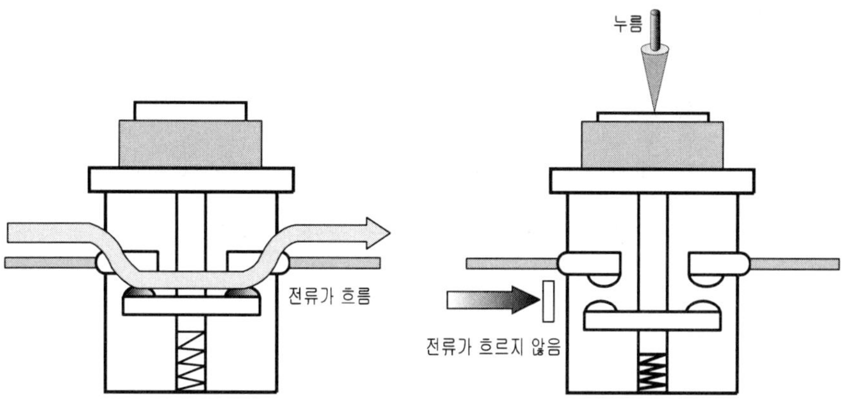

(a) 초기 상태 (b) 동작 상태

그림 2.8 누름버튼 스위치의 b접점

(3) c접점(change-over contact)

그림 2.9는 누름버튼 스위치의 c접점을 나타낸 것으로서 초기 상태에서 가동접점이 고정접점인 b접점과 접속되어 있고 다른 고정접점인 a접점은 그 아래에 위치하고 있다. 누름버튼 스위치의 버튼을 누르게 되면 그림 2.9(b)에 나타난 바와 같이 가동접점은 아래 방향으로 이동하고 고정접점의 b접점으로부터 분리되어 a접점에 연결된다.

이와 같이 c접점은 a접점과 b접점을 모두 가동접점으로 공유한 형식의 접점으로서 전환접점(change-over contact)이라는 의미의 영문 머리글자를 따서 소문자인 'c'로 나타내는데, 한 개의 가동접점이 조작력에 따라 a접점 또는 b접점과 접촉하여 신호를 전환시키게 된다.

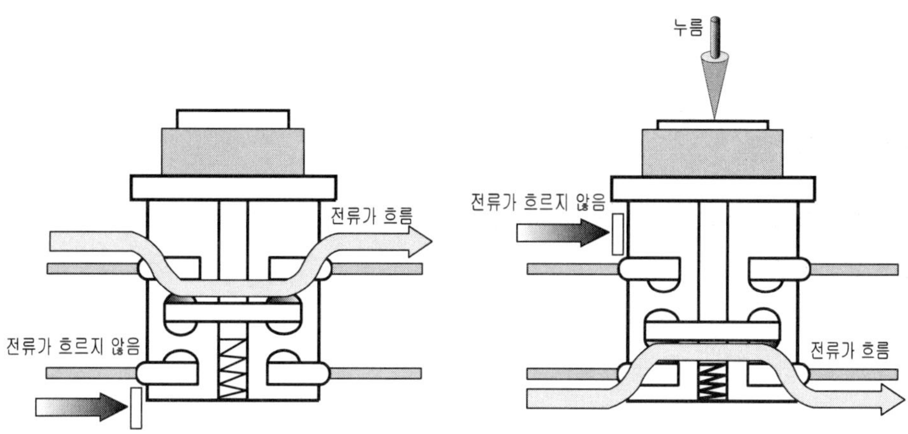

(a) 초기 상태 (b) 동작 상태

그림 2.9 누름버튼 스위치의 c접점

2.3.2 접점의 분류 및 기호

(1) 자동복귀 접점

누름버튼 스위치의 접점과 같이 누르고 있는 동안에는 통전(On) 또는 단전(Off) 된 상태로 유지되고, 버튼에서 손을 떼면 내장된 스프링 등에 의해 초기 상태로 복귀하는 접점을 의미한다.

(2) 수동복귀 접점

가정의 점등 스위치와 같이 한 번 접점을 변환시킨 후 원상태로 복귀시키려면 외력을 가해야 하는 접점을 의미한다.

(3) 자동조작 접점

릴레이나 전자 접촉기의 접점과 같이 전기 신호에 의하여 통전(On) 또는 단전(Off)된 상태로 개폐되는 접점을 의미한다.

(4) 수동조작 접점

누름버튼 스위치와 같이 손으로 눌러 조작하는 방식의 접점을 의미한다.

(5) 타이머 접점

타이머 또는 한시계전기에 있는 접점으로서 일정 시간이 경과한 후에 통전(On) 또는 단전(Off)되는 접점을 의미한다.

(6) 기계적 접점

마이크로 스위치 또는 리밋 스위치의 접점과 같이 기계적 운동부분과 직접 접촉하여 조작되는 접점을 의미한다.

2.3.3 접점의 표시 방법

각종 접점의 분류에 따른 표시 기호를 나타내면 표 2.2와 같다.

표 2.2 접점의 종류와 기호

접점 \ 항목		a접점		b접점		c접점	
		횡 서	종 서	횡 서	종 서	횡 서	종 서
수동조작접점	수동복귀						
	자동복귀						
자동조작접점	수동복귀						
	자동복귀						
타이머접점	한시동작						
	한시복귀						
기계적접점							

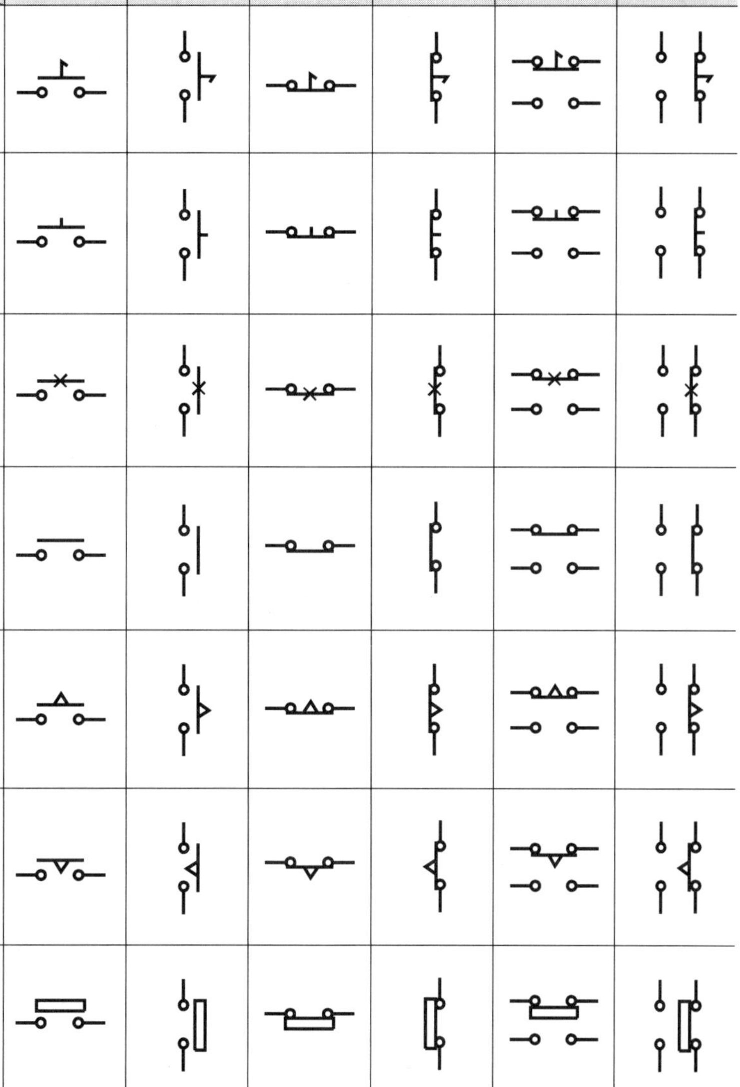

2.4 시퀀스 제어기기

시퀀스 제어계는 제어대상과 제어장치로 구성되어 있다. 제어 대상은 전동기, 실린더, 솔레노이드 등과 같이 제어 신호를 받아 작동하는 작동기(actuator)이며, 제어장치는 여러 가지 기능의 제어기기로 구성되어 제어 신호를 발생시키는 장치이다. 이러한 시퀀스 제어기기를 제어신호의 흐름에 따라 분류하면 그림 2.10과 같이 나타낼 수 있다.

시퀀스 제어계를 구성하는 주요 기기 중에서 조작부를 구성하는 조작용 기기는 조작자의 의지를 제어 장치로 전달하기 위한 입력 기기로서 누름버튼 스위치가 많이 사용되고 있으며, 이외에 각종 조작용 스위치 등이 사용된다.

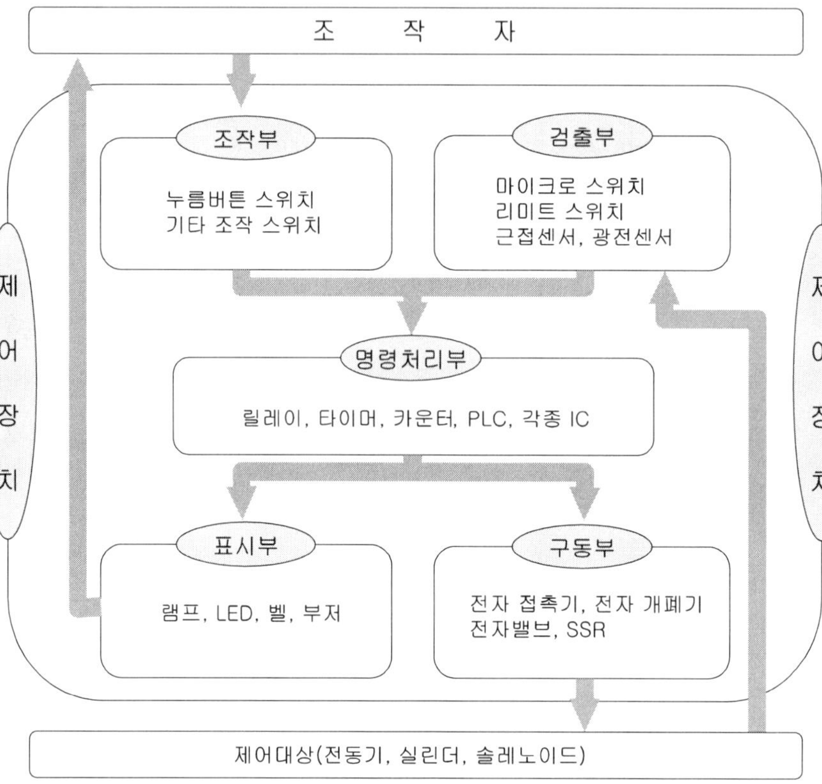

그림 2.10 시퀀스 제어계의 구성요소

명령 처리부를 구성하는 신호 처리용 기기는 조작부, 검출부 등에서 입력된 신호를 받아 각종 제어 명령을 생성하는 역할을 수행하는데, 릴레이, 타이머, 카운터 등의 유접점 기기와 트랜지스터, 다이오드, 각종 IC 및 프로그램 변경이 가능한 PLC 등의 무접점 기기가 사용된다.

구동부를 구성하는 구동 기기는 제어대상 기기를 구동하기 위한 신호를 발생시키는 역할을 수행하는데, 일반적으로 명령처리부에서 전달되는 제어 신호의 전압 또는 전류값은 제어대상 기기를 직접 구동하기에는 그 값이 작은 것이 보통이기 때문에 명령처리부의 제어신호를 제어대상을 직접 구동할 수 있는 신호레벨로 증폭시키기 위한 기기로서 전자접촉기, 전자개폐기, SSR 등이 사용된다. 또한 제어대상이 유체인 경우 전자밸브를 이용하여 명령 처리부의 신호를 따라 유체압력 및 흐름을 조절하게 된다.

검출부를 구성하는 검출용 기기는 제어대상의 동작 상태나 이상 유무 등을 검출하여 검출신호를 명령처리부로 입력하여 적절한 제어 신호를 발생시키는 정보를 제공하는 역할을 수행하는데, 리밋 스위치와 마이크로 스위치와 같이 대상물과 직접 기계적으로 접촉하여 신호를 검출하는 방식의 기기와 근접 스위치, 광전 스위치, 초음파 스위치 등과 같이 대상물과 직접 접촉하지 않고 신호를 검출하는 비접촉식 검출기기가 사용된다. 이 밖에도 온도를 검출하는 온도센서, 습도를 검출하는 습도센서, 수준(level)을 검출하는 레벨센서 등이 이용된다.

표시부를 구성하는 표시용 기기는 기기의 동작상태 또는 시스템의 운전상황을 표시・경보하기 위한 역할을 수행하며 램프, LED, 벨, 부저 등이 사용된다.

2.4.1 조작용 기기

조작용 기기는 조작자의 의도에 의한 입력 신호를 제어장치에 전달하는 기기로서 사람의 조작에 의한 기구의 움직임을 전기 신호로 변환하는 기기이며, 각종 스위치류가 조작용 기기로서 많이 사용된다.

(1) 누름버튼 스위치(push button switch)

누름버튼 스위치는 명령 입력을 위한 스위치 중에서 가장 널리 사용되고 있는 스위치로서 기능, 모양, 크기에 따라 많은 종류가 있다.

누름버튼 스위치는 접점부의 a접점과 b접점이 일체로 되어 있는 경우가 대부분이며 접점의 수와 형식에 따라 1a 1b, 2a 2b, …와 같이 분류한다.

누름버튼 스위치에는 그림 2.11에 나타난 바와 같이 제어용 누름버튼 스위치, 비상버튼 스위치, 조광형 스위치 등이 있다.

누름버튼 스위치는 조작부를 손으로 누르면 접점상태가 바뀌고, 조작력을 제거하면 내장된 스프링에 의해 자동적으로 초기상태로 복귀하는 형태의 대표적인 수동조작 자동복귀 접점을 가지는 기기이다.

(2) 유지형 스위치

유지형 스위치는 시퀀스 제어 회로에서 동작·정지, 자동·수동, 모드 변경 등과 같은 조작 방법의 전환에 주로 사용되며 기능과 용도에 따라 많은 종류가 있다. 유지형 스위치는 그림 2.12에 나타난 바와 같이 셀렉터 스위치, 토글 스위치 등이 있다. 유지형 스위치는 조작을 가하면 반대 조작이 있을 때까지 조작 시의 접점 상태를 유지하는 대표적인 수동조작 수동복귀 접점을 가지는 기기이다.

그림 2.11 누름버튼 스위치

그림 2.12 유지형 스위치

(3) 나이프 스위치(knife switch)

나이프 스위치는 주전원의 차단용으로 주로 사용되며, 단상용과 3상용이 있다. 나이프 스위치는 보통 아래 부분에 퓨즈를 내장하고 있어, 회로의 단락 등의 이상으로 규정 전류 이상의 과전류가 흐르면 퓨즈가 끊어져 전류를 차단시키는 안전장치 기능을 가지고 있다. 나이프 스위치는 조작을 가하면 반대 조작이 있을 때까지 조작 시의 접점 상태를 유지하는 수동조작 수동복귀 접점을 가지는 기기이다.

그림 2.13 나이프 스위치

2.4.2 검출용 기기

검출용 기기는 제어 대상의 각종 상태를 검출하여 제어 시스템에 정보를 전달하는 기능을 담당하는 것으로서 센서(sensor)라고도 한다.

검출용 기기는 물체와 직접 접촉하여 신호를 검출하는 접촉식과 물체와 직접 접촉하지 않고 신호를 검출하는 비접촉식으로 분류되는데, 접촉식 기기에는 마이크로 스위치와 리밋 스위치 등이 있으며, 비접촉식 기기에는 검출하고자 하는 물리량에 따라 근접 스위치, 광전센서, 초음파센서 등이 있다.

(1) 마이크로 스위치(micro switch)

마이크로 스위치는 그림 2.14에 나타난 바와 같이 전기접점의 스프링 부분을 합성수지 속에 묻히게 한 소형의 스냅 스위치로서, 규정된 동작과 힘으로 개폐동작을 하는 접점 기구가 케이스에 내장되고 외부에는 이를 작동하는 레버, 누름버튼, 패널 등을 설치하여 소형으로 제작된 스위치를 말한다. 마이크로 스위치는 비교적 소형이므로 주로 계측기나 소형 기계장치의 검출용 기기로 많이 사용된다.

마이크로 스위치는 대상물과 기계적으로 접촉하여 개폐됨으로써 신호를 검출하는 방식의 기계적 접점을 가지는 기기이다.

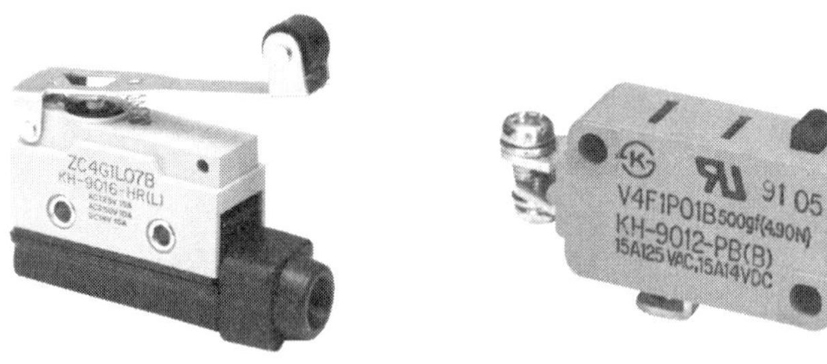

그림 2.14 마이크로 스위치

(2) 리밋 스위치(limit switch)

리밋 스위치는 마이크로스위치를 외력, 습기, 기름, 진동 등으로부터 보호하기 위하여 금속 또는 수지로 된 케이스에 내장한 것이다. 즉, 견고한 케이스에 마이크로 스위치를 내장하여 밀봉한 구조이므로 사용 환경이 오염되기 쉽고 내구성이 요구되는 장소나 외력으로부터 기계적 보호가 필요한 생산설비 및 공장 자동화 설비 등에 사용된다.

그림 2.15 리밋 스위치

리밋 스위치는 그림 2.15에 나타난 바와 같이 작동부에 적용되는 레버, 롤러, 플런저 등의 형태와 그 용도에 따라 다양한 종류가 있다.

리밋 스위치는 대상물과 기계적으로 접촉하여 개폐됨으로써 신호를 검출하는 방식의 기계적 접점을 가지는 대표적인 기기이다.

(3) 근접 스위치(proximity switch)

근접 스위치는 대상물과 접촉하지 않고 대상물과의 거리에 의하여 유·무를 판별하는 검출기기로서 전류 개폐를 위한 접점을 가지고 있지 않아 응답속도가 빠르고 전자 회로와 직접 결합이 가능한 장점이 있다.

근접 스위치는 흔히 근접 센서(proximity sensor)라고도 부르며 대상물의 검출 방법에 따라 크게 고주파 발진형, 정전 용량형 근접 스위치로 구분된다.

고주파 발진형 근접 스위치는 검출 코일에서 발생되는 고주파 자계의 자속의 변화에 의한 발진 진폭의 변화를 이용하여 물체의 유무를 검출하는 방식을 이용하며, 대상물은 금속에 한한다.

정전용량형 근접 스위치는 극판과 대지 사이의 전하 이동과 분극현상의 변화에 따른 정전용량의 변화를 이용하여 물체의 유무를 검출하는 방식을 이용하며, 대상물은 금속 및 비금속도 가능하다.

근접 스위치는 검출 방법에 따른 분류 외에도 형상, 출력형식 및 용도에 따라 여러 가지 형태가 있다. 그림 2.17은 근접 스위치의 응용 예를 나타낸다.

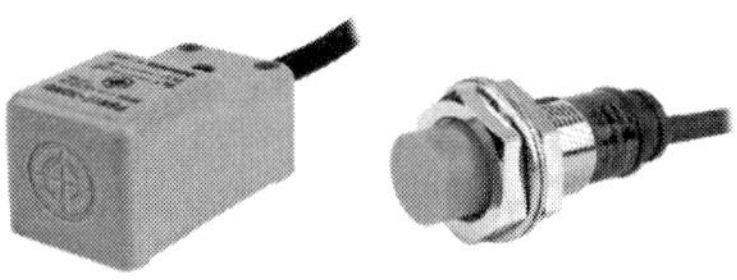

(a) 고주파 발진형

(b) 정전용량형

그림 2.16 근접 스위치

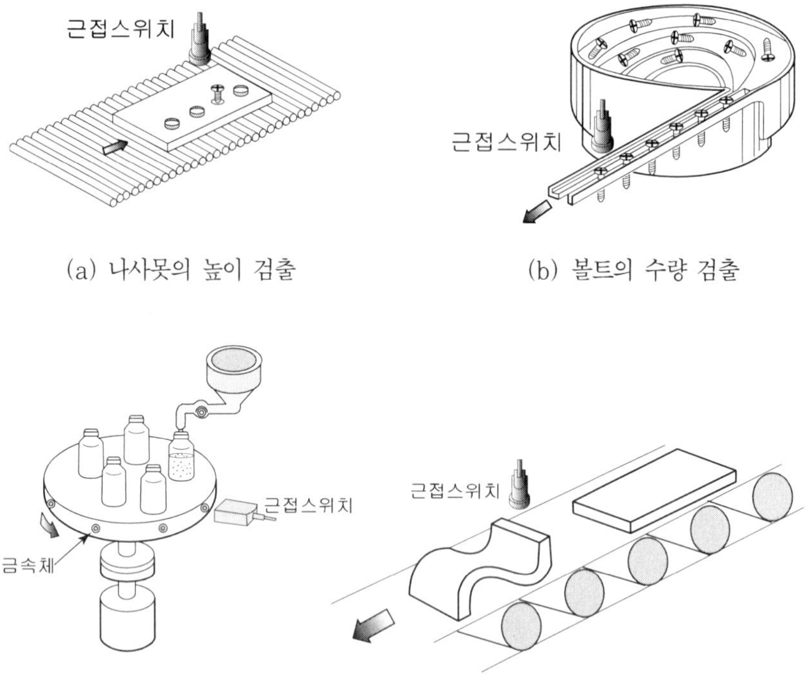

(a) 나사못의 높이 검출　　(b) 볼트의 수량 검출

(c) 정위치 정지 제어　　(d) 물체의 변형 검출

그림 2.17 근접 스위치의 응용 예

(4) 광전 스위치(photoelectric switch)

광전 스위치는 대상물과 접촉하지 않고 빛을 이용하여 대상물의 유・무를 판별하는 검출기기이며, 물체의 유・무 이외에도 물체의 대・소, 색상, 명암 등을 검출하는데 사용된다. 이러한 기능들을 이용하여 광전 스위치는 자동화 라인, 엘리베이터, 주차설비, 물류시스템, 반도체 장비, 포장기계, 건설 등 산업 전반에 걸쳐 폭 넓게 사용되고 있다.

광전스위치는 흔히 포토 센서(photo sensor)라고도 부르며, 그림 2.18(b)에 나타낸 바와 같이 검출 방식에 따라 투과형, 미러반사형, 직접반사형으로 구분된다.

투과형 광전 스위치는 투광기와 수광기를 동일 선상에 서로 마주보게 설치해 두고, 그 사이를 통과하는 검출물체에 의해 변화하는 빛의 양을 검출하는 방식이다.

미러반사형 광전 스위치는 투광부와 수광부가 일체로 되어 있고 반사율이 높은 반사판을 사용하여, 투광부에서 발사된 빛이 반사판에서 반사되는 빛의 양과 검출 물체에서 반사되는 빛의 양의 차이를 검출하는 방식이다.

직접반사형 광전 스위치는 투광부와 수광부가 일체로 되어 있고 투광부에서 발사된 빛이 검출물체에 반사되어 수광부에 입력되는 빛의 양을 판별하는 방식이다.

(a) 광전 스위치

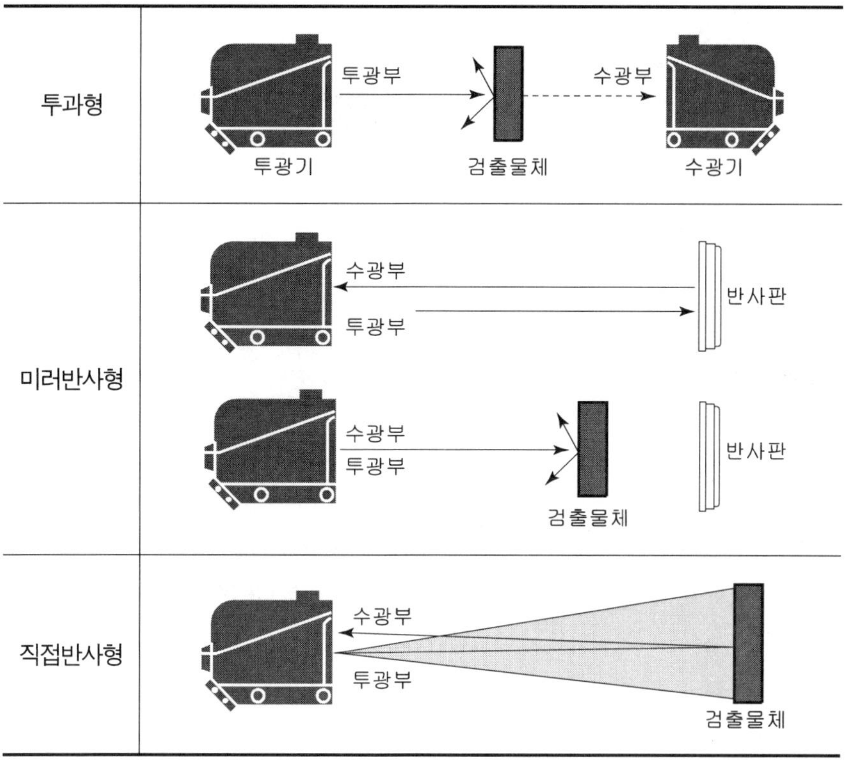

(b) 광전 스위치의 분류

그림 2.18 광전 스위치

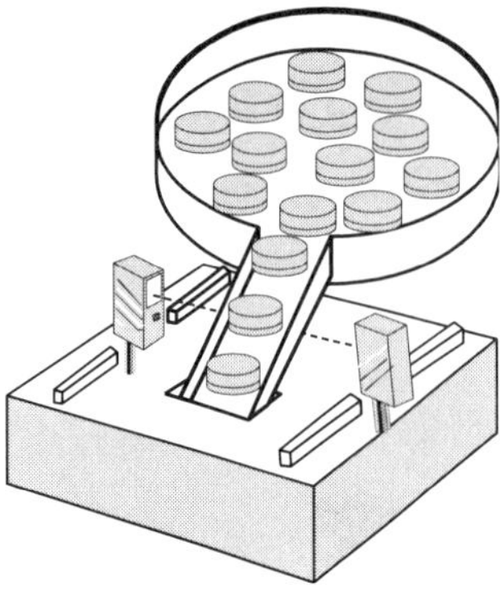

(a) 물체의 수량 검출

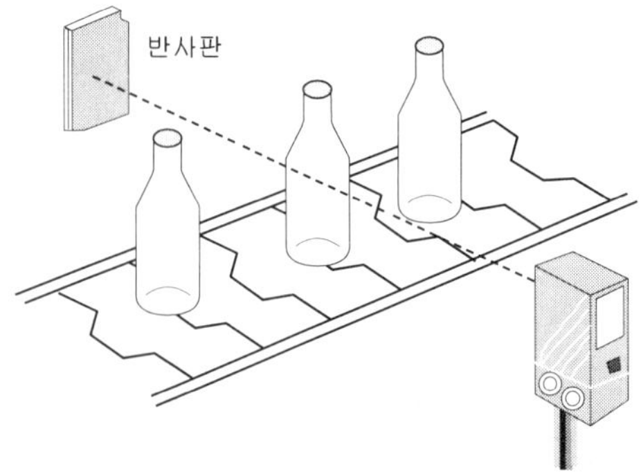

(b) 유리병의 유·무 검출

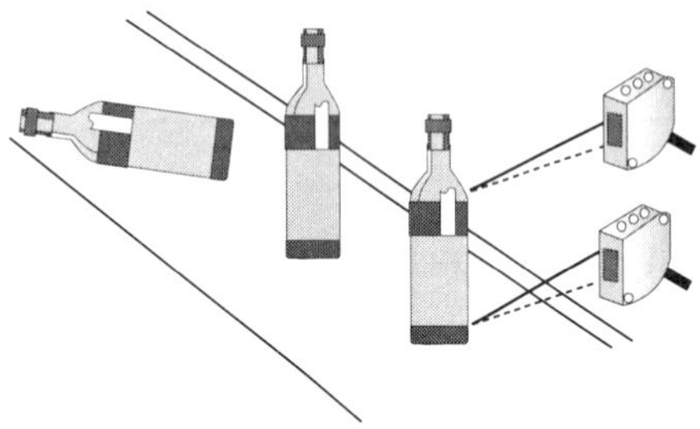

(c) 투명한 병의 넘어짐 검출

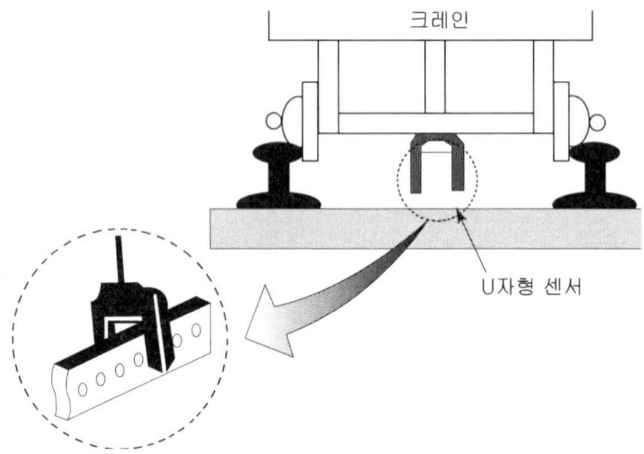

(d) 주행위치 검출

그림 2.19 광전 스위치의 응용 예

2.4.3 신호 처리용 기기

(1) 릴레이(relay)

릴레이는 계전기라고도 하며 철심에 코일을 감고 코일에 전류를 흐르게 하여 형성된 전자석의 힘을 이용하여 철편 및 이와 연결된 가동접점을 움직여서 회로를 개폐하는 기능을 가진 장치이다.

릴레이는 일반 제어 회로의 신호처리용으로 많이 사용되는 전자 릴레이 및 힌지형 릴레이, 전압·전류를 직접 제어하기 위한 파워 릴레이, 프린트 기판에 직접 실장이 가능한 프린트 기판용 릴레이 및 리드 릴레이 등 용도와 접점에 따라 다양한 종류가 있으며, 그림 2.20은 다양한 종류의 릴레이를 나타내고 있다.

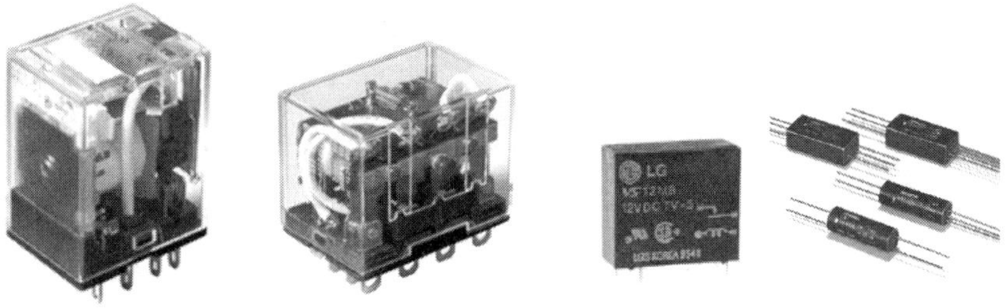

그림 2.20 릴레이

릴레이는 그림 2.21(a)에 나타낸 바와 같이 초기상태에서는 가동 접점이 고정접점 b접점과 연결되어 있고, 코일에 전류를 공급하면 코일이 여자되면서 그림 2.21(b)에 나타낸 바와 같이 철심에 전자력이 발생하여 철편을 끌어당기게 된다. 이 때 철편에 연결된 가동접점이 아래 방향으로 이동하여 고정접점 a접점에 접촉하게 되고 전류는 a접점을 통하여 흐르게 되며, 동시에 고정접점인 b접점은 끊어지게 된다. 코일에 공급했던 전류를 차단하면 코일이 소자되어 전자력이 소멸되므로 철편은 복귀 스프링에 의해 원상태로 복귀되므로 가동접점은 그림 2.21(a)의 초기 상태와 같이 b접점과 접촉한다.

이와 같이 릴레이는 코일에 전류를 인가시키거나 차단시킴으로써 가동접점이 a접점과 b접점에 접촉하여 회로에서의 전기신호를 연결시켜주거나 차단시키는 역할하는 기기이다.

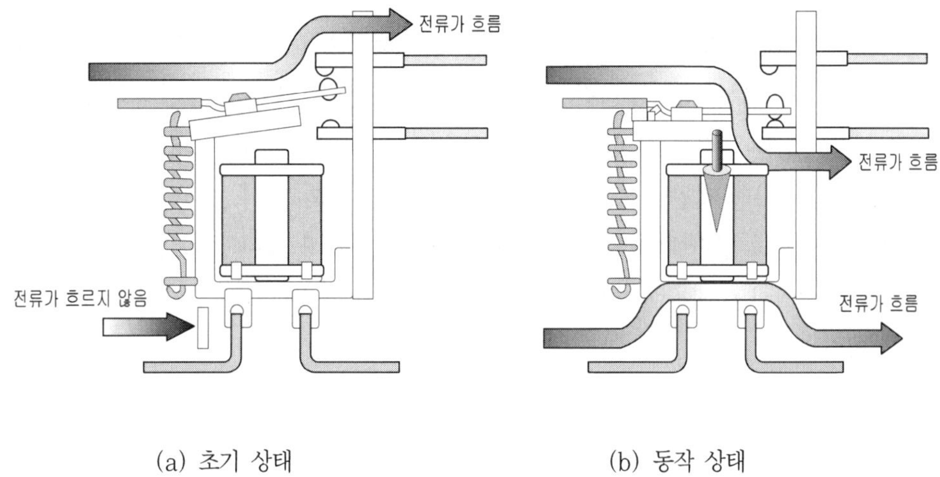

(a) 초기 상태 (b) 동작 상태

그림 2.21 릴레이의 작동과 접점

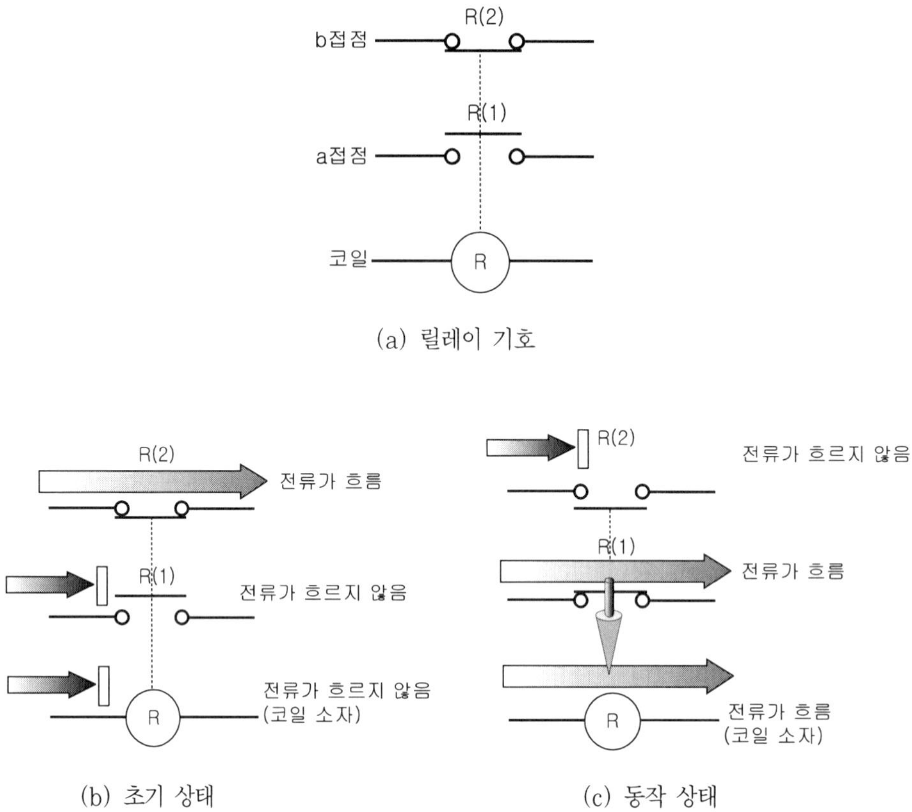

(a) 릴레이 기호

(b) 초기 상태

(c) 동작 상태

그림 2.22 릴레이의 기호와 동작

그림 2.22는 릴레이의 기호를 나타내고 있다. 릴레이는 대표적인 자동조작 자동복귀 접점을 가지는 기기로서 기호로 나타낼 때에는 그림 2.22(a)와 같이 코일과 접점을 분리하여 나타낸다. 코일과 접점 사이의 점선은 눈에 보이지 않는 전자기력의 작용에 대한 이해를 돕기 위해 나타낸 것인데, 그림 2.22(b)에 나타난 바와 같이 코일이 소자되어 있는 초기상태에서 코일의 양단에 전원이 인가되어 전류가 흐르게 되면 그림 2.22(c)에 나타난 바와 같이 코일이 여자되어 a접점과 b접점을 동시에 끌어당기는 작동 상태를 기호로 나타내고 있다.

그림 2.23은 릴레이의 a접점과 b점점을 이용하여 의해 2개의 램프를 각각 점등, 소등시키는 회로도로서 동작원리는 다음과 같다.

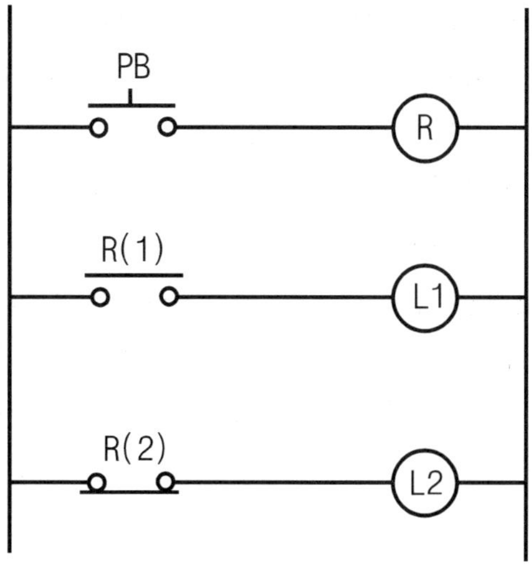

그림 2.23 릴레이의 동작 회로

- 초기상태에서 L1은 릴레이의 a접점과 연결되어 있으므로 소등되어 있고, 릴레이의 b접점으로 연결된 L2는 점등되어 있다.
- 누름버튼 스위치 PB를 누르면 릴레이 코일 R이 여자된다.
- 릴레이 코일에 의해 a접점이 닫히므로 램프 L1이 점등된다.
- 릴레이 코일에 의해 b접점이 열리므로 램프 L2가 소등된다.
- 누름버튼 스위치 PB에서 손을 떼면 릴레이 코일 R이 소자되어 초기 상태로 복귀됨에 따라 접점도 초기 상태로 복귀된다.

그림 2.24 릴레이 소켓

릴레이를 회로에서 사용하기 위해서는 릴레이 전용 소켓에 릴레이를 장착한 후 터미널 등을 이용하여 배선하거나 프린트 기판에 직접 장착하여 납땜하여 사용할 수도 있다. 그림 2.24는 다양한 종류의 릴레이 소켓을 나타내고 있다.

그림 2.25(a)는 직류용 소형 릴레이의 내부 결선과 접점을 나타내고 있다. 총 8개의 핀 중에서 14번 핀에는 직류 전원의 (+)극이 연결되고 13번 핀에는 전원의 (−) 극이 연결된다. 또한 9번 핀과 12번 핀은 공통인데, 5번 핀과 9번 핀, 8번 핀과 12번 핀은 a접점, 1번 핀과 9번 핀, 4번 핀과 12번 핀은 b접점임을 알 수 있다.

그림 2.25(b)는 이러한 릴레이의 핀에 맞는 전용 소켓의 내부 결선을 나타내고 있는데, 이러한 소켓에 릴레이를 연결하고 각 핀의 번호에 해당하는 터미널에 전원 및 접점의 배선을 함으로써 회로를 구성할 수 있다.

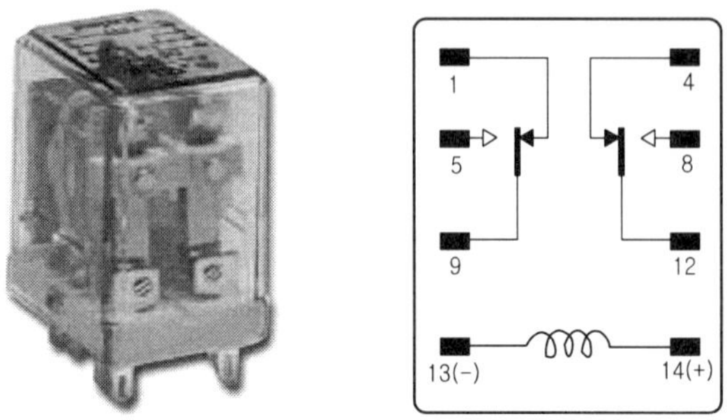

(a) 릴레이의 내부 결선도

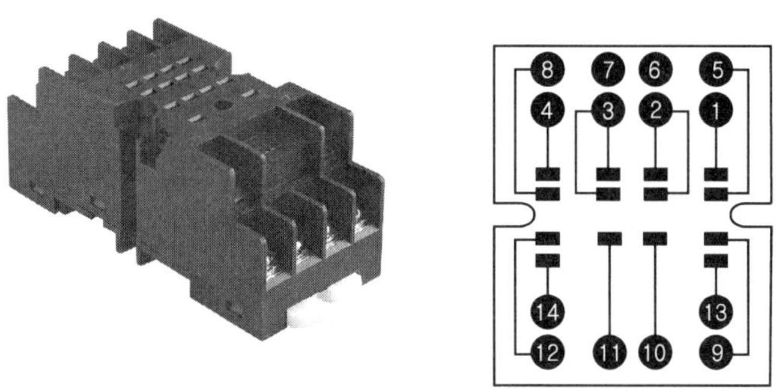

(b) 소켓의 내부 결선도

그림 2.25 릴레이 및 소켓의 내부 결선도

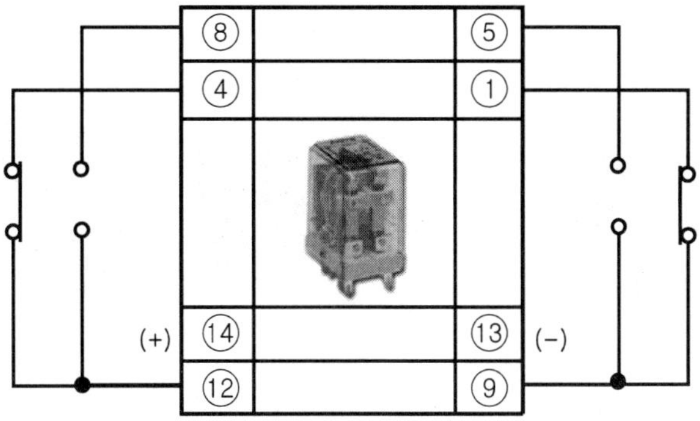

그림 2.26 릴레이와 소켓 결합 시의 접점 상태

그림 2.26은 릴레이와 소켓을 결합했을 때의 접점 상태를 나타내고 있다. 이와 같이 실제 회로에서 배선을 하기 위해서는 릴레이와 소켓의 접점 상태를 확인하고 필요한 접점을 적절하게 사용해야 한다.

(2) 타이머(timer)

타이머는 타임 릴레이(time relay) 또는 한시계전기라고도 하며, 입력 신호가 주어진 이후 출력 신호가 발생할 때까지 일정한 시간의 차이를 가지고 내장된 접점의 개폐 동작을 하는 신호처리 기기이다.

타이머는 동작원리 및 용도에 따라 많은 종류가 있는데, 전동기와 감속기를 이용한 전동기식 타이머, 고무용기 속에 유입되는 공기의 양에 따라 접점을 개폐시키는 공기식 타이머, 전자 회로의 콘덴서와 저항의 시상수를 이용하여 동작 시간을 조정하는 전자식 타이머, 전원 주파수와 계수 회로를 이용한 디지털 타이머 등이 있다.

그림 2.28은 타이머의 기호와 시간에 따른 동작을 나타내고 있다. 그림 2.28(a)의 한시 동작 접점은 코일에 입력 신호가 입력되고 나서 일정 시간 후에 접점이 동작하는 것이고, 그림 2.28(b)의 한시 복귀 접점은 코일에 입력 신호가 입력되면 접점이 바로 동작하고 코일의 신호가 복귀된 후 일정 시간 후에 접점이 복귀되는 것이다.

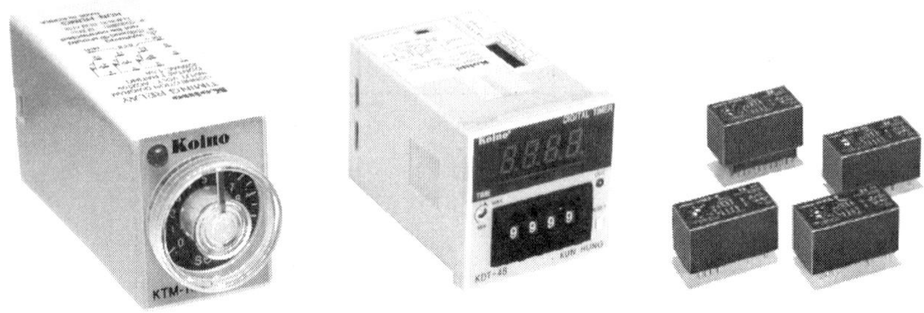

그림 2.27 전자식 타이머 및 디지털 타이머

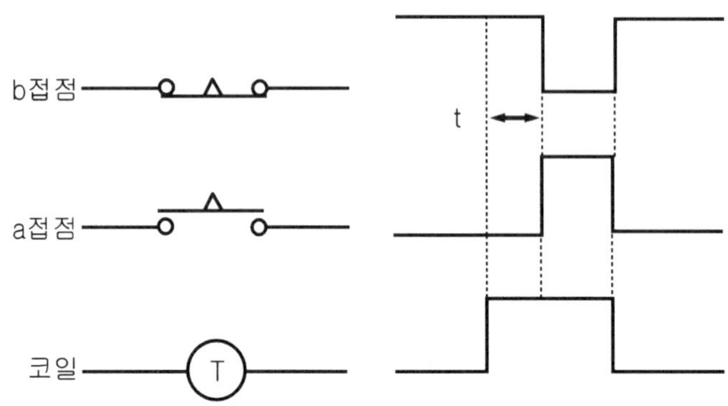

(a) 한시 동작

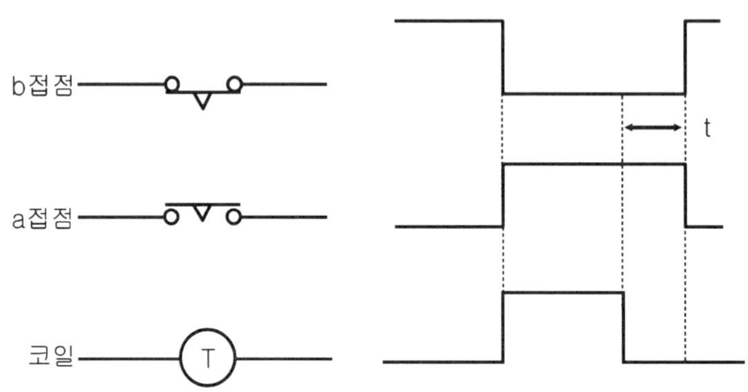

(b) 한시 복귀

그림 2.28 타이머의 기호와 시간에 따른 동작

그림 2.29 타이머 소켓

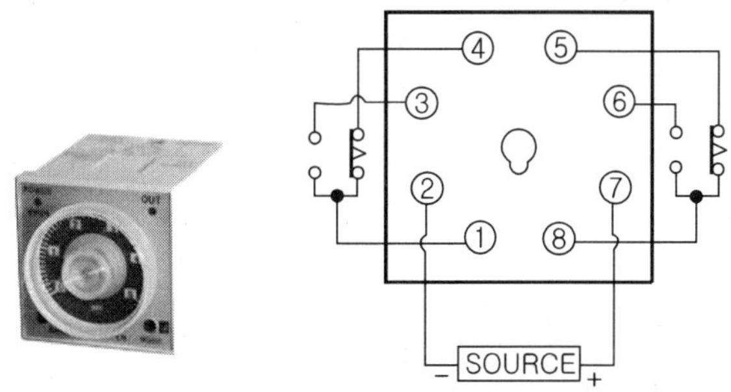

(a) 타이머의 내부 결선도

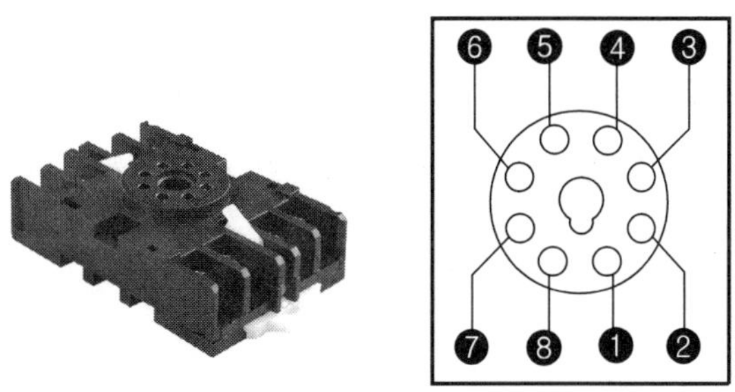

(b) 소켓의 내부 결선도

그림 2.30 타이머 및 소켓의 내부 결선도

타이머를 회로에서 사용하기 위해서는 타이머 전용 소켓에 타이머를 장착한 후 터미널 등을 이용하여 배선하여 사용할 수 있다. 그림 2.29는 다양한 종류의 타이머 소켓을 나타내고 있다.

그림 2.30(a)는 직류용 8핀 타이머의 내부 결선과 접점을 나타내고 있다. 타이머의 총 8개의 핀 중에서 7번 핀에는 직류 전원의 (+)극이 연결되고 2번 핀에는 전원의 (−)극이

연결된다. 또한 1번 핀과 8번 핀은 공통인데, 1번 핀과 3번 핀, 8번 핀과 6번 핀은 a접점, 1번 핀과 4번 핀, 8번 핀과 5번 핀은 b접점임을 알 수 있다.

그림 2.30(b)는 이러한 타이머의 핀에 맞는 전용 소켓의 내부 결선을 나타내고 있는데, 이러한 소켓에 타이머를 연결하고 각 핀의 번호에 해당하는 터미널에 전원 및 접점의 배선을 함으로써 회로를 구성할 수 있다.

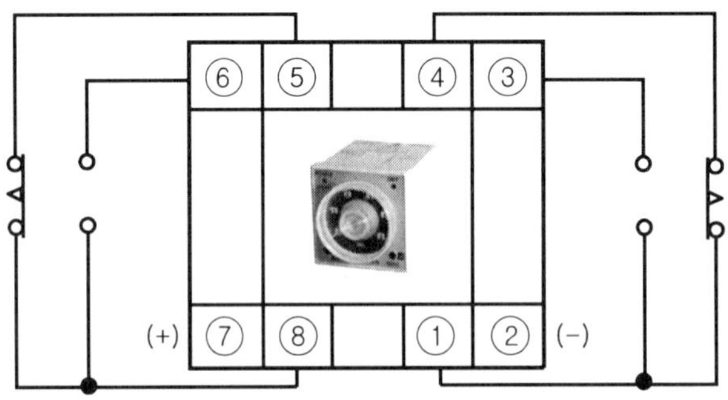

그림 2.31 타이머와 소켓 결합 시의 접점

그림 2.31은 타이머와 소켓을 결합했을 때의 접점 상태를 나타내고 있다. 이와 같이 실제 회로에서 배선을 하기 위해서는 타이머와 소켓의 접점 상태를 확인하고 필요한 접점을 적절하게 사용해야 한다.

(3) 카운터(counter)

카운터는 입력신호의 여부에 따라 수를 계수하는 기기를 말하는 것으로 공작기계나 자동화기기 등에서 기계의 동작 횟수 카운트와 생산수량 카운트의 목적으로 사용된다. 카운터는 구조에 따라 여러 가지가 있으나 주로 트랜지스터 및 마이콤을 사용한 디지털 카운터가 널리 사용된다.

그림 2.32 디지털 카운터

또한, 계수 방법에 따라 계수치를 표시하는 토탈 카운터, 미리 설정한 값에 도달하면 출력을 내보내는 프리셋 카운터 등이 있고, 계수 방법에 따라 가산식, 감산식, 가감산식 카운터가 있다. 그림 2.32는 다양한 디지털 카운터를 나타내고 있다.

2.4.4 구동용 기기

구동용 기기는 명령 처리부의 제어명령에 따라 제어대상을 조작하기 위하여 제어 신호의 전압 또는 전류 값을 증폭시키거나 변화시키는 기기이다.

(1) 전자 접촉기(electromagnetic contactor)

전자 접촉기는 전동기와 같이 비교적 대용량의 교류 또는 직류 회로를 제어하기 위해 정격 전류 또는 그 수 배에 해당하는 과전류를 빈번하게 직접 개폐할 목적으로 사용하는 릴레이를 말한다.

전자 접촉기는 릴레이와 동일한 원리로 작동하나 높은 전압과 전류를 개폐하고 잦은 개폐 작동에 대해서도 견고하게 작동할 수 있도록 되어 있으며 교류용과 직류용이 구별되어 있다. 전자 접촉기에는 주회로 접점 이외에 보조 접점을 부착하여 사용할 수 있도록 되어 있는 것이 보통이며, 주접점은 큰 전류에 사용하고 보조접점은 릴레이와 같이 작은 전류의 개폐에 사용한다. 그림 2.33은 전자 접촉기와 표시 기호를 나타내고 있다.

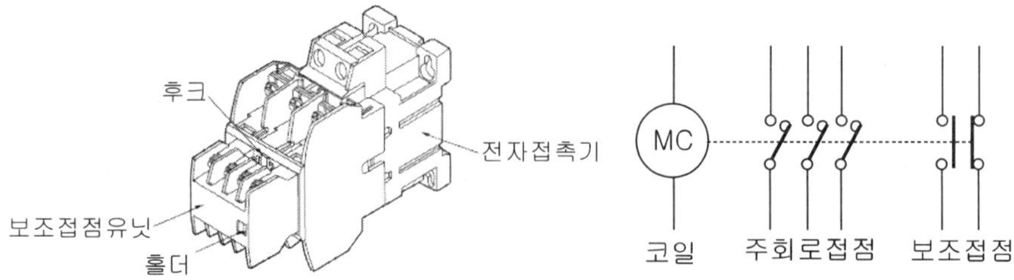

그림 2.33 전자 접촉기와 표시 기호 ((주)LS산전)

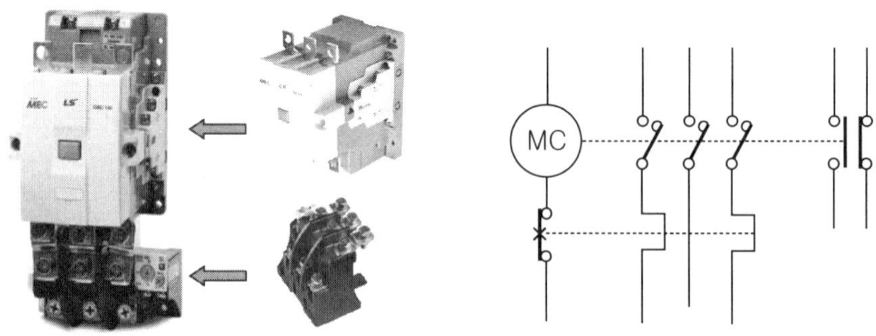

그림 2.34 전자 개폐기와 표시 기호 ((주)LS산전)

(2) 전자 개폐기(electromagnetic switch)

전자 개폐기는 전자 접촉기와 열동형 과부하 계전기가 합쳐진 것으로, 주로 전동기 회로를 규정 사용 상태에서 빈번히 개폐하는 것을 목적으로 사용되며, 규정 이외의 이상 과전류를 차단함으로써 전동기의 과부하, 구속 및 결상 운전에 의한 소손을 방지한다.

전자 개폐기는 처음부터 전자 접촉기와 열동형 과부하 계전기가 일체로 조립되어 나온 것도 있으나 전자 접촉기의 주회로 단자에 열동형 과부하 계전기의 모듈을 별도로 부착하여 사용되기도 한다. 그린 2.34는 전자 접촉기에 열동형 과부하 계전기를 부착한 전자 개폐기와 표시 기호를 나타내고 있다.

여기서 열동형 과부하 계전기란 주로 전동기의 과부하로 인한 소손을 방지하는 목적으로 사용되며, 서멀 릴레이(thermal relay)라고도 한다. 열동형 과부하 계전기는 그림 2.35(a)에 나타난 바와 같이 히터와 바이메탈(bimetal)을 조합한 열동 소자, 레버 및 접점부로 구성되는데, 그림 2.35(b)에 나타난 바와 같이 모터에 과전류가 흐르는 경우 히터

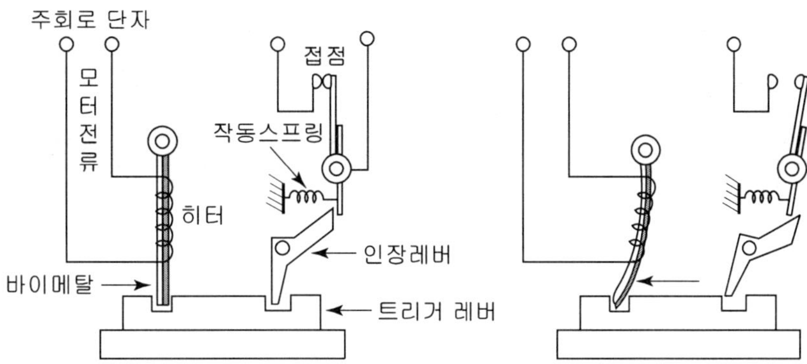

(a) 보통 상태　　　　(b) 과전류가 흐른 상태

그림 2.35 열동형 과부하 계전기의 작동 원리

로부터의 바이메탈에 열을 가하고, 그 열팽창의 차이로 바이메탈이 구부러짐으로써 접점이 떨어지게 되어 있다. 열동형 과부하 계전기는 대표적인 자동조작 수동복귀 접점을 가지는 기기이다.

2.4.5 표시용 기기

표시용 기기는 기기의 동작 상태 및 운전상황 등을 표시하기 위한 기기로서 각종 표시등, 발광 다이오드, 부저 등이 있다.

(1) 표시등(pilot lamp)

전원 공급, 운전 상태, 비상정지 등의 상태를 표시하는 목적으로 사용되며 조작자가 제어계의 상태를 인식할 수 있도록 하는 기능을 수행하는데, 광원으로는 일반적으로 백열전구가 사용 된다

표시등은 사용 전원, 외경, 색상 등에 따라 다양한 형태가 있으며 색상은 청색, 적색, 황색, 녹색, 백색 등이 주로 사용되고 있다. 그림 2.36은 다양한 종류의 표시등을 나타내고 있다.

그림 2.36 표시등

(2) 발광 다이오드(LED)

광원으로 LED(light emitting diode)를 사용한 것으로 다른 성질을 가진 두 개의 반도체 화합물의 접합체에 전기가 흐를 때 빛이 발생되는 원리를 이용한 것이다.

발광 다이오드는 백열전구에 비해 작은 전력으로 작동하는데, 발광량은 적으나 응답이 빠르고 수명이 긴 장점이 있다. 또한 크기가 소형이고 점광원의 형태이므로 다양하고 정교하게 집적화 할 수 있어 주로 기기의 동작 상태를 표시하거나 여러 개를 접합하여 판 형태로 사용하기도 한다. 그림 2.37은 다양한 종류의 발광 다이오드를 나타내고 있다.

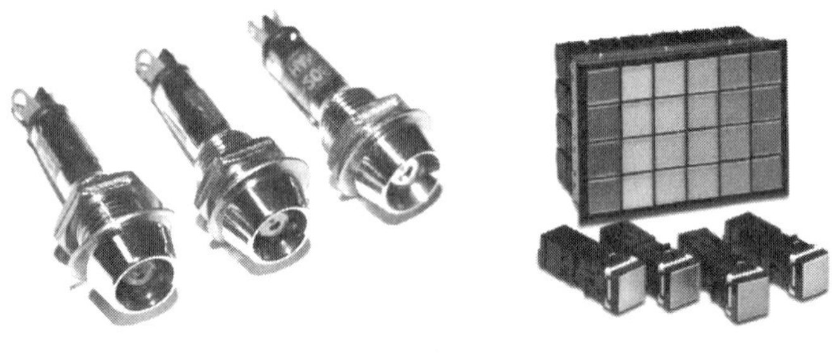

그림 2.37 발광다이오드

(3) 부저(buzzer)

부저는 전자석을 이용하여 음향판을 진동시키는 원리에 의하여 작동하는 기기로서 장치의 이상 발생, 비상 경보, 동작 종료 등의 상태를 작업자에게 알리는데 사용된다. 그림 2.38은 다양한 종류의 부저를 나타내고 있다.

그림 2.38 부저

2.5 타임차트(time chart)

타임차트는 보통 시간선도라고도 하며 제어 장치의 각 접점과 시간에 따른 동작 상태를 그림으로 나타낸 것이다. 가로축은 시간에 따른 순서를 나타내고 세로축은 통전(On), 단전(Off) 또는 1, 0을 나타낸다.

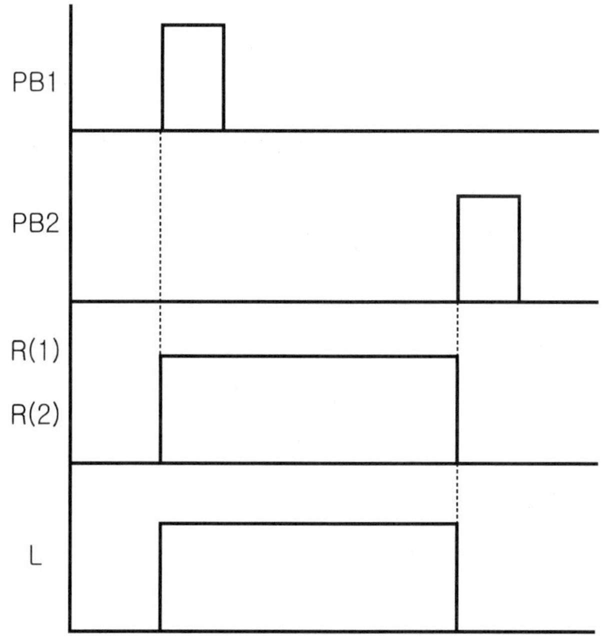

그림 2.39 램프의 점등·소등을 위한 시퀀스 회로의 타임차트

그림 2.39는 그림 2.3의 램프의 점등·소등을 위한 시퀀스 회로의 타임차트를 나타내고 있다. 점등스위치 PB1을 누르면 릴레이 접점 R(1)에 의하여 릴레이 코일에 전원이 공급되고 동시에 릴레이 접점 R(2)에 의하여 램프가 점등된다. 또한, 릴레이의 자기유지 접점 R(1)의 작용에 의하여 PB1의 출력이 Off되어도 램프는 계속 점등되어 있음을 알 수 있다. 소등스위치 PB2를 누르면 릴레이 접점 R(1)과 R(2)가 복귀되면서 램프는 소등된다.

2.6 시퀀스도의 작성법

시퀀스 제어계를 표시하는 방법에는 실체배선도와 선도가 있다. 실체배선도란 기기를 그림기호로 표시하여 배치하고 기기 단자 사이의 배선으로 접속 관계를 나타낸 것이다. 실체배선도는 실제의 회로 배선과 유사하게 나타낼 수 있는 장점이 있으나 회로가 복잡하면 표현이 어려울 뿐만 아니라 회로의 판독에도 어려움이 있다.

그림 2.40은 누름버튼 스위치와 릴레이를 이용하여 램프를 점등하기 위한 회로의 실체배선도를 나타내고 있다. 누름버튼 스위치를 누르면 a접점을 통하여 전원이 공급되며 이 전원은 릴레이의 코일에 입력된다. 릴레이의 코일에 전류가 흘러 코일이 여자되면서 전자석의 힘으로 철편을 당기게 되어 릴레이의 a접점이 닫히게 되고 이 접점을 통하여 램프에 전원이 공급되어 램프가 켜지게 된다. 누름버튼 스위치를 놓으면 a접점이 초기 상태로 복귀되면서 릴레이의 전류가 차단되고 릴레이가 소자되어 릴레이의 a접점이 초기 상태로 복귀되면서 램프의 전원이 차단되어 램프가 꺼지게 된다.

도면에서는 시퀀스 제어계의 기기와 접속 관계를 약속된 기호와 방법에 의하여 표시하는 선도가 사용되는데 그 중에서도 전개접속도의 일종인 시퀀스도가 많이 사용된다.

시퀀스도는 복잡한 제어회로의 동작을 순서에 따라 이해하기 쉽게 기호로 나타낸 것으로서 크게 횡서 방식과 종서 방식이 있다. 두 방식은 신호의 흐름과 동작의 흐름에 따라 그리는 방법이 다른 것으로 이를 작성하는 기본 원칙은 표 2.3에 나타난 바와 같다.

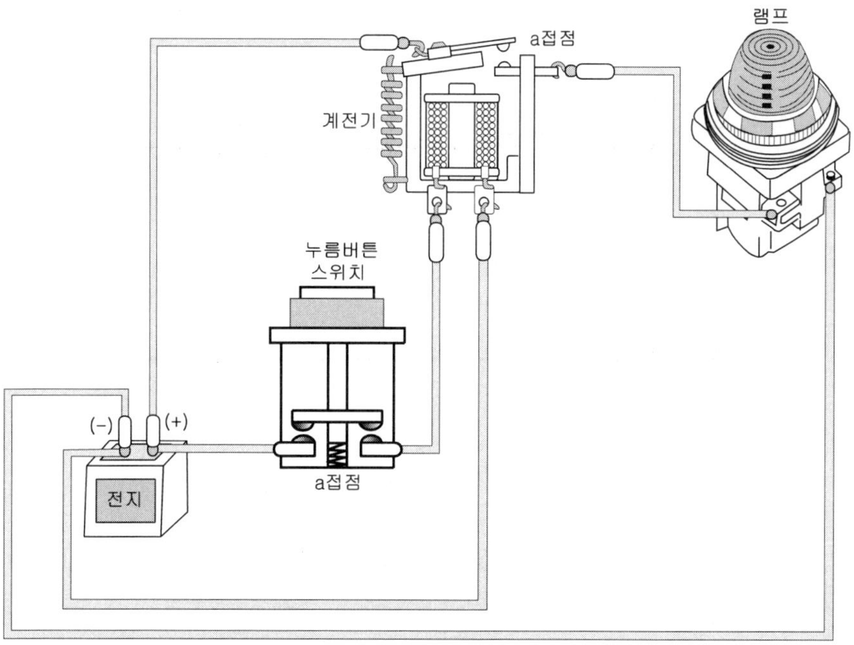

그림 2.40 램프 점등 회로의 실체배선도

표 2.2 시퀀스도의 작성 원칙

항 목	횡서 방식	종서 방식
신호의 흐름	왼쪽에서 오른쪽	위에서 아래
동작의 흐름	위에서 아래	왼쪽에서 오른쪽
전원 모선	평행한 수직선	평행한 수평선
교류전원 모선	R,S,T 상의 2선을 왼쪽 및 오른쪽	R,S,T 상의 2선을 위쪽 및 아래쪽
직류전원 모선	양극 P(+) 모선을 왼쪽 음극 N(−) 모선을 오른쪽	양극 P(+) 모선을 위쪽 음극 N(−) 모선을 아래쪽
접속선	가로 직선	세로 직선
스위치, 접점의 위치	왼쪽	위쪽
코일, 표시등의 위치	오른쪽	아래쪽
기호의 표시 상태	힘이 가해지지 않은 상태 또는 전원이 공급되지 않은 초기 상태	

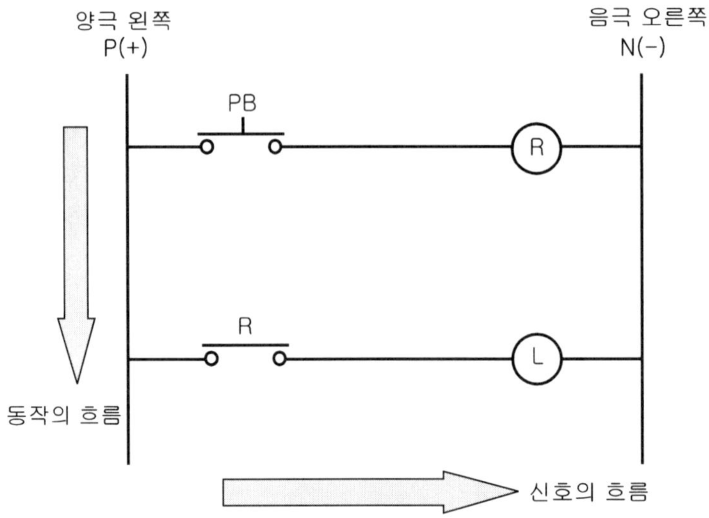

그림 2.41 램프 점등 회로의 횡서방식 시퀀스도

그림 2.41은 그림 2.40의 램프 점등 회로에 대한 횡서 방식의 시퀀스도를 나타내고 있다. 횡서방식이란 가로방향으로 그리는 것을 의미하는데, 표 2.3에 나타난 원칙에 따라 다음과 같은 순서로 그릴 수 있다.

- 전원 모선을 두 개의 평행한 수직선으로 나타내는데, 양극을 왼쪽에 음극을 오른쪽에 그린다.
- 신호의 흐름을 왼쪽에서 오른쪽으로 흐르도록 배열하는데, 동작이 먼저 이루어지는 누름버튼 스위치의 기호를 처음에 그리고 이와 연결된 릴레이 코일을 오른쪽에 그린다.
- 전원 모선, 누름버튼 스위치 접점, 릴레이 코일 사이의 접속선을 가로 직선으로 나타낸다.
- 시퀀스 동작의 흐름은 위에서 아래로 흐르도록 배열하는데, 릴레이 코일에 의하여 동작하는 릴레이 접점을 다음 줄의 왼쪽에 그리고 릴레이 접점을 통하여 전원을 공급받아 동작하는 램프를 오른쪽에 그린다.
- 전원 모선, 릴레이 접점, 램프 사이의 접속선을 가로 직선으로 나타낸다.

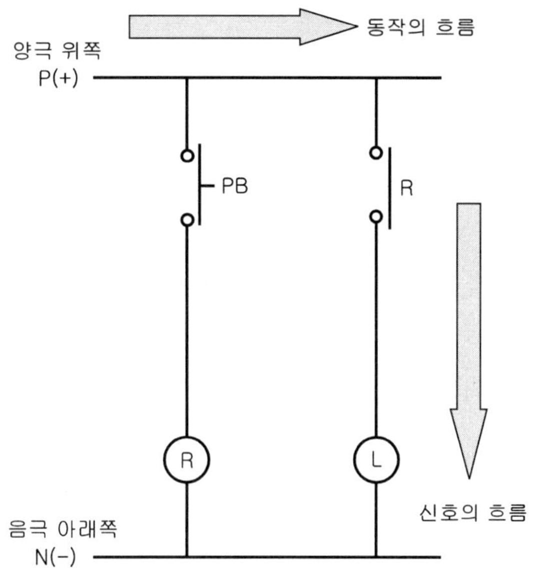

그림 2.42 램프 점등 회로의 종서방식 시퀀스도

그림 2.42는 그림 2.40의 램프 점등 회로에 대한 종서방식의 시퀀스도를 나타내고 있다. 종서방식이란 세로방향으로 그리는 것을 의미하는데, 표 2.3에 나타난 원칙에 따라 다음과 같은 순서로 그릴 수 있다.

- 전원 모선을 두 개의 평행한 수직선으로 나타내는데, 양극을 위쪽에 음극을 아래쪽에 그린다.
- 신호의 흐름을 위쪽에서 아래쪽으로 흐르도록 배열하는데, 동작이 먼저 이루어지는 누름버튼 스위치의 기호를 처음에 그리고 이와 연결된 릴레이 코일을 아래쪽에 그린다.
- 전원 모선, 누름버튼 스위치의 접점, 릴레이 코일 사이의 접속선을 세로 직선으로 나타낸다.
- 시퀀스 동작의 흐름은 왼쪽에서 오른쪽으로 흐르도록 배열하는데, 릴레이 코일에 의하여 동작하는 릴레이 접점을 다음 줄에 위쪽에 그리고 릴레이 접점을 통하여 전원을 공급받아 동작하는 램프를 아래쪽에 그린다.
- 전원 모선, 릴레이 접점, 램프 사이의 접속선을 세로 직선으로 나타낸다.

2.7 실체배선도와 시퀀스도

2.7.1 AND 회로

AND 회로는 a접점만을 직렬로 접속시킨 회로를 말한다. 그림 2.43은 누름버튼스위치에 의한 AND 회로의 실체 배선도를 나타내고 있는데, a접점이 있는 2개의 누름버튼 스위치 PB1과 PB2를 직렬로 램프 L에 연결하고 제어전원에 접속시킨 것이다. 이 누름버튼 스위치에 의한 AND 회로의 실체 배선도를 시퀀스도로 나타내면 그림 2.44와 같다.

그림 2.43에서 각 전선 양단의 선번호는 그림 2.44의 시퀀스도에서 하나의 동작을 기준으로 접속선의 신호가 접점 또는 기기의 단자를 통과할 때마다 번호 증가시켜가며 동작번호와 신호 번호를 조합하여 부여한 것이다.

따라서, 시퀀스도에서 접점 또는 기기 단자 사이를 연결하는 접속선은 고유한 번호를 가지는데 이 번호를 실제 시퀀스 회로를 배선할 때 각각의 단자를 연결하는 전선에 적용하면 복잡한 회로에서도 배선을 쉽고 정확하게 할 수 있다.

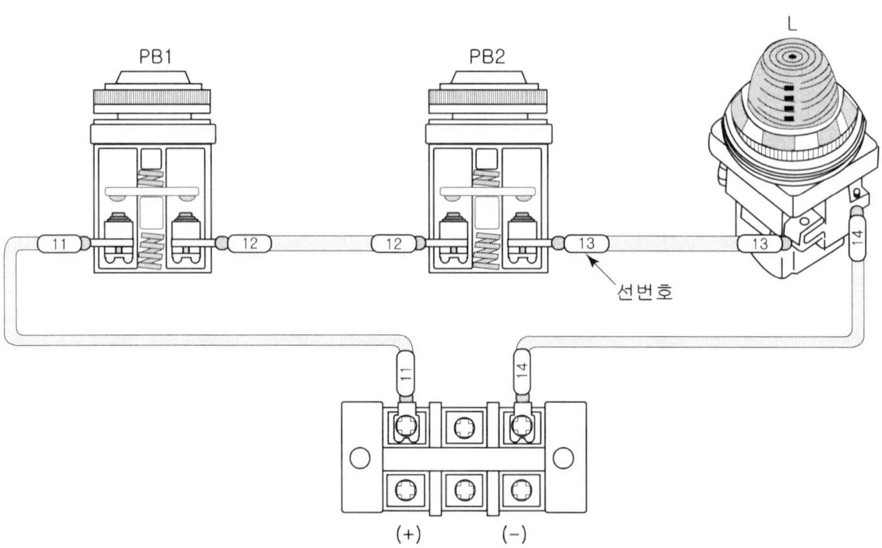

그림 2.43 누름버튼 스위치에 의한 AND회로의 실체배선도

(1) 누름버튼 스위치 PB1과 PB2를 양쪽 모두 누르지 않았을 때

제어 전원모선에 전압이 인가되어 있는 상태에서 누름버튼 스위치 PB1과 PB2를 양쪽 모두 누르지 않았을 때는 각각의 a접점은 열려 있으므로 램프 L은 소등한 상태로 있게 된다. 즉, 동시입력 신호가 없는 경우 출력 신호는 없는 상태가 된다.

(2) 누름버튼 스위치 PB1만을 눌렀을 때

누름버튼 스위치 PB1만을 눌렀을 경우 PB1의 a접점이 닫히더라도 PB2의 a접점이 열려 있으므로 램프 L에는 전류가 흐르지 않아 램프는 소등된 상태로 있게 된다.

(3) 누름버튼 스위치 PB2만을 눌렀을 때

누름버튼 스위치 PB2만을 눌렀을 경우 PB2의 a접점이 닫히더라도 PB1의 a접점이 열려 있으므로 램프 L에는 전류가 흐르지 않아 램프는 소등된 상태로 있게 된다.

(4) 누름버튼 스위치 PB1과 PB2를 동시에 눌렀을 때

누름버튼 스위치 PB1와 PB2를 동시에 누르게 되면 PB1의 a접점과 PB2의 a접점이 동시에 닫히기 때문에 램프 L에는 전류가 흘러 점등된다.

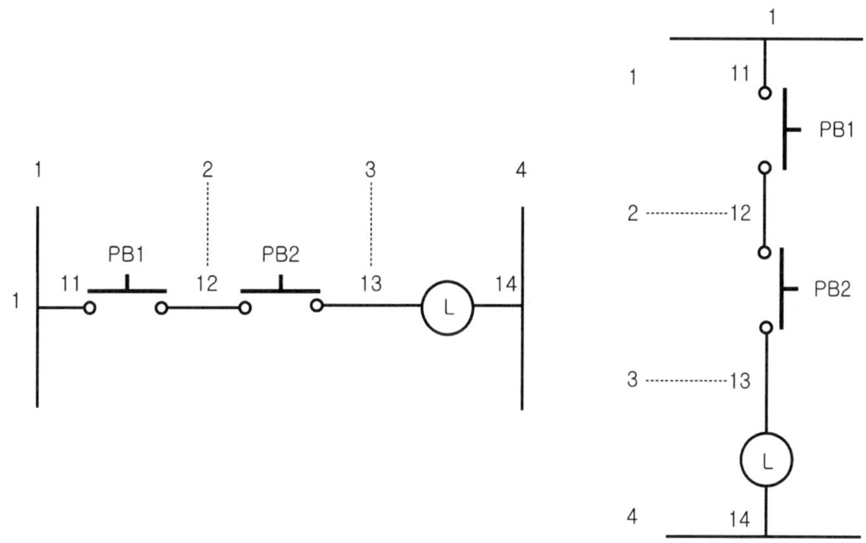

(a) 횡서방식　　　(b) 종서방식

그림 2.44　누름버튼 스위치에 의한 AND회로의 시퀀스도

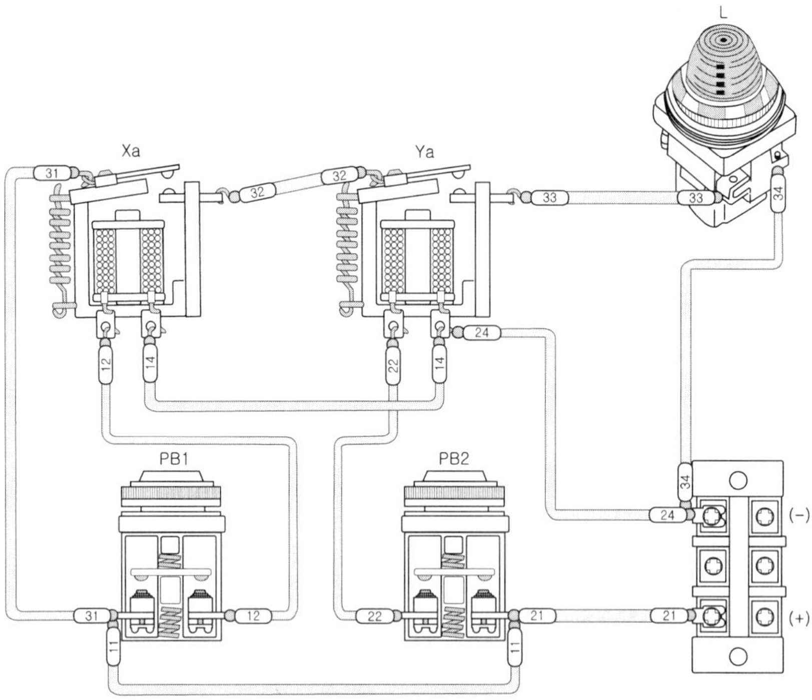

그림 2.45 릴레이에 의한 AND회로의 실체배선도

이와 같이 이 회로에서는 PB1 및 PB2의 a접점이 모두 닫혔을 때 즉, 입력 신호가 동시에 전부 가해졌을 때에만 출력신호를 얻을 수 있게 되므로 이러한 회로를 AND 회로라고 한다.

이러한 AND 회로는 릴레이의 접점을 이용하여 구성할 수도 있는데, 그림 2.45는 릴레이 X의 a접점 Xa와 릴레이 Y의 a접점 Ya를 직렬로 램프 L에 연결하여 제어 전원에 접속시켜 구성한 AND 회로의 실체배선도이다. 이 릴레이에 의한 AND 회로의 실체배선도를 시퀀스도로 나타내면 그림 2.46과 같다.

(1) 릴레이 X와 릴레이 Y가 모두 소자되었을 때

제어 전원모선에 전압이 인가되어 있는 상태에서 누름버튼 스위치 PB1, PB2를 모두 누르지 않았을 때에는 릴레이 X 및 Y의 코일에 전류가 흐르지 않기 때문에 소자된 상태이다. 따라서, 릴레이 X 및 Y의 a접점 Xa, Ya는 모두 열려 있으므로 램프 L은 소등된 상태로 있게 된다.

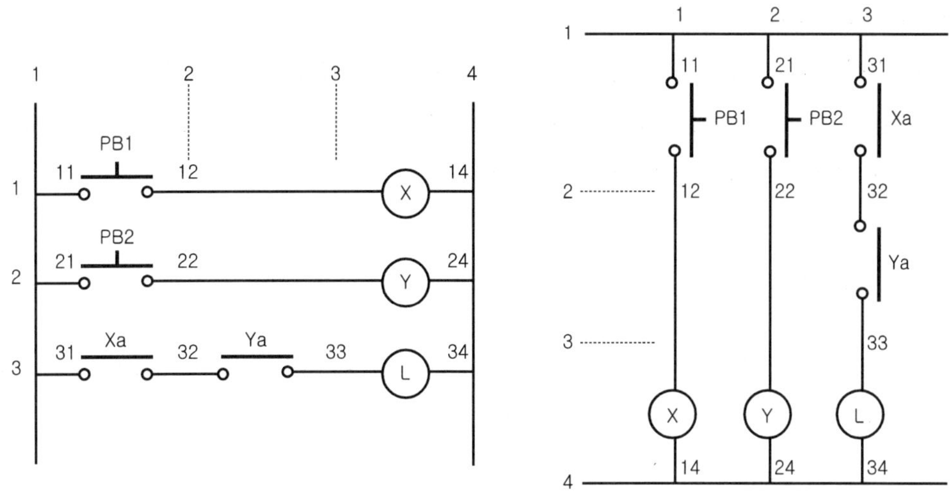

(a) 횡서방식 (b) 종서방식

그림 2.46 릴레이에 의한 AND회로의 시퀀스도

(2) 릴레이 X만이 여자되었을 때

릴레이 X의 코일과 연결된 누름버튼 스위치 PB1를 누르면 릴레이 코일 X가 여자되어 동작되면서 입력 신호가 발생한다. 이와 동시에 릴레이 X가 동작하면서 AND 회로의 a접점인 Xa가 닫히게 되는데, 이 때 Y의 a접점인 Ya는 아직 열려있는 상태이므로 램프 L에는 전류가 흐르지 않아 소등된 상태로 있게 된다.

(3) 릴레이 Y만이 여자되었을 때

릴레이 Y의 코일과 연결된 누름버튼 스위치 PB2를 누르면 릴레이 코일 Y가 여자되어 동작하면서 입력 신호가 발생한다. 이와 동시에 릴레이 Y가 동작하면서 AND 회로의 a접점인 Ya가 닫히게 되는데, 이 때 X의 a접점인 Xa는 아직 열려있는 상태이므로 램프 L에는 전류가 흐르지 않아 소등된 상태로 있다.

(4) 릴레이 X와 Y가 모두 여자되었을 때

릴레이 X의 코일과 연결된 누름버튼 스위치 PB1과 릴레이 Y의 코일과 연결된 누름버튼 스위치 PB2를 모두 누르게 되면, 각각의 전자 릴레이 X와 Y가 동작하면서 a접점 Xa와 Ya가 모두 닫힌다. 이 때 AND 회로의 a접점이 모두 닫힌 상태가 되므로 램프 L에 전류가 흘러 점등된다.

이와 같이 이 회로는 릴레이 X의 a접점 Xa와 Y의 a접점 Ya가 누름버튼 스위치의 PB1, PB2의 입력 신호에 의하여 모두 닫혔을 때 램프 L이 점등하고 출력신호를 발생하기 때문에 릴레이 접점에 의한 AND 회로이다.

2.7.2 OR 회로

OR 회로란 a접점만을 병렬로 접속시킨 회로를 말한다. 그림 2.47은 누름버튼 스위치에 의한 OR 회로의 실체배선도를 나타내고 있는데, a접점이 있는 2개의 누름버튼 스위치 PB1과 PB2를 병렬로 연결하고 이를 램프 L에 직렬로 연결하여 제어 전원에 접속한 것이다. 이 누름버튼 스위치에 의한 OR 회로의 실체배선도를 시퀀스도로 나타내면 그림 2.48과 같다.

(1) 누름버튼 스위치 PB1과 PB2를 모두 누르지 않았을 때

제어 전원모선에 전압이 인가되어 있는 상태에서 누름버튼 스위치 PB1과 PB2를 모두 누르지 않았을 때는 각각의 a접점이 열려있기 때문에 램프 L은 소등된 상태로 있게 된다.

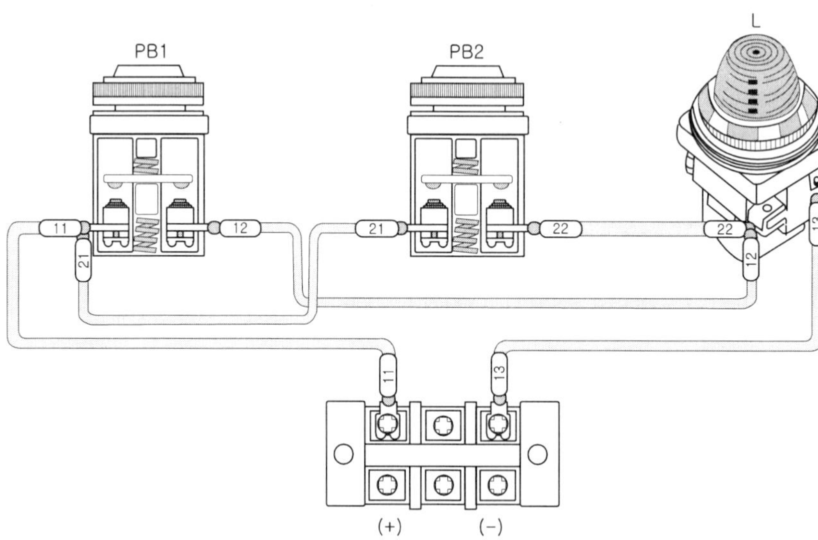

그림 2.47 누름버튼 스위치에 의한 OR회로의 실체배선도

(2) 누름버튼 스위치 PB1만을 눌렀을 때의 동작

누름버튼 스위치 PB1만을 눌렀을 경우 PB1의 a접점이 닫히게 되고, 이 때 PB2의 a 접점이 열려있더라도 PB1의 a접점 회로를 통하여 램프 L에 전류가 흘러 점등된다.

(3) 누름버튼 스위치 PB2만을 눌렀을 때의 동작

누름버튼 스위치 PB2만을 눌렀을 경우 PB2의 a접점이 닫히게 되고, 이 때 PB1의 a 접점이 열려있더라도 PB2의 a접점 회로를 통하여 램프 L에 전류가 흘러 점등된다.

(4) 누름버튼 스위치 PB1과 PB2를 동시에 눌렀을 때

누름버튼 스위치 PB1와 PB2를 동시에 누르게 되면 PB1의 a접점과 PB2의 a접점이 동시에 닫히기 때문에 램프 L에는 전류가 흘러 점등된다.

이와 같이 이 회로에서는 PB1 또는 PB2 중 어느 하나의 a접점이 닫혔을 때 즉, 입력 신호가 어느 하나에만 가해져도 출력신호를 얻을 수 있으므로 이러한 회로를 OR회로라고 한다.

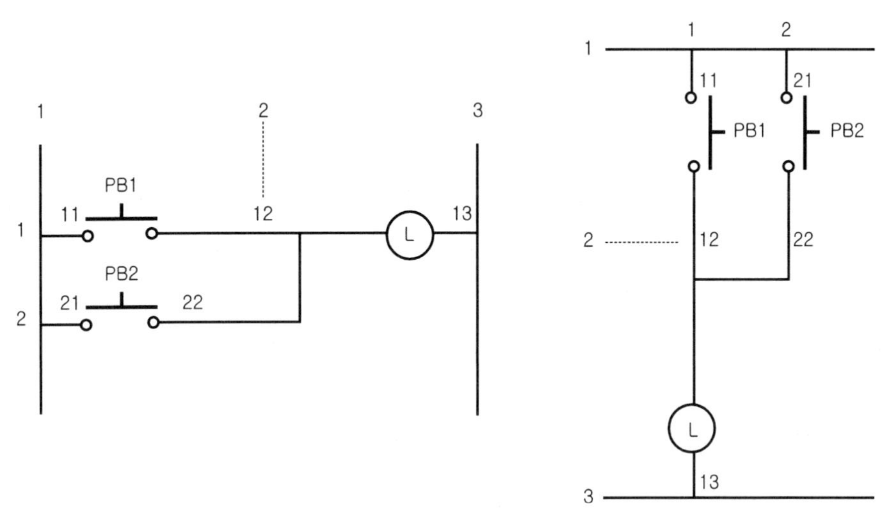

(a) 횡서방식 (b) 종서방식

그림 2.48 누름버튼 스위치에 의한 OR회로의 시퀀스도

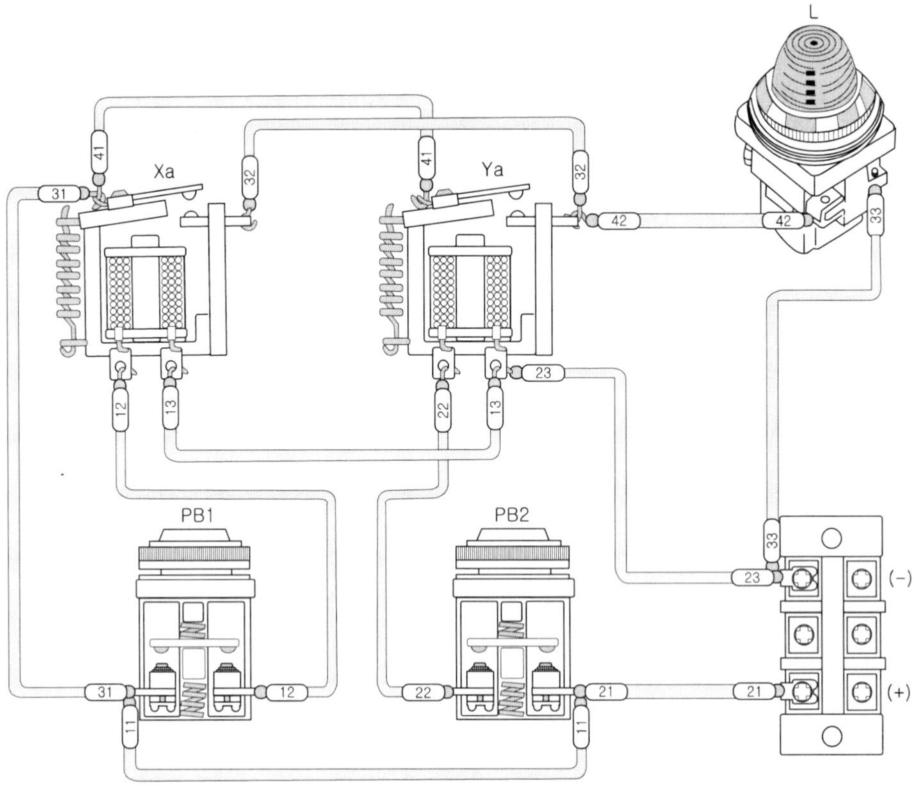

그림 2.49 릴레이 접점에 의한 OR회로의 실체배선도

이러한 OR회로는 AND회로와 마찬가지로 릴레이의 접점을 이용하여 구성할 수도 있는데, 그림 2.49는 릴레이 X의 a접점 Xa와 릴레이 Y의 a접점 Ya를 병렬로 램프 L에 연결하여 제어 전원에 접속시킨 릴레이에 의한 OR 회로의 실체배선도이다. 이 릴레이에 의한 OR 회로의 실체배선도를 시퀀스도로 나타내면 그림 2.50과 같다.

(1) 릴레이 X와 릴레이 Y가 모두 소자되었을 때

제어 전원모선에 전압이 인가되어 있는 상태에서 누름버튼 스위치 PB1, PB2를 모두 누르지 않았을 때에는 릴레이 X 및 Y의 코일에 전류가 흐르지 않기 때문에 소자된 상태이다. 따라서, 릴레이 X 및 Y의 a접점은 모두 열려 있으므로 램프 L은 소등된 상태로 있게 된다.

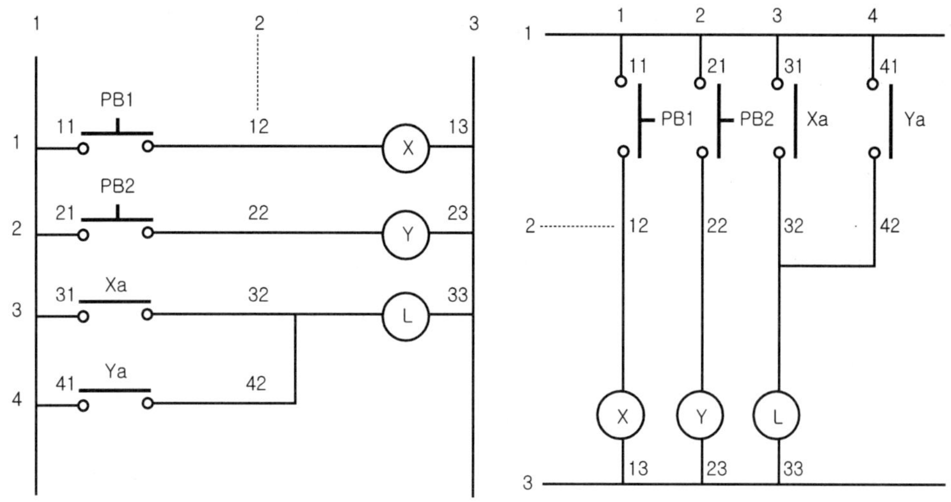

(a) 횡서방식 (b) 종서방식

그림 2.50 릴레이에 의한 OR회로의 시퀀스도

(2) 릴레이 X만이 여자되었을 때

릴레이 코일 X와 연결된 누름버튼 스위치 PB1을 누르면 릴레이 X가 여자되어 동작되면서 입력 신호가 발생한다. 이와 동시에 릴레이 X가 동작하면서 OR 회로의 a접점 Xa가 닫히게 되는데, 이 때 Y의 a접점 Ya가 아직 열려있다고 하더라도 a접점 Xa를 통하여 램프 L에 전류가 흘러 점등된다.

(3) 릴레이 Y만이 여자되었을 때

릴레이 코일 Y와 연결된 누름버튼 스위치 PB2를 누르면 릴레이 Y가 여자되어 동작되면서 입력 신호가 발생한다. 이와 동시에 릴레이 Y가 동작하면서 OR 회로의 a접점 Ya가 닫히게 되는데, 이 때 X의 a접점 Xa가 아직 열려있다고 하더라도 a접점 Ya를 통하여 램프 L에 전류가 흘러 점등된다.

(4) 릴레이 X와 릴레이 Y가 모두 여자되었을 때

누름버튼 스위치의 경우와 마찬가지로, 릴레이 X와 Y가 모두 여자된 경우 램프 L은 당연히 점등하게 된다.

이 회로는 릴레이 X의 a접점 Xa와 Y의 a접점 Ya가 입력 신호에 의하여 어느 하나만이라도 닫히는 경우에도 램프 L이 점등하고 출력신호를 발생하기 때문에 릴레이 접점에 의한 OR회로임을 알 수 있다.

2.7.3 자기유지회로

자기유지회로란 누름버튼 스위치를 이용하여 릴레이 코일에 전류를 흘려 동작시켰을 때 스위치를 누른 손을 떼더라도 릴레이가 자신의 a접점으로 별도의 접점 유지회로를 구성하여 연속적으로 동작이 계속되도록 한 회로를 의미한다.

그림 2.51은 a접점이 있는 동작용 누름버튼 스위치 PB1과 b접점이 있는 정지용 누름버튼 스위치 PB2를 직렬로 접속하여 AND회로를 구성한 후, 릴레이 X의 코일에 접속하고 PB1과 릴레이 X의 a접점 Xa를 OR회로로 구성하여 연결한 복귀우선 자기유지회로의 실체배선도를 나타내고 있다.

이 실체배선도를 시퀀스도로 나타내면 그림 2.52와 같다. 이 회로는 릴레이 자신의 a접점에 의하여 동작하고 계속 유지되기 때문에 자기유지회로라고 하며, 시퀀스 제어회로에 필수적으로 사용되는 회로이다.

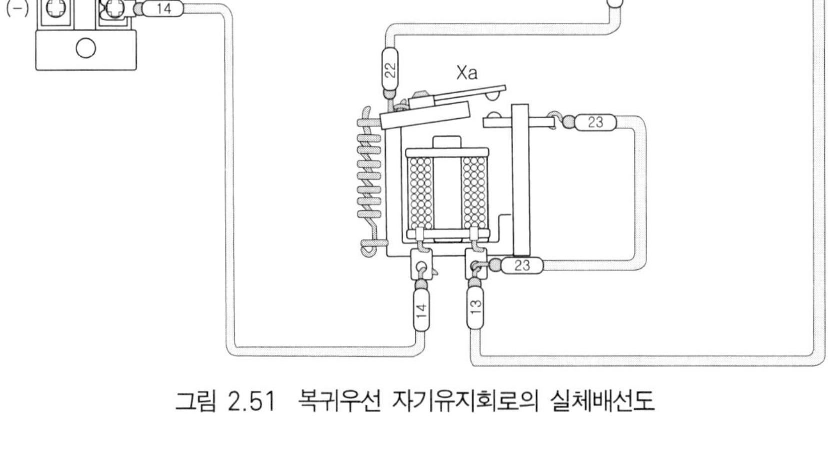

그림 2.51 복귀우선 자기유지회로의 실체배선도

그림 2.52에서 가장 중요한 것은 누름버튼 스위치 PB1과 릴레이 X자신의 a접점 Xa는 병렬로 접속되어 OR회로를 구성함으로써 자기유지 기능을 수행하고 있는 것이다. 이 회로에서는 PB1을 눌러서 릴레이 X를 동작시키면, 접점 Xa가 닫히므로 PB1에서 손을 떼어도 릴레이 X의 코일에는 릴레이 자신의 a접점 Xa를 통하여 전원이 공급되기 때문에 릴레이 X는 계속 동작하게 되는데, 접점 Xa를 자기유지접점이라고 하며, PB1을 동작용 누름버튼 스위치라고도 한다.

또한 자기유지가 되어 있는 상태의 접점을 복귀시키기 위하여 b접점이 있는 정지용 누름버튼 스위치 PB2를 PB1과 AND회로로 구성함으로써 PB2를 누르는 경우 릴레이 X를 복귀시킬 수 있도록 한다. 이와 같이 자기유지회로에서는 동작용 누름버튼 스위치 PB1과 정지용 누름버튼 스위치 PB2를 이용하여 동작명령과 복귀명령을 입력하게 된다.

복귀우선 자기유지회로에서 동작명령과 복귀명령이 동시에 입력되었을 경우, 릴레이 X의 코일에 전원의 신호가 도달하기까지 PB1의 a접점과 PB2의 b접점이 AND 회로로 구성되어있기 때문에, 복귀명령을 부여할 PB2의 접점이 열리게 되어 동작명령을 부여할 PB1이 동시에 닫히더라도 릴레이 X의 코일에는 전원이 공급되지 않으므로 릴레이 X는 복귀하게 된다.

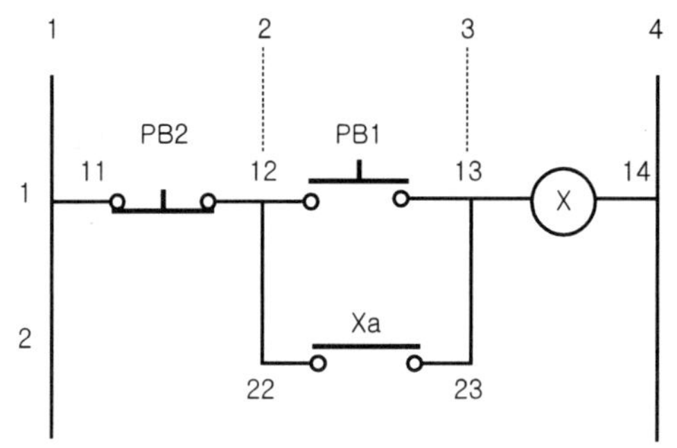

(a) 횡서

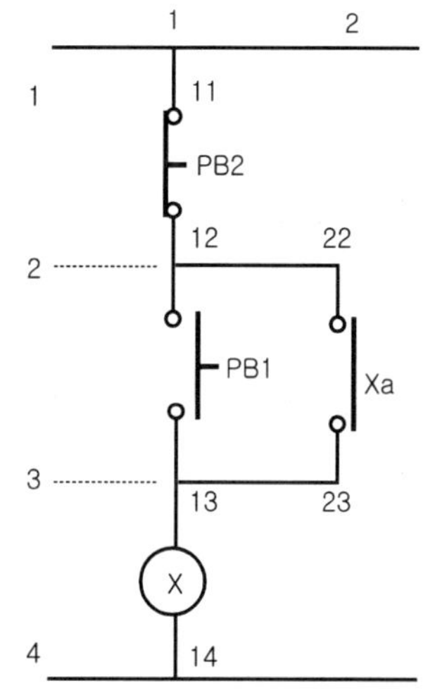

(b) 종서

그림 2.52 복귀우선 자기유지회로의 시퀀스도

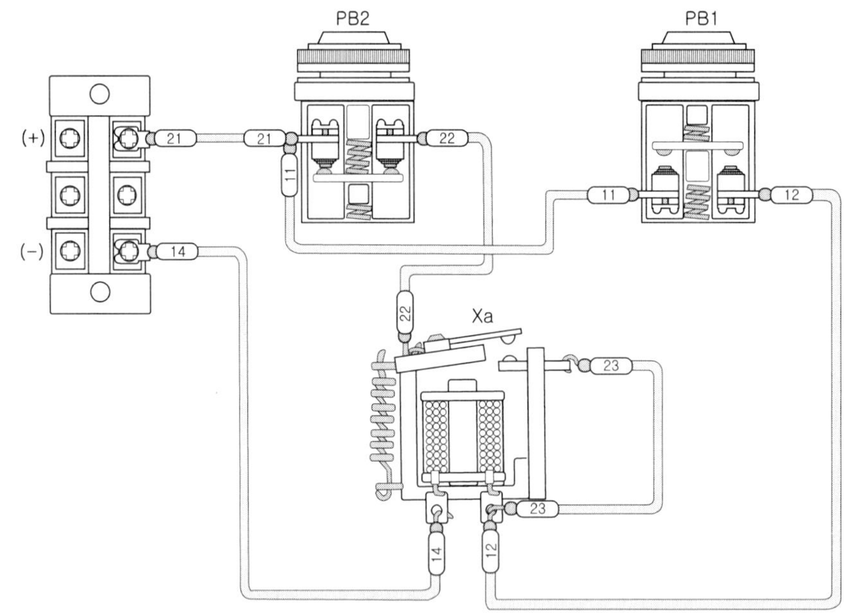

그림 2.53 동작우선 자기유지회로의 실체배선도

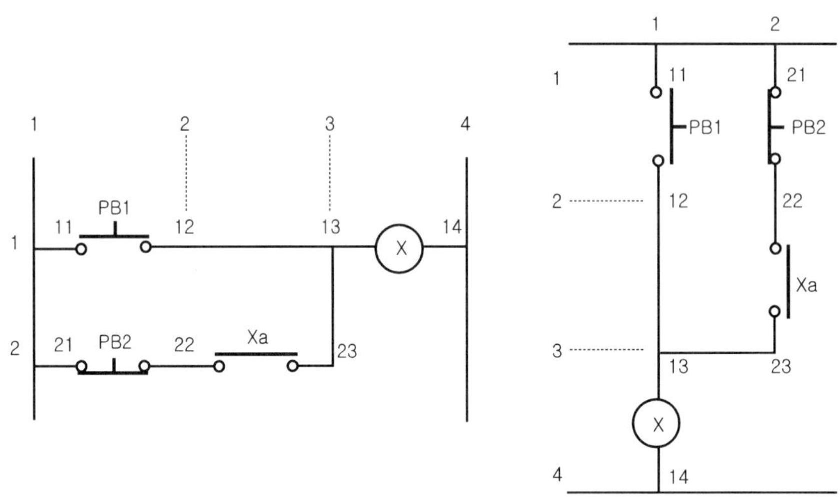

(a) 횡서 (b) 종서

그림 2.54 동작우선 자기유지회로의 시퀀스도

그림 2.53은 b접점이 있는 정지용 누름버튼 스위치 PB2와 릴레이 X의 자기유지 a접점 Xa를 AND 회로로 하고 이것을 a접점이 있는 동작용 누름버튼 스위치 PB1과 OR 회로를 구성하여 릴레이 X의 코일에 연결한 동작우선 자기유지회로의 실체배선도를 나타내고 있다.

이 실체배선도를 시퀀스도로 나타내면 그림 2.54와 같다. 동작우선 자기유지회로에서는 동작용 누름버튼 스위치 PB1을 누르면 a접점이 닫히고 릴레이 X의 코일에 전류가 흘러 릴레이가 작동한다. 이와 동시에 릴레이 X의 자기유지접점 Xa가 닫히고 정지용 누름버튼 스위치 PB2의 b접점을 통하여 릴레이 코일에 전류가 흐른다. 이 때 PB1에서 손을 떼면 a접점이 복귀하더라도, 자기유지 접점 Xa를 통하여 릴레이 코일에 전원이 계속 공급되므로 릴레이 X는 계속 동작하게 된다.

정지용 누름버튼 스위치 PB2를 누르게 되면 b접점이 떨어져 릴레이 코일에 전원이 공급되지 않으므로 릴레이 X는 복귀하고, 이에 따라 자기유지 접점 Xa가 열리게 된다. 이후 PB2를 누른 손을 떼면 그 b접점이 복귀하여 닫히게 되지만, 자기유지접점 Xa와 PB1이 모두 열려 있으므로 릴레이 코일에는 전원이 공급되지 않아 복귀한 상태가 된다.

동작우선 자기유지회로에서 동작명령과 복귀명령이 동시에 입력되었을 경우, 릴레이 X의 코일과 연결된 동작용 누름버튼 스위치 PB1의 a접점과 복귀용 누름버튼 스위치 PB2의 b접점이 OR회로로 구성되어 있기 때문에, 복귀명령을 입력할 PB2가 열리고 동작명령을 부여할 PB1이 동시에 닫히기 때문에 릴레이 코일에는 전원이 공급되어 릴레이 X는 동작상태가 된다.

2.7.4 인터록 회로

인터록 회로란 기기의 동작 접점을 이용하여 상호 관련된 기기의 동작을 금지하는 회로를 말한다. 그림 2.55는 릴레이 X의 코일에 연결된 회로에 누름버튼 스위치 PB1의 a접점과 누름버튼 스위치 PB2의 b접점을 AND회로로 구성하고, 또 다른 릴레이 Y의 코일에 연결된 회로에 PB2의 a접점과 PB1의 b접점을 AND회로로 구성한 인터록 회로의 실체배선도를 타나내고 있다.

그림 2.55 회로에서 사용된 누름버튼 스위치 PB1와 PB2는 1개의 a접점과 1개의 b접점으로 구성되어 있고, 버튼을 누르면 b접점은 열리고 a접점을 닫힌다.

이와 같이 각각의 릴레이의 조작회로에 상대방 누름버튼 스위치의 b접점을 접속하여 누름버튼 스위치에 의하여 하나의 릴레이가 작동하면 다른 릴레이가 작동하지 못하도록 전원을 차단하는 것이다. 이 실체배선도를 시퀀스도로 나타내면 그림 2.56과와 같다.

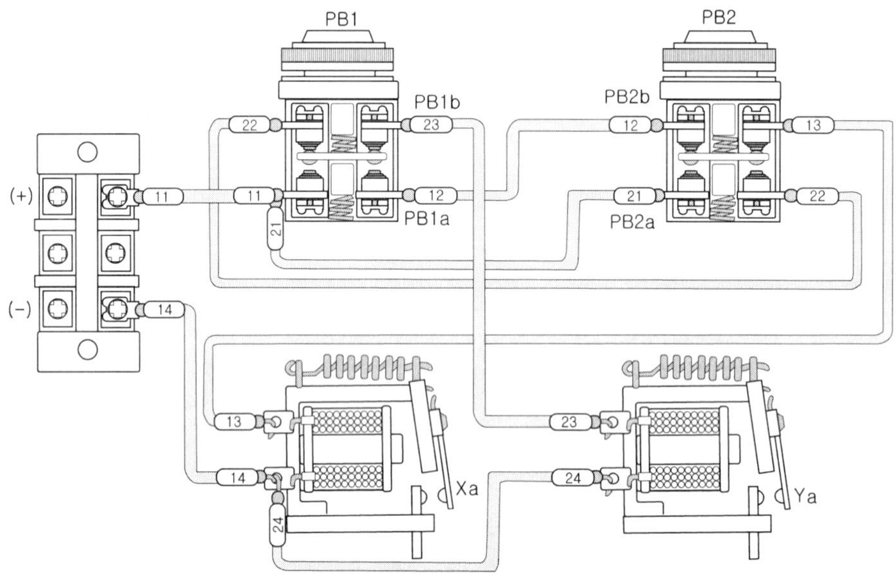

그림 2.55 누름버튼 스위치에 의한 인터록회로의 실체배선도

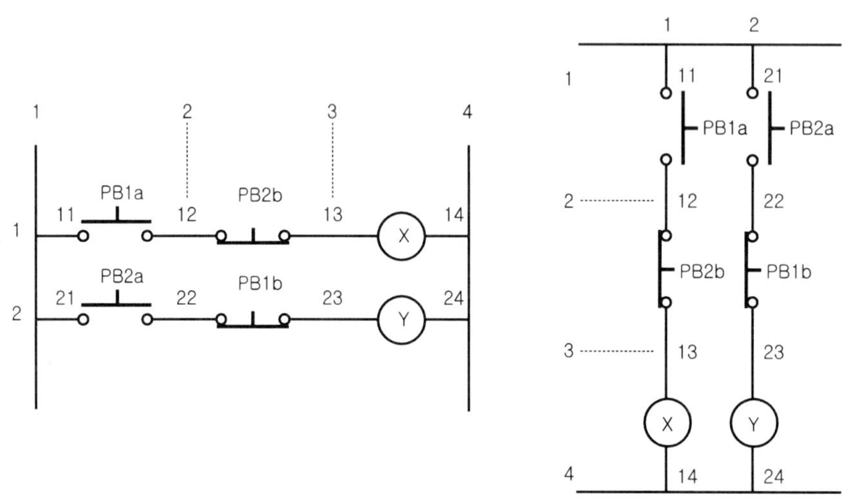

(a) 횡서 (b) 종서

그림 2.56 누름버튼 스위치에 의한 인터록회로의 시퀀스도

(1) 누름버튼 스위치 PB1을 먼저 눌렀을 때

누름버튼 스위치 PB1을 누르면 b접점 PB1b가 열리고, a접점 PB1a가 닫히면서 릴레이 X 코일에 전류가 흘러 릴레이 X가 동작한다. 릴레이 X가 동작하고 있을 때에는 PB1b가 열려있으므로 릴레이 Y는 동작하지 않는다.

(2) 누름버튼 스위치 PB2를 먼저 눌렀을 때

누름버튼 스위치 PB2를 누르면 b접점 PB2b가 열리고, a접점 PB2a가 닫히면서 릴레이 Y 코일에 전류가 흘러 릴레이 Y가 동작한다. 릴레이 Y가 동작하고 있을 때에는 PB2b가 열려있으므로 릴레이 X는 동작하지 않는다.

(3) 누름버튼 스위치 PB1과 PB2를 동시에 눌렀을 때

누름버튼 스위치 PB1과 PB2를 동시에 누른 경우, 릴레이 X와 Y의 코일에 연결된 회로가 각각 상대방의 누름버튼 스위치의 b접점 PB1b, PB2b에 의하여 열려있기 때문에 두 릴레이 모두 동작하지 않는다.

이와 같이 릴레이의 회로에 상대방의 누름버튼 스위치 b접점을 접속하게 되면 릴레이 X와 Y 중에서 먼저 동작하고 있는 쪽이 상대방의 릴레이 회로를 b접점에 의하여 개방시키므로 상대방의 입력이 가해지더라도 동작하지 않게 되는 것이다.

인터록 회로는 릴레이 접점을 이용하여 구성할 수도 있는데, 그림 2.57은 릴레이 X의 코일에 연결된 회로에 누름버튼 스위치 PB1의 a접점과 릴레이 Y의 b접점 Yb를 AND회로로 구성하고, 또 다른 릴레이 Y의 코일에 연결된 회로에 누름버튼 스위치 PB2의 a접점과 릴레이 X의 b접점 Xb를 AND회로로 구성한 인터록 회로의 실체배선도를 타나내고 있다. 실체배선도를 시퀀스도로 나타내면 그림 2.58과 같다.

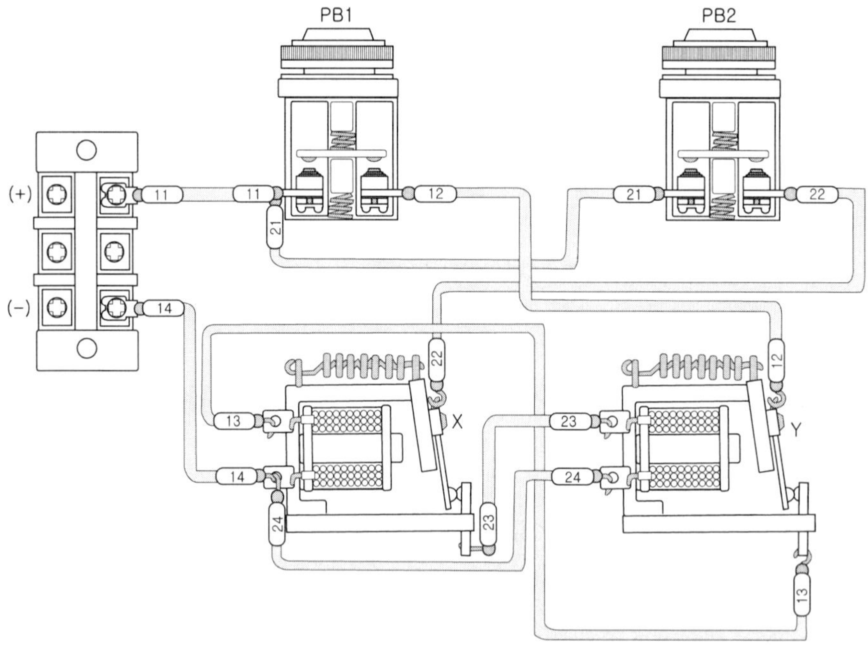

그림 2.57 전자계전기 접점에 의한 인터록회로의 실체배선도

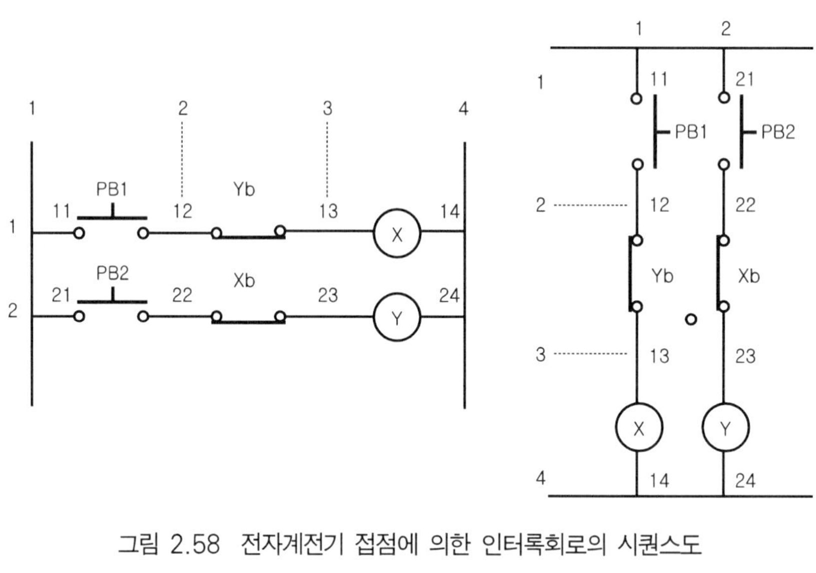

그림 2.58 전자계전기 접점에 의한 인터록회로의 시퀀스도

(1) 누름버튼 스위치 PB1을 먼저 눌렀을 때

누름버튼 스위치 PB1을 누르면 a접점이 닫히고 릴레이 X의 코일에 전원이 공급되어 릴레이 X가 작동되면서 릴레이 X의 b접점 Xb가 열리게 된다. 이러한 상태에서 누름버튼 스위치 PB2를 누르면 a접점이 닫히게 되지만, 전자계전기 Y의 코일과 연결된 회로에 릴레이 X의 b접점 Xb가 열려있으므로 릴레이 Y의 코일에는 전원이 공급되지 않아 릴레이 Y는 작동되지 않는다.

(2) 누름버튼 스위치 PB2를 먼저 눌렀을 때

누름버튼 스위치 PB2를 누르면 a접점이 닫히고 릴레이 Y의 코일에 전원이 공급되어 릴레이 Y가 작동되면서 릴레이 Y의 b접점 Yb가 열리게 된다. 이러한 상태에서 누름버튼 스위치 PB1을 누르면 a접점이 닫히게 되지만, 전자계전기 X의 코일과 연결된 회로에 릴레이 Y의 b접점 Yb가 열려있으므로 릴레이 X의 코일에는 전원이 공급되지 않아 릴레이 X는 작동되지 않는다.

(3) 누름버튼 스위치 PB1과 PB2를 동시에 눌렀을 때

이 시퀀스 회로에서는 누름버튼 스위치 PB1과 PB2 양쪽을 모두 눌러도 전자계전기 X와 Y가 동시에 동작할 수는 없고 반드시 먼저 작동하고 있는 릴레이가 우선하여 다른 쪽의 작동을 금지하게 된다.

연습문제

1. 유접점 시퀀스와 무접점 시퀀스의 특징은 각각 무엇인가?

2. 접점의 종류에는 무엇이 있는가?

3. 기계적 운동부분과 직접 접촉하여 조작되는 접점은 무엇인가?

4. 누름버튼 스위치는 어떤 접점이며 그 기호는 무엇인가?

5. 릴레이는 어떤 접점이며 그 기호는 무엇인가?

6. 릴레이와 소켓의 결합 시 접점 상태를 그리시오.

7. 시퀀스 제어 기기 중에서 명령처리부에는 어떤 것이 있는가?

8. 검출용 기기 중에서 비접촉식 기기에는 무엇이 있는가?

9. 한시 동작 a접점과 b접점의 타임차트를 그리시오.

10. 8핀 타이머와 소켓의 결합시 접점 상태를 그리시오.

11. 열동형 과부하 계전기란 무엇인가?

12. 복귀우선 자기유지회로의 실체배선도를 보고 시퀀스도를 그리시오.

13. 동작우선 자기유지회로의 실체배선도를 보고 시퀀스도를 그리시오.

3장 시퀀스 제어 회로

3.1 시퀀스 제어 기본 회로

복잡하게 구성된 시퀀스 회로에서도 그 내용은 여러 가지 기본회로가 조합되어 목적에 알맞은 기능을 수행할 수 있도록 되어 있음을 알 수 있다. 따라서 주요 기본 회로를 정확히 이해하는 것이 중요하며 회로를 구성하는 접점과 출력의 동작에 대하여 고찰하는 것이 필요하다.

시퀀스 제어 회로는 논리회로를 기본으로 하는데, 그 표시 방법에 있어서 일반적인 논리 표시에서 True · False, 0 · 1 등을 사용하는 것에 대응하여 유접점 시퀀스에서는 접점의 On · Off, 코일의 여자 · 소자 등이 각각 동일한 논리 상태에 해당하고, 무접점 시퀀스에서는 전압의 High · Low가 동일한 논리 상태를 의미하게 된다. 표 3.1은 서로 대응되는 논리 상태를 나타내고 있다.

표 3.1 시퀀스 제어와 대응되는 논리 상태

False	0	Off	소자	Low
True	1	On	여자	High

시퀀스 제어 회로에 있어서 각 접점과 출력의 논리 상태는 진리표, 타임차트 등을 통하여 표시할 수 있으며, 접점과 출력의 순서 및 시간에 따른 변화를 나타냄으로써 제어 회로의 동작을 고찰할 수 있다.

3.1.1 ON 회로

입력이 On되면 동시에 출력이 On되고, 입력이 Off되면 동시에 출력도 Off되는 회로로서 입력과 출력이 동일한 논리 상태를 가지는 회로이다. 그림 3.1(a)의 시퀀스도에 나타난 바와 같이 릴레이의 a접점을 이용하는 회로로서 누름버튼 스위치 PB를 눌러 On시키면 릴레이 R의 코일에 전원이 공급되어 코일이 여자되고, 그 결과 a접점이 닫히게 되어 램프 L이 점등된다. 누름버튼 스위치 PB에서 손을 떼면 전원 공급이 중단되어 릴레이 코일이 소자되면서 a접점이 복귀되는 회로이며, 이때 램프 L은 소등된다. 이러한 동작은 그림 3.1(b)의 타임차트에 잘 나타나 있다.

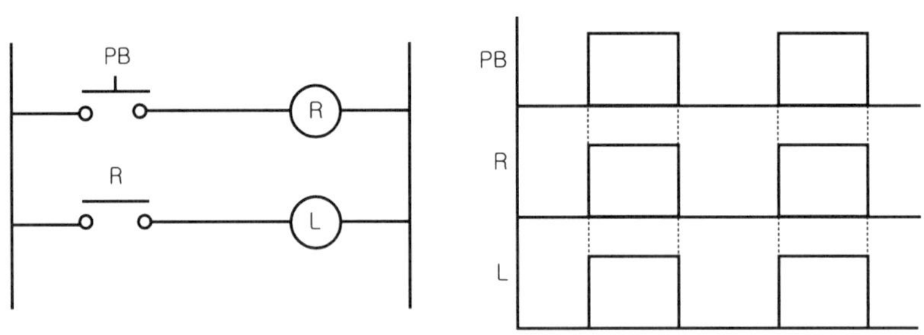

(a) 시퀀스도 (b) 타임차트

그림 3.1 ON 회로

3.1.2 OFF 회로

입력이 On되면 동시에 출력이 Off되고, 입력이 Off되면 출력이 동시에 On되는 회로로서 입력과 출력이 반대의 논리 상태를 가지는 회로이다. 그림 3.2(a)의 시퀀스도에 나타난 바와 같이 릴레이의 b접점을 이용하는 회로로서 초기 상태에서 램프는 릴레이 R의 b접점을 통하여 전원이 공급되므로 점등되어 있는데, 누름버튼 스위치 PB를 누르면 릴레이 R의 코일에 전원이 공급되어 코일이 여자되고, 그 결과 릴레이의 b접점이 열리게 되어 램프 L이 소등된다.

누름버튼 스위치 PB에서 손을 떼면 전원 공급이 중단되어 릴레이 코일이 소자되면서 b 접점이 복귀되는 회로이며, 이 때 램프 L은 다시 점등된다. 이러한 동작은 그림 3.1(b)의 타임차트에 잘 나타나 있다.

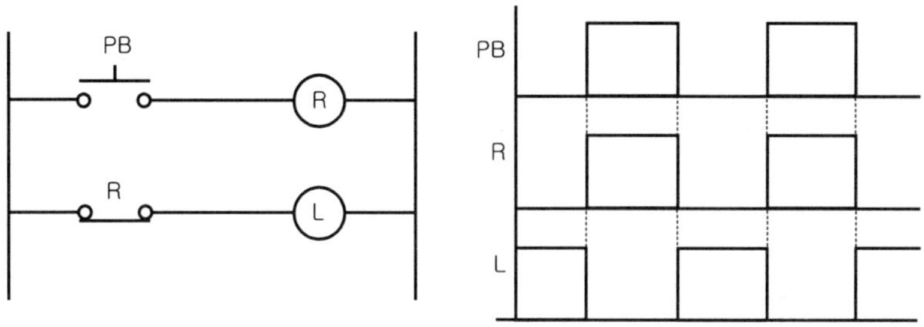

(a) 시퀀스도 (b) 타임차트

그림 3.2 OFF 회로

3.1.3 AND 회로

다수의 입력 요소가 있을 때 모든 입력 신호가 있을 때만 출력이 나타나며 하나라도 입력 신호가 부족하면 출력이 나타나지 않는 회로이다. 그림 3.3(a)의 시퀀스도에 나타난 바와 같이 입력을 위한 두 개의 누름버튼 스위치 PB1, PB2가 직렬로 연결된 회로이다. 그림 3.3(b)의 타임차트에서 동작을 살펴보면 두 개의 누름버튼 스위치 PB1, PB2가 모두 On일 때 릴레이 R의 코일이 여자되고 a접점이 닫혀 램프가 점등된다.

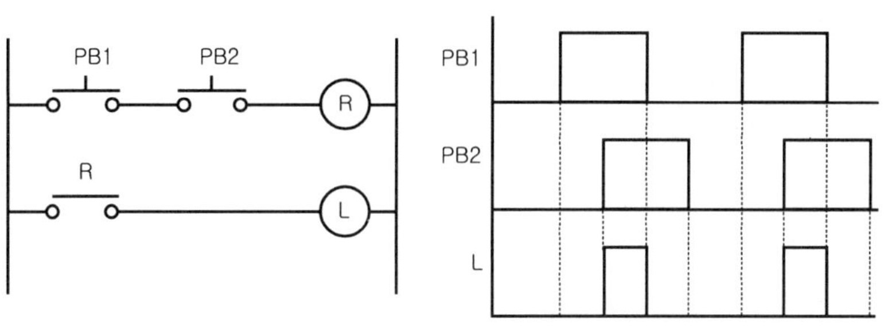

(a) 시퀀스도 (b) 타임차트

그림 3.3 AND 회로

3.1.4 OR 회로

다수의 입력신호 중에서 적어도 하나의 신호가 On되었을 때 출력이 나타나는 회로로서 그림 3.4(a)의 시퀀스도에 나타난 바와 같이 입력을 위한 두 개의 누름버튼 스위치 PB1, PB2가 병렬로 연결된 회로이다. 그림 3.4(b)의 타임차트에서 동작을 살펴보면 두 개의 누름버튼 스위치 PB1, PB2중의 하나가 On 되거나 PB1, PB2가 동시에 On 되는 경우 릴레이 R의 코일이 여자되고 a접점이 닫혀 램프가 점등된다.

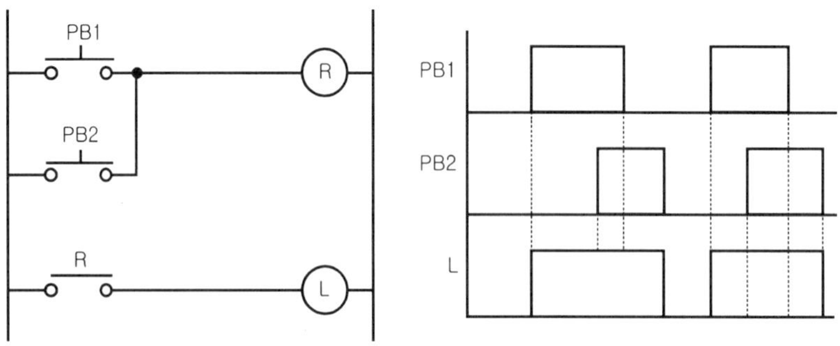

(a) 시퀀스도 (b) 타임차트

그림 3.4 OR 회로

3.1.5 자기유지 회로

릴레이는 자신의 접점으로 자기유지 회로를 구성하여 동작을 유지시킬 수 있는 기능이 있는데, 이것을 자기유지 회로라고 한다. 자기유지 회로 중에는 동작우선 회로와 정지우선 회로의 두 가지 종류가 있는데, 동작 입력과 복귀 입력이 동시에 가해졌을 때 릴레이가 동작하면 동작우선 회로이고, 릴레이가 동작하지 않으면 정지우선 회로라고 한다.

그림 3.5(a)는 릴레이의 복귀우선 자기유지 회로를 나타내는 시퀀스도인데, 릴레이의 a접점 R(1)이 누름버튼 스위치 PB1에 병렬로 접속되어 있는 것이 특징이다.

누름버튼 스위치 PB1을 누르면 b접점인 누름버튼 스위치 PB2를 통하여 전원이 공급되므로 릴레이가 동작되고, 릴레이의 a접점인 R(1)과 R(2)가 동시에 On되며 램프 L이 점등된다. 이 때 누름버튼 스위치 PB1에서 손을 떼어도 누름버튼 스위치 PB2의 b접점과 릴레이의 R(1)접점을 통하여 릴레이 코일에 계속 전원이 공급되므로 릴레이의 동작이 유지된다.

자기유지 상태에서 누름버튼 스위치 PB2를 누르면 릴레이 R의 코일에 공급되는 전원이 차단되면서 릴레이가 복귀되고 접점 R(1)과 R(2)가 열려 램프 L이 소등되며 회로는 초기상태로 복귀된다.

또한, 누름버튼 스위치 PB1과 PB2에 동시에 제어 신호가 입력된 경우 PB2의 접점에 의하여 릴레이에 입력되는 전원이 차단됨으로써 회로는 초기상태로 유지되므로 복귀우선 자기유지회로임을 알 수 있다.

그림 3.6은 그림 3.5에 나타난 복귀우선 자기유지 회로와 동일한 기능의 시퀀스 회로를 나타내고 있다. 그림 3.6(a)의 시퀀스도를 그림 3.5(a)와 비교하여 보면, 누름버튼 스위치 PB1과 릴레이의 a접점 R(1)이 병렬로 연결된 것은 동일하나 누름버튼 스위치 PB2의 위치가 바뀌어 있음을 알 수 있다.

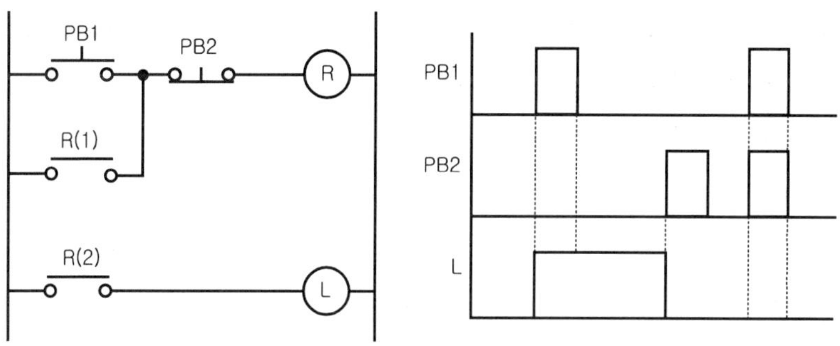

(a) 시퀀스도 (b) 타임차트

그림 3.5 복귀우선 자기유지 회로

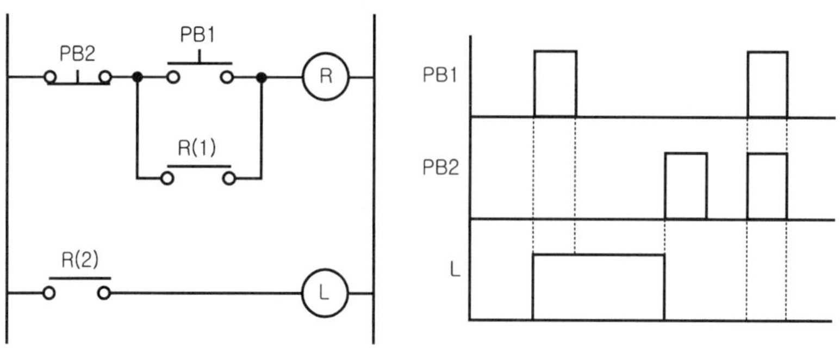

(a) 시퀀스도 (b) 타임차트

그림 3.6 복귀우선 자기유지 회로

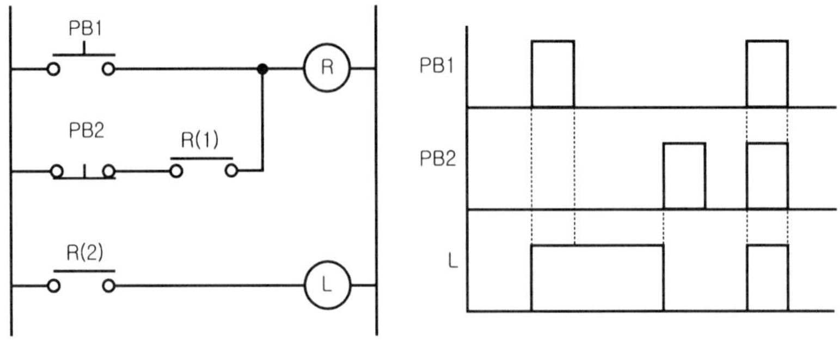

(a) 시퀀스도 (b) 타임차트

그림 3.7 동작우선 자기유지 회로

자기유지 기능은 누름버튼 스위치 PB1과 릴레이 접점 R(1)이 병렬로 연결된 것에 의하여 수행되고, 복귀 기능은 누름버튼 스위치 PB2에 의하여 수행되므로, 위치가 바뀐 것이 자기유지 기능에 영향을 주지 않게 된다. 따라서 그림 3.5(a)와 그림 3.6(a)의 시퀀스 회로는 동일한 기능을 수행하게 된다.

그림 3.7(a)는 동작우선 자기유지회로의 시퀀스도를 나타내고 있는데, 누름버튼 스위치 PB1과 릴레이의 a접점 R(1)이 병렬로 연결되어 있는 것은 복귀우선 자기유지회로와 동일하나, 릴레이의 a접점 앞에 누름버튼 스위치 PB2가 직렬로 연결되어 있음을 알 수 있다. 따라서, 누름버튼 스위치 PB1과 PB2에 동시에 제어 신호가 입력된 경우 PB2의 접점에 의하여 릴레이에 입력되는 전원이 차단되더라도 PB1의 접점에 의하여 릴레이에 전원이 입력됨으로써 회로는 동작상태가 되므로 동작우선 자기유지회로임을 알 수 있다. 이러한 동작은 그림 3.7(b)의 타임차트에 잘 나타나 있다.

3.1.6 인터록 회로

그림 3.8 (a)는 인터록 회로의 시퀀스도를 나타내고 있는데, 인터록 회로는 릴레이 R1, R2 각각의 b접점을 상대방 회로에 서로 직렬로 연결하여 어느 한 릴레이가 동작중일 때는 관련된 다른 릴레이는 동작할 수 없도록 하는 회로이다.

그림 3.8(b)의 타임차트에 나타나 있는 바와 같이 누름버튼 스위치 PB1을 눌러 릴레이 R1이 먼저 동작되면 이후에 PB2를 눌러도 릴레이 R2는 동작되지 않는다.

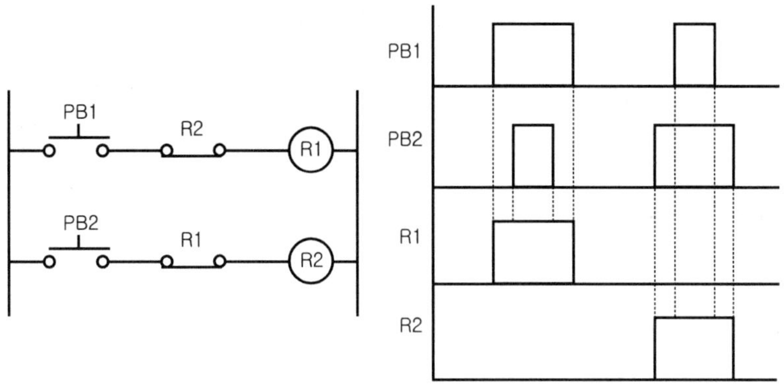

(a) 시퀀스도 (b) 타임차트

그림 3.8 인터록 회로

반대로 또한 PB2에 의하여 릴레이 R2가 먼저 동작되면 이후에 PB1을 눌러도 릴레이 R1은 역시 동작되지 않는다.

인터록 회로는 작업자의 안전 또는 장치의 보호를 위하여 관련된 장치의 동작접점을 사용하여 다른 장치의 동작을 금지하는 데 사용된다.

3.1.7 시간지연 회로

신호를 입력한 후 설정된 시간만큼 출력이 늦게 발생되는 회로를 시간지연 회로라고 하는데, 시간지연 회로에는 동작지연(on-delay)회로, 복귀지연(off-delay) 및 일정시간동작(one shot)회로가 있다.

(1) 동작지연(on-delay)회로

동작신호를 입력한 후에 곧바로 출력이 발생되지 않고 미리 설정한 시간만큼 출력이 늦게 발생되도록 하는 회로를 동작지연회로라고 한다.

그림 3.9는 동작지연 회로의 시퀀스도와 타임차트를 나타낸 것인데, 동작 내용을 살펴보면 먼저 누름버튼 스위치 PB1을 누르면 PB2의 b접점을 거쳐 릴레이 R과 타이머 T에 전원이 공급된다. 따라서 타이머가 작동하기 시작하고, 릴레이 R의 자기유지 접점에 의하여 PB1에서 손을 떼어도 타이머에는 지속적으로 전원이 공급된다.

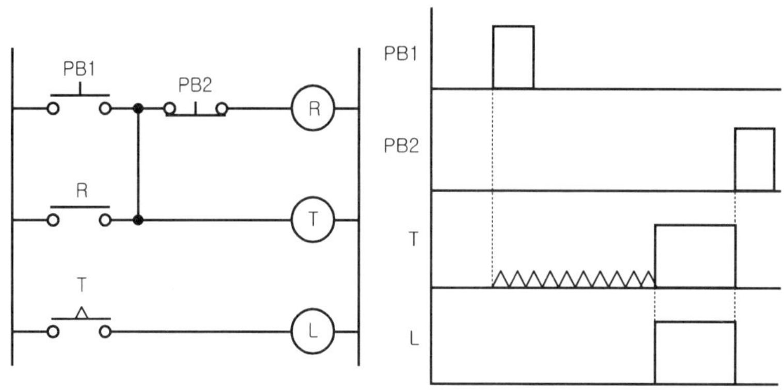

(a) 시퀀스도　　　　　　　　(b) 타임차트

그림 3.9　동작지연 회로

미리 설정한 시간이 경과하면 타이머 접점이 닫혀 램프 L이 점등되며 이 상태는 지속적으로 유지된다. 누름버튼 스위치 PB2를 누르면 타이머가 복귀하고 이에 따라 타이머의 접점도 열려 램프가 소등된다.

(2) 복귀지연(off-delay) 회로

복귀신호가 주어지면 출력이 곧바로 복귀되지 않고, 미리 설정된 시간 후에 출력이 복귀되는 회로를 복귀지연 회로라고 한다.

그림 3.10은 복귀지연회로의 시퀀스도와 타임차트를 나타내고 있는데, 동작 내용을 살펴보면 먼저 누름버튼 스위치 PB1을 누르면 램프 L이 점등되고 이와 동시에 타이머 T의 b접점을 통하여 릴레이 R2의 코일에 전원이 공급되며 릴레이 R2의 a접점에 의하여 자기유지상태가 되므로 PB1에서 손을 떼어도 램프 L은 계속 점등되어 있다.

누름버튼 스위치 PB2를 누르면 자기유지 되어있는 릴레이 R2의 a접점을 통하여 공급된 전원이 타이머 T에 공급된다. 이와 동시에 릴레이 R1의 코일에 전원이 공급되며 릴레이 R1의 a접점에 의하여 자기유지 상태가 되므로 PB2에서 손을 떼어도 타이머에 지속적으로 전원이 공급된다.

미리 설정한 시간이 경과하면 타이머 T의 b접점이 떨어지면서 릴레이 R2의 전원이 차단되어 릴레이 R2의 자기유지 접점이 떨어지면서 전체 회로는 초기 상태로 복귀하게 되고 램프 L은 소등된다.

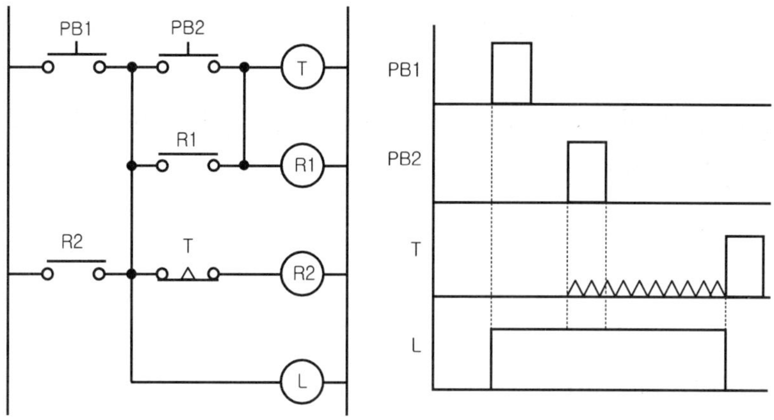

(a) 시퀀스도 (b) 타임차트

그림 3.10 복귀지연 회로

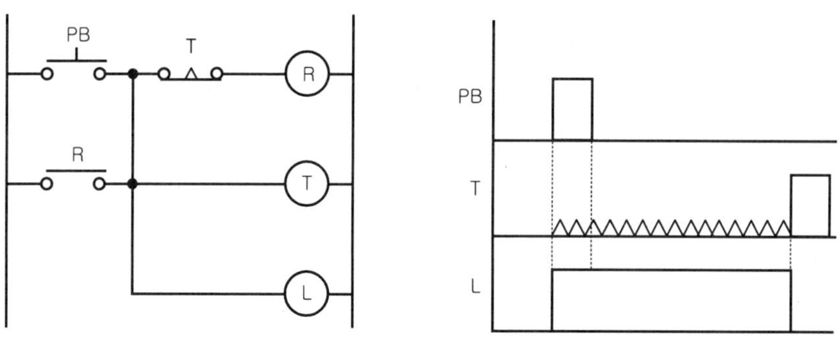

(a) 시퀀스도 (b) 타임차트

그림 3.11 일정시간 동작 회로

(3) 일정시간 동작(one shot) 회로

동작신호가 입력되면 출력신호가 바로 발생하고, 미리 설정된 시간이 경과되면 스스로 출력이 해제되는 회로를 일정시간 동작회로라고 한다.

그림 3.11은 일정시간동작 회로의 시퀀스도와 타임차트를 나타낸 것으로, 누름버튼 스위치 PB을 누르면 타이머의 b접점을 통하여 릴레이 R에 전원이 공급된다. 이와 동시에 타이머 T와 램프 L에 전원이 공급되어 타이머가 작동하고 램프 L은 점등하게 되는데, 릴레이 R의 a접점에 의하여 자기유지 상태가 되므로 PB에서 손을 떼어도 릴레이, 타이머

및 램프에 지속적으로 전원이 공급되어 타이머가 지속적으로 동작하고 램프 L은 계속 점등되어 있다.

미리 설정한 시간이 경과하면 타이머 T의 b접점이 떨어지면서 릴레이 R의 전원이 차단되어 릴레이 R의 자기유지 접점이 떨어지면서 전체 회로는 초기 상태로 복귀하게 되고 램프 L은 소등된다.

3.2 전동기 제어 회로

3.2.1 3상 유도전동기의 운전 · 정지회로

전동기의 제어회로는 보통 전동기를 운전 · 정지 시키는 회로에 전동기를 보호하기 위한 회로와 동작 상태를 표시하는 표시등 회로를 부가해서 사용하게 된다. 그림 3.12는 일반적인 3상 유도 전동기의 운전 · 정지 회로로서, 운전신호 스위치인 누름버튼 스위치 PB1을 누르면 전동기가 회전하고, 정지신호 스위치인 누름버튼 스위치 PB2를 누르면 전동기가 정지하는 회로이다. 또한 배선용 차단기 MCB를 닫은 상태에서 전동기가 정지되어 있으면 정지표시 램프 GL이 점등되고 전동기가 회전하고 있는 동안에는 운전표시 램프 RL이 점등된다.

그림 3.12의 운전 · 정지회로의 동작 내용을 살펴보면 다음과 같다.

- 배선용 차단기 MCB를 닫으면 제어회로에 전원이 공급된다.
- 초기상태에서는 전자접촉기의 전원이 차단되어 있으므로 전자접촉기 MC의 b접점인 MC(3)에 의해 램프 GL이 점등된다. 램프 GL은 전원 표시 및 전동기가 정지하고 있음을 표시한다.
- 운전신호 스위치 PB1을 누르면 전자 접촉기 MC의 코일에 전원이 공급된다.
- 전자접촉기 MC의 동작에 의해 주접점 MC가 닫히며 전동기 M이 기동된다.
- 동시에 전자접촉기의 a접점 MC(1)이 닫혀 자기유지 회로가 구성되므로, 운전신호 스위치 PB1에서 손을 떼어도 전자접촉기에 전원이 계속 공급된다.
- 동시에 MC의 a접점 MC(2)가 닫히고 운전표시 램프 RL이 점등된다.
- 동시에 MC의 b접점인 MC(3)은 열리게 되므로 정지 표시 램프인 GL은 소등된다.

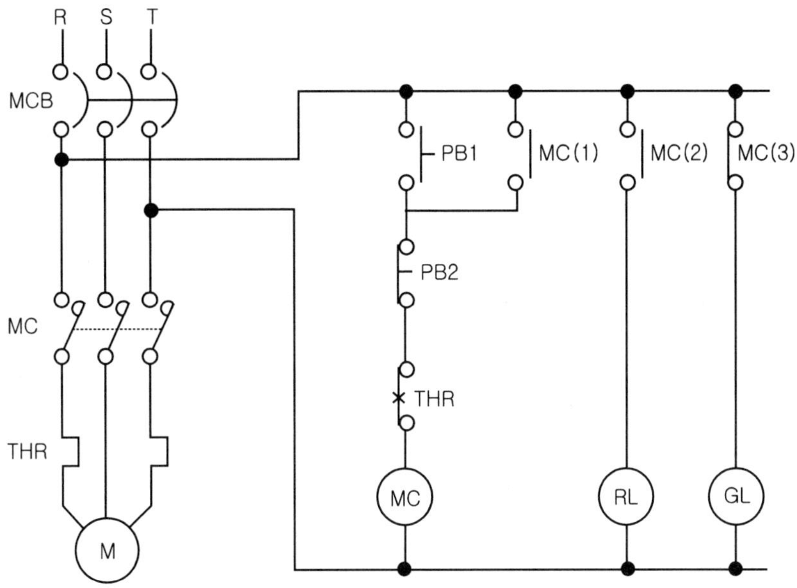

그림 3.12 3상 유도 전동기의 운전·정지 회로

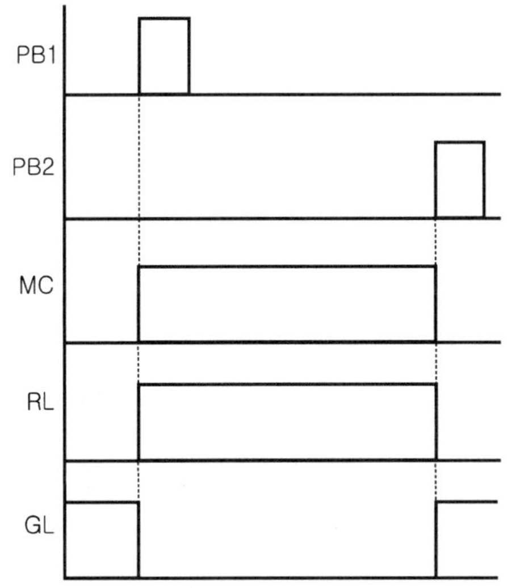

그림 3.13 3상 유도 전동기의 운전·정지 회로의 타임차트

- 이상의 상태에서 정지신호 스위치 PB2를 누르거나 또는 모터에 과부하가 걸려 열동형 과부하 릴레이 THR이 동작되어 THR의 접점이 끊어지면, 전자접촉기에 공급되는 전원이 차단되어 모든 작동이 정지되고 초기상태로 복귀된다.

• 전자접촉기의 a접점 MC(2)와 b접점 MC(3)가 복귀되면서 운전표시 램프 RL이 소등되고 정지표시 램프 GL이 점등된다.

그림 3.13은 그림 3.12의 3상 유도전동기의 운전·정지 회로의 동작에 대한 타임차트를 나타내고 있다.

3.2.2 전동기의 정·역운전회로

전동기를 제어하기 위해서는 한 방향의 운전과 정지는 물론 그 반대 방향의 회전과 정지도 제어해야 하는데, 이와같은 목적을 위하여 정·역운전회로가 이용된다. 3상 유도 전동기의 역회전은 정회전과 비교하여 R, S, T 3단자 중 2단자의 접속을 바꾸면 가능하므로 두 개의 전자접촉기 사용하여 전동기의 주회로 결선을 바꾸어 줌으로써 정회전과 역회전 상태를 변환시킨다.

그림 3.14는 3상 유도전동기의 정·역운전 회로도를 나타낸 것으로서 누름버튼 스위치 PB1과 전자접촉기 MC1은 정회전 시에 사용되고 누름버튼 스위치 PB2와 전자접촉기 MC2는 역회전 시에 사용되며 회로의 정지를 위해서 누름버튼 스위치 PB3가 사용된다. 특히, MC1과 MC2의 b접점을 이용하여 인터록 회로를 구성함으로써 정회전과 역회전 입력신호가 동시에 발생되는 것을 방지한다.

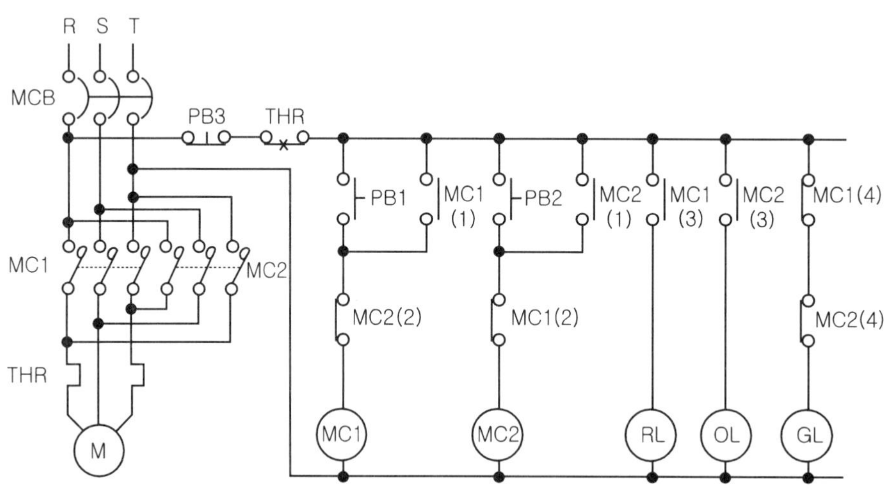

그림 3.14 3상 유도 전동기의 정·역운전회로

그림 3.14의 정 · 역운전회로의 동작 내용 중에서 정회전 시의 동작을 살펴보면 다음과 같다.

- 배선용 차단기의 MCB를 닫으면 제어회로에 전원이 투입된다.
- 초기상태에는 전자접촉기의 전원이 차단되어 있으므로 전자접촉기 MC1의 b접점인 MC1(4)와 전자접촉기 MC2의 b접점인 MC2(4)에 의해 램프 GL이 점등된다. 램프 GL은 전원 표시 및 전동기가 정지하고 있음을 표시한다.
- 정회전 스위치 PB1을 누르면 전자 접촉기 MC1의 코일에 전원이 공급된다.
- 동시에 전자접촉기 MC1의 a접점 MC1(1)이 닫혀 자기유지 회로가 구성되므로, 정회전 스위치 PB1에서 손을 떼어도 전자접촉기 MC1에 전원이 계속 공급된다.
- 동시에 MC1의 b접점 MC1(2)가 열리므로 역회전 스위치 PB2가 눌려지더라도 전자접촉기 MC2의 코일에 전원이 공급되지 않도록 한다.
- 동시에 MC1의 a접점 MC1(3)가 닫히고 정회전 운전표시 램프 RL이 점등된다.
- 동시에 MC1의 b접점 MC1(4)가 열리므로 MC1(4)의 b접점이 열려 정지 표시 램프 GL이 소등된다.
- 이상의 상태에서 정지 스위치 PB3를 누르면 제어회로에 연결되는 전원 R라인이 차단되므로 MC1이 초기 상태로 복귀되고 전동기가 정지된다.
- 전동기의 운전 중에 과부하가 걸려 열동형 과부하 릴레이 THR이 동작되어 THR의 접점이 끊어지면, 정지스위치를 눌렀을 때와 마찬가지로 제어회로에 연결되는 전원 R라인이 차단되므로 MC1이 초기 상태로 복귀되고 전동기가 정지된다.
- 전자접촉기 MC1의 a접점 MC1(3)와 b접점 MC1(4)가 복귀되면서 정회전 운전표시 램프 RL이 소등되고 정지표시 램프 GL이 점등된다.

그림 3.14의 정 · 역운전회로의 동작 내용 중에서 역회전 시의 동작을 살펴보면 다음과 같다.

- 배선용 차단기의 MCB를 닫으면 제어회로에 전원이 투입된다.
- 초기상태에는 전자접촉기의 전원이 차단되어 있으므로 전자접촉기 MC1의 b접점인 MC1(4)와 전자접촉기 MC2의 b접점인 MC2(4)에 의해 램프 GL이 점등된다. 램프 GL은 전원 표시 및 전동기가 정지하고 있음을 표시한다.
- 역회전 스위치 PB2를 누르면 전자 접촉기 MC2의 코일에 전원이 공급된다.

- 동시에 전자접촉기 MC2의 a접점 MC2(1)이 닫혀 자기유지 회로가 구성되므로, 역회전 스위치 PB2에서 손을 떼어도 전자접촉기 MC2에 전원이 계속 공급된다.
- 동시에 MC2의 b접점 MC2(2)가 열리므로 정회전 스위치 PB1가 눌려지더라도 전자접촉기 MC1의 코일에 전원이 공급되지 않도록 한다.
- 동시에 MC2의 a접점 MC2(3)가 닫히고 역회전 운전표시 램프 OL이 점등된다.
- 동시에 MC2의 b접점 MC2(4)가 열리므로 MC2(4)의 b접점이 열려 정지 표시 램프 GL이 소등된다.
- 이상의 상태에서 정지 스위치 PB3를 누르면 제어회로에 연결되는 전원 R라인이 차단되므로 MC2가 초기 상태로 복귀되고 전동기가 정지된다.
- 전동기의 운전 중에 과부하가 걸려 열동형 과부하 릴레이 THR이 동작되어 THR의 접점이 끊어지면, 정지스위치를 눌렀을 때와 마찬가지로 제어회로에 연결되는 전원 R라인이 차단되므로 MC2가 초기 상태로 복귀되고 전동기가 정지된다.

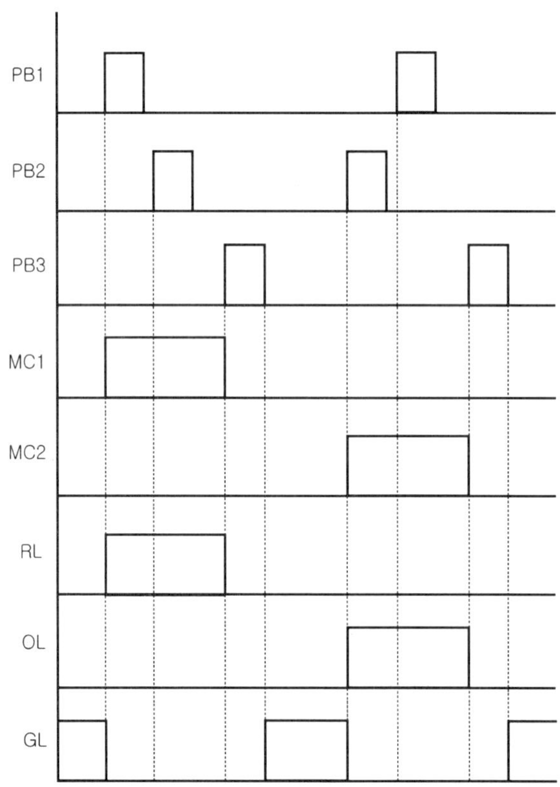

그림 3.15 3상 유도 전동기의 정·역운전회로의 타임차트

- 전자접촉기 MC2의 a접점 MC2(3)와 b접점 MC2(4)가 복귀되면서 역회전 운전표시 램프 OL이 소등되고 정지표시 램프 GL이 점등된다.

그림 3.15는 그림 3.14의 3상 유도전동기의 정·역운전 회로의 동작에 대한 타임차트를 나타내고 있다.

3.2.3 Y-△ 기동회로

모든 전기 기기는 전원이 공급되면 순간적으로 단락된 것과 같은 현상으로 정격에 도달될 때까지 정격의 수 배 이상의 전류가 흐르게 된다. 전동기의 경우는 시동 시의 전류 값이 정격 전류의 5~7배 정도 흐르기 때문에 전동기와 연결된 각종 제어기기 및 설비에 영향을 미치게 되므로, 전동기에서는 시동 시의 전류를 감소시키기 위한 방법을 사용하게 된다.

Y-△기동법이란 전동기 고정자 권선의 결선을 전자접촉기에 의하여 절환하여 기동하는 운전법으로, 처음에는 정격의 $1/\sqrt{3}$만 인가하는 Y결선으로 기동하고 전동기가 회전하게 되면 일정시간 이후 △결선으로 바꾸어 정격 전류로 운전을 하는 방법이다.

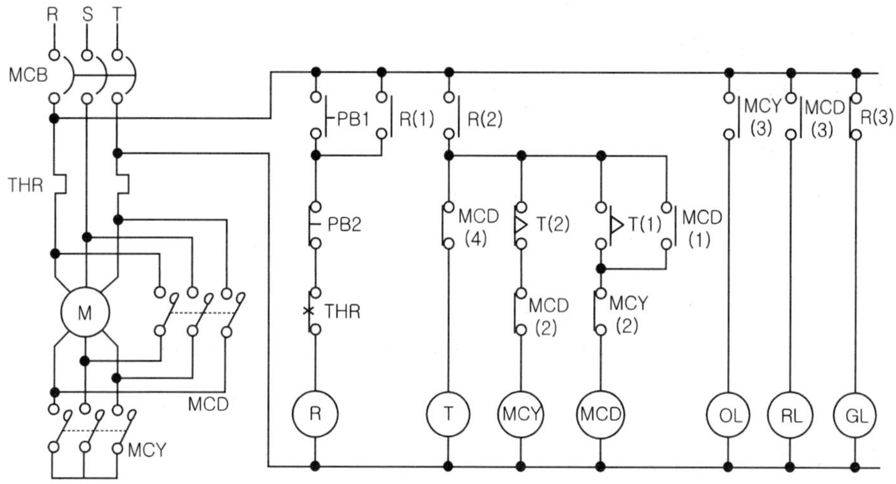

그림 3.16 3상 유도전동기의 Y-△ 기동회로

그림 3.16은 전동기의 Y-△기동회로를 나타내고 있는데, 전자접촉기 MCY는 Y결선을 위하여 사용되며 전자접촉기 MCD는 △결선을 위하여 사용되는데, 전동기 결선회로에서 MCY와 MCD의 접점을 살펴보면 R, S, T 3단자의 결선이 Y형태와 △형태로 결선되는 것을 알 수 있다.

MCY와 MCD는 타이머에 의하여 일정한 시간 후에 접점이 절환되도록 되어 있으며, MCY와 MCD의 b접점을 이용하여 인터록 회로를 구성함으로써 Y기동과 △기동 입력신호가 동시에 발생되는 것을 방지한다.

- 배선용 차단기의 MCB를 닫으면 제어회로에 전원이 투입된다.
- 초기상태에는 전자접촉기의 전원이 차단되어 있으므로 릴레이 R의 b접점인 R(3)에 의해 램프 GL이 점등된다. 램프 GL은 전원 표시 및 전동기가 정지하고 있음을 표시한다.
- 운전 스위치 PB1을 누르면 릴레이 R의 코일에 전원이 공급된다.
- 동시에 릴레이 R의 a접점 R(1)이 닫혀 자기유지 회로가 구성되므로, 정회전 스위치 PB1에서 손을 떼어도 릴레이 R에 전원이 계속 공급된다.
- 동시에 릴레이 R의 a접점 R(2)가 닫히게 되어 타이머 코일 T에 전원이 공급되므로 타이머가 동작을 시작한다.
- 동시에 전자접촉기 MCY에 전원이 공급되어 전동기 회로의 접점 MCY가 닫히므로 전동기가 Y결선으로 기동된다.
- 동시에 전자접촉기 MCY의 a접점 MCY(3)가 닫히게 되어 Y결선 운전 표시등 OL이 점등된다.
- 동시에 릴레이 R의 b접점 R(3)가 열리게 되어 정지 표시등 GL은 소등된다.
- 동시에 전자접촉기 MCY의 b접점 MCY(2)가 열리므로 전자접촉기 MCD의 코일에 전원이 공급되지 않도록 한다.
- 타이머 T가 동작하여 정해진 시간에 도달되면 타이머의 b접점 T(2)가 열리게 되므로 전자접촉기 MCY가 복귀되어 전동기 회로의 접점이 열린다.
- 동시에 전자접촉기 MCY의 b접점 MCY(3)가 열려 Y결선 운전 표시등 OL이 소등된다.
- 동시에 타이머의 a접점 T(1)이 닫혀 전자접촉기 MCD가 작동된다.
- 동시에 전자접촉기 MCD가 작동되어 전동기 회로의 접점 MCD를 닫으므로 전동기

는 △결선으로 운전된다.

- 동시에 전자접촉기 MCD의 a접점 MCD(1)닫혀 자기유지 회로가 구성되므로 타이머 T의 a접점 T(1)이 열리더라도 전자접촉기 MCD의 코일에 계속 전원이 공급된다.
- 동시에 전자접촉기 MCD의 b접점 MCY(2)가 열리므로 전자접촉기 MCY의 코일에 전원이 공급되지 않도록 한다.
- 동시에 전자접촉기 MCD의 b접점 MCD(3) 접점이 닫혀 △결선 운전 표시등 RL이 점등된다.
- 동시에 전자접촉기 MCD의 b접점 MCD(4) 접점이 열려 타이머 T가 복귀된다.
- 이와 같은 운전 상태가 계속되다가 정지스위치 PB2를 누르면 제어회로에 연결되는 전원이 차단되므로 릴레이 R이 초기 상태로 복귀되고 전동기가 정지된다.
- 전동기의 운전 중에 과부하가 걸려 열동형 과부하 계전기 THR이 동작되어 THR의 접점이 끊어지면, 정지스위치를 눌렀을 때와 마찬가지로 제어회로에 연결되는 전원이 차단되므로 릴레이 R이 초기상태로 복귀되고 릴레이의 a접점 R(2)가 열리므로 전자접촉기 MCD가 복귀되어 전동기가 정지된다.
- 동시에 릴레이 R의 b접점 R(3)가 닫히므로 정지표시 램프 GL이 점등된다.
- 동시에 전자접촉기 MCD의 a접점 MCD(3)가 복귀되면서 △결선 운전 표시등 RL이 소등된다.

그림 3.17은 그림 3.16의 3상 유도전동기의 Y-△기동회로의 동작에 대한 타임차트를 나타내고 있다.

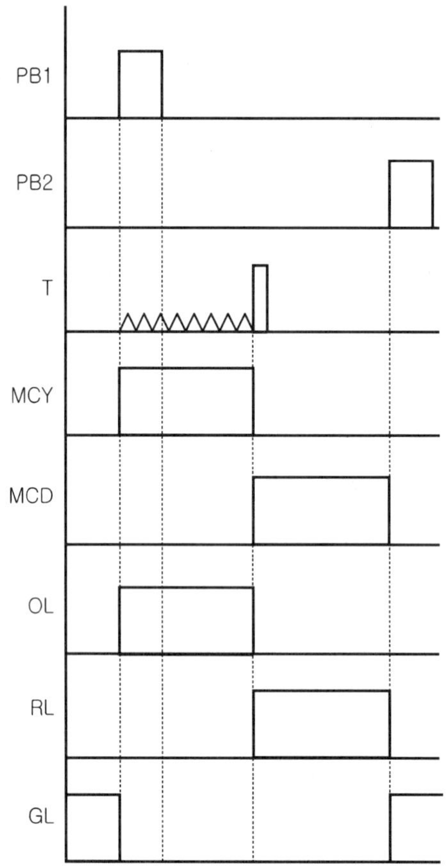

그림 3.17 3상 유도전동기의 Y-△ 기동회로의 타임차트

3.3 시퀀스 제어 회로 실습

실습 제목	AND 회로 실습
실습 목표	• AND 회로의 논리를 이해한다. • 시퀀스 기기의 접점과 동작을 이해한다. • 시퀀스도를 기초로 실체배선도를 그릴 수 있다. • 시퀀스도를 기초로 AND 회로의 배선을 할 수 있다.
실습 부품 및 기기	• 누름버튼 스위치 : 2개 • 표시램프 : 1개 • 릴레이 및 소켓: 1세트 • 직류전원공급기 : 1대 • 단자대, 전선, 드라이버 등
시퀀스도	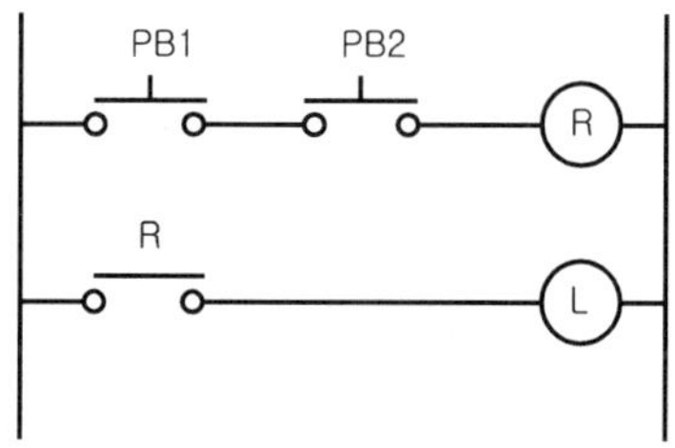
실체 배선도	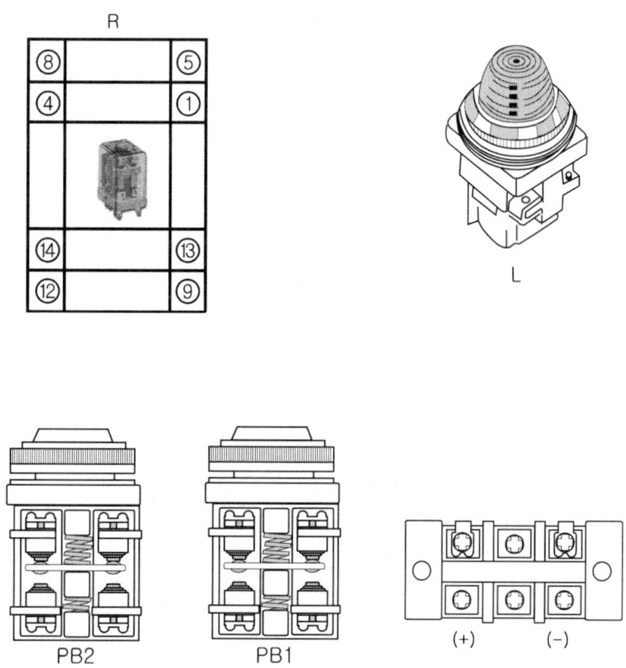

실습 제목	OR 회로 실습
실습 목표	• OR 회로의 논리를 이해한다. • 시퀀스 기기의 접점과 동작을 이해한다. • 시퀀스도를 기초로 실체배선도를 그릴 수 있다. • 시퀀스도를 기초로 OR 회로의 배선을 할 수 있다.
실습 부품 및 기기	• 누름버튼 스위치 : 2개 • 표시램프 : 1개 • 릴레이 및 소켓: 1세트 • 직류전원공급기 : 1대 • 단자대, 전선, 드라이버 등
시퀀스도	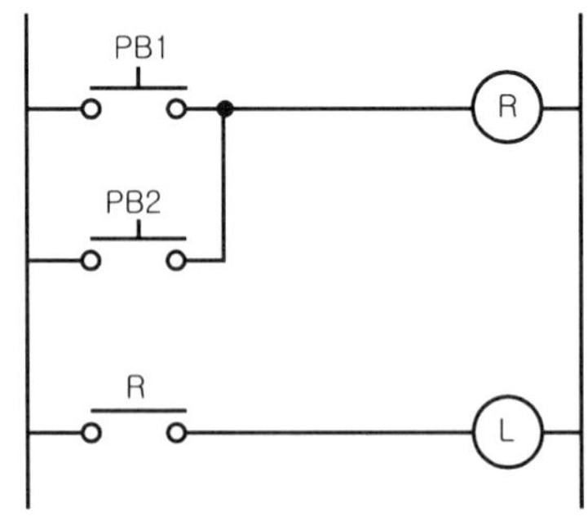
실체 배선도	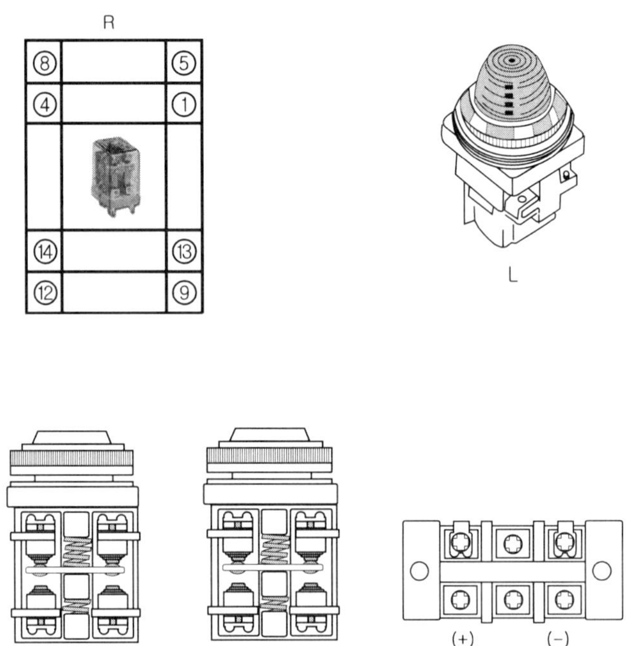

실습 제목	복귀우선 자기유지 회로 실습
실습 목표	• 자기유지 회로의 원리를 이해한다. • 시퀀스 기기의 접점과 동작을 이해한다. • 시퀀스도를 기초로 실체배선도를 그릴 수 있다. • 시퀀스도를 기초로 자기유지 회로의 배선을 할 수 있다.
실습 부품 및 기기	• 누름버튼 스위치 : 2개 • 표시램프 : 1개 • 릴레이 및 소켓: 1세트 • 직류전원공급기 : 1대 • 단자대, 전선, 드라이버 등
시퀀스도	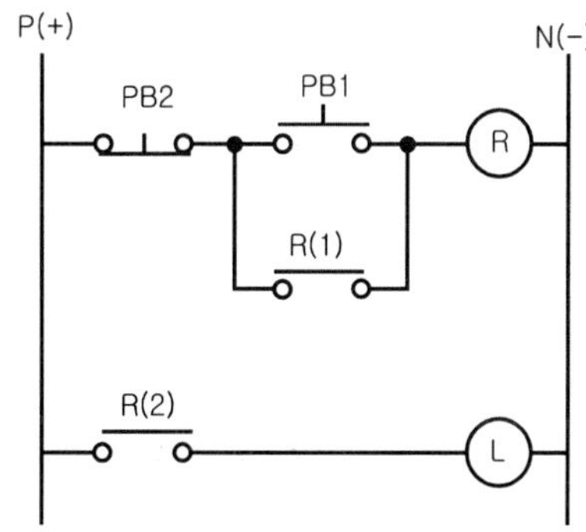
실체 배선도	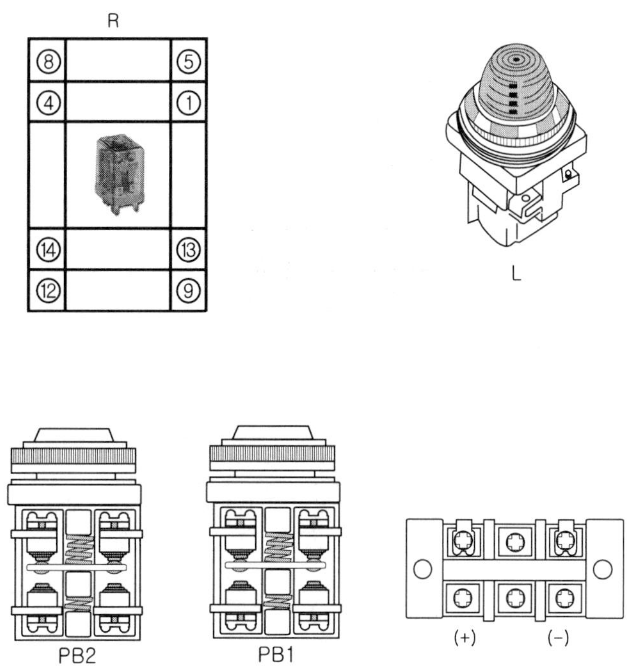

실습 제목	동작우선 자기유지 회로 실습
실습 목표	• 자기유지 회로의 원리를 이해한다. • 시퀀스 기기의 접점과 동작을 이해한다. • 시퀀스도를 기초로 실체배선도를 그릴 수 있다. • 시퀀스도를 기초로 자기유지 회로의 배선을 할 수 있다.
실습 부품 및 기기	• 누름버튼 스위치 : 2개 • 표시램프 : 1개 • 릴레이 및 소켓: 1세트 • 직류전원공급기 : 1대 • 단자대, 전선, 드라이버 등
시퀀스도	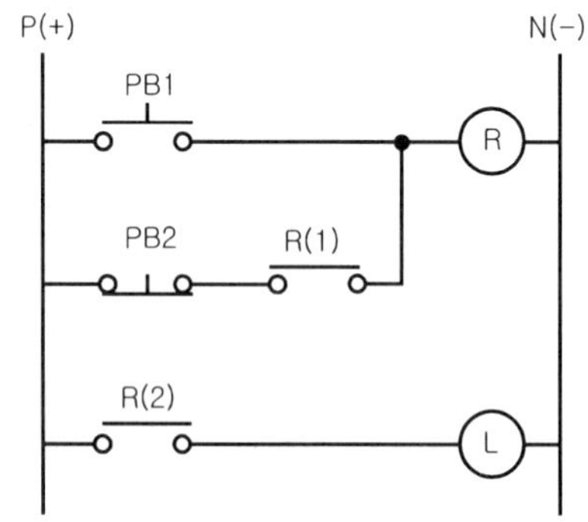
실체 배선도	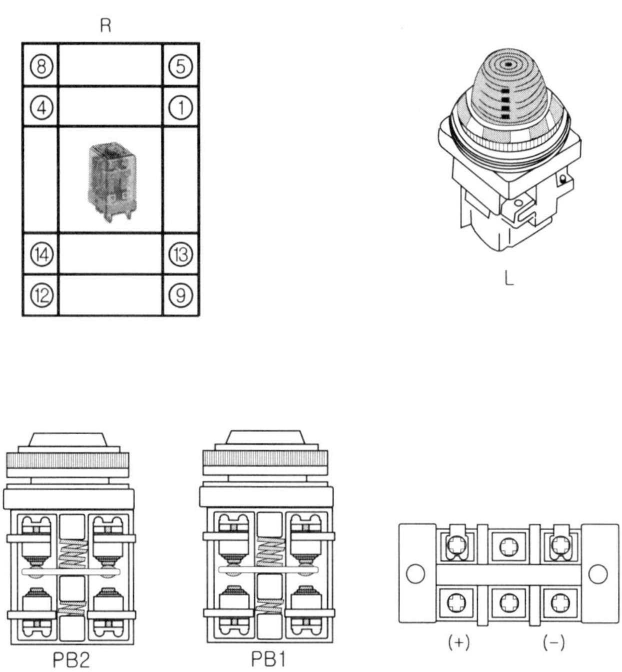

실습 제목	인터록 회로 실습
실습 목표	• 인터록 회로의 원리를 이해한다. • 시퀀스 기기의 접점과 동작을 이해한다. • 시퀀스도를 기초로 실체배선도를 그릴 수 있다. • 시퀀스도를 기초로 인터록 회로의 배선을 할 수 있다.
실습 부품 및 기기	• 누름버튼 스위치 : 2개 • 표시램프 : 1개 • 직류전원공급기 : 1대 • 단자대, 전선, 드라이버 등
시퀀스도	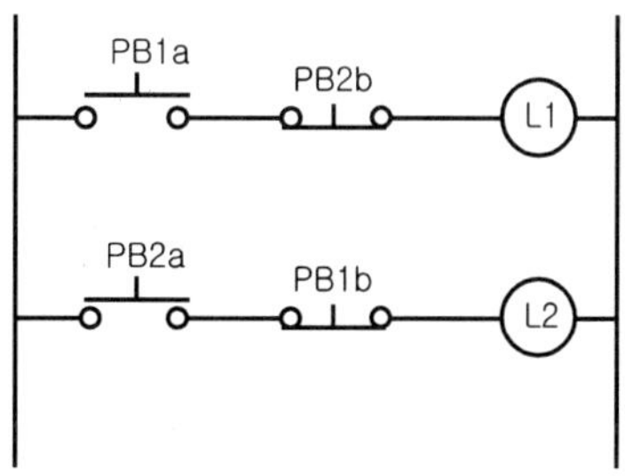
실체 배선도	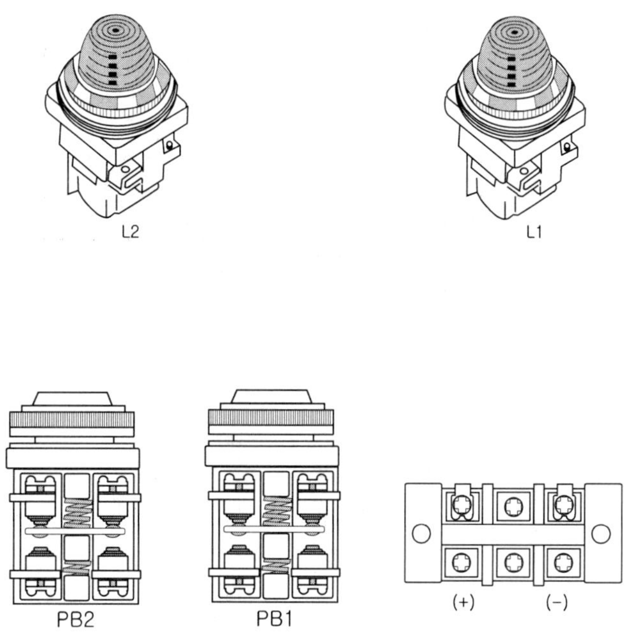

실습 제목	동작지연 회로 실습
실습 목표	• 시간지연 회로의 원리를 이해한다. • 시퀀스 기기의 접점과 동작을 이해한다. • 시퀀스도를 기초로 실체배선도를 그릴 수 있다. • 시퀀스도를 기초로 동작지연 회로의 배선을 할 수 있다.
실습 부품 및 기기	• 누름버튼 스위치 : 2개 • 표시램프 : 1개 • 릴레이 및 소켓: 1세트 • 타이머 및 소켓 : 1세트 • 직류전원공급기 : 1대 • 단자대, 전선, 드라이버 등
시퀀스도	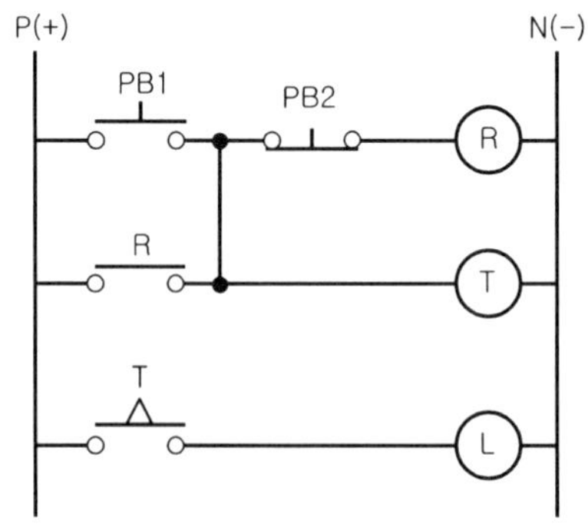
실체 배선도	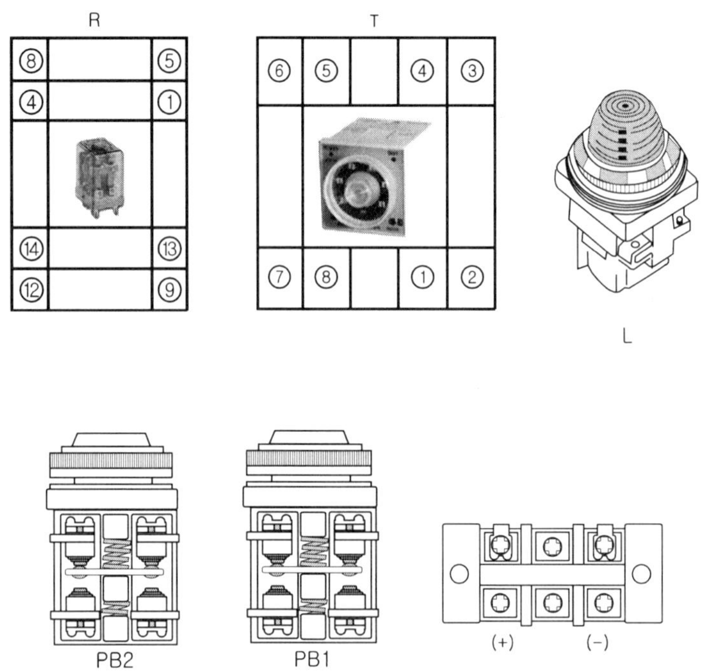

실습 제목	복귀지연 회로 실습
실습 목표	• 시간지연 회로의 원리를 이해한다. • 시퀀스 기기의 접점과 동작을 이해한다. • 시퀀스도를 기초로 실체배선도를 그릴 수 있다. • 시퀀스도를 기초로 동작지연 회로의 배선을 할 수 있다.
실습 부품 및 기기	• 누름버튼 스위치 : 2개 • 표시램프 : 1개 • 릴레이 및 소켓: 2세트 • 타이머 및 소켓 : 1세트 • 직류전원공급기 : 1대 • 단자대, 전선, 드라이버 등
시퀀스도	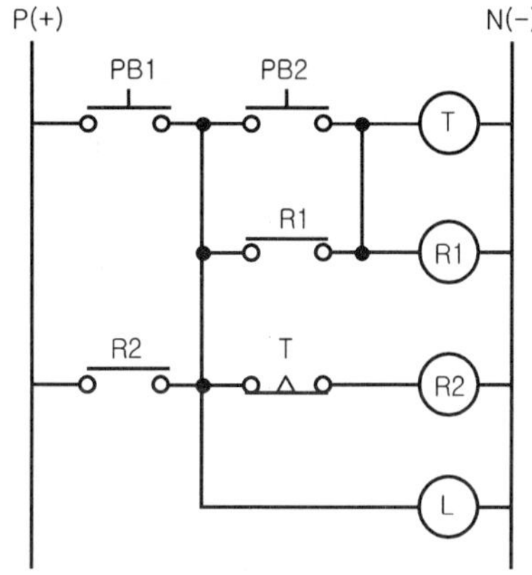
실체 배선도	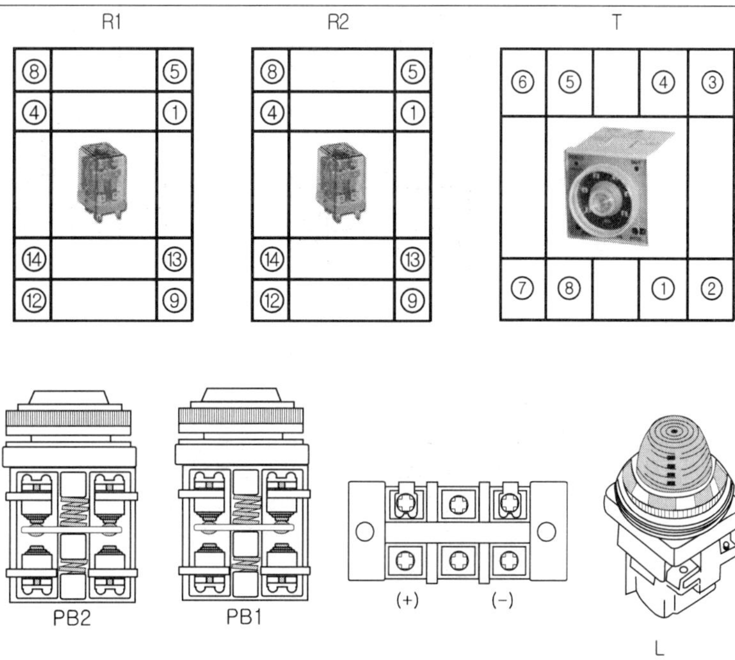

실습 제목	일정시간 동작 회로 실습
실습 목표	• 시간지연 회로의 원리를 이해한다. • 시퀀스 기기의 접점과 동작을 이해한다. • 시퀀스도를 기초로 실체배선도를 그릴 수 있다. • 시퀀스도를 기초로 동작지연 회로의 배선을 할 수 있다.
실습 부품 및 기기	• 누름버튼 스위치 : 1개 • 표시램프 : 1개 • 릴레이 및 소켓: 1세트 • 타이머 및 소켓 : 1세트 • 직류전원공급기 : 1대 • 단자대, 전선, 드라이버 등
시퀀스도	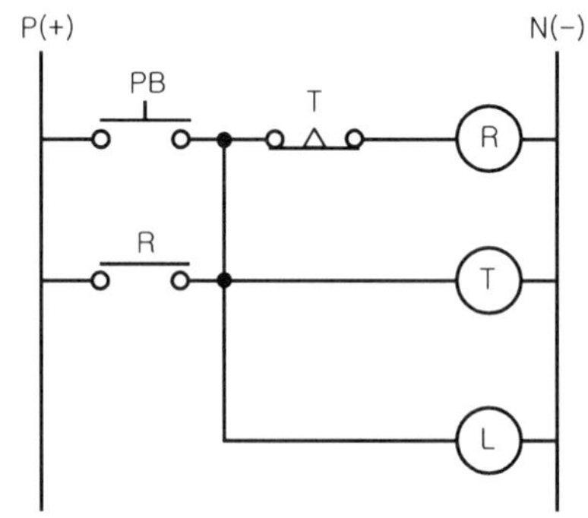
실체 배선도	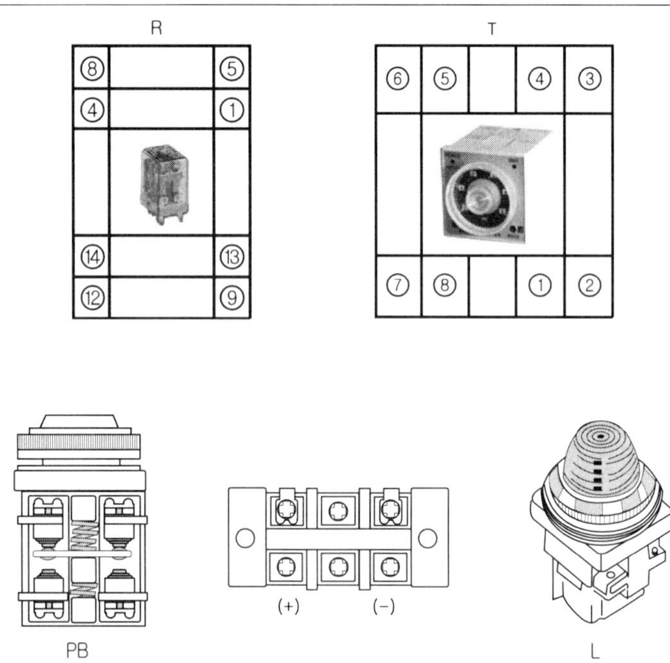

4장 PLC(programmable logic controller)

4.1 PLC의 개요

PLC(programmable logic controller) 또는 PC(programmable controller)는 릴레이 회로의 대체장치로서 개발된 제어장치이다. 공장 조립라인의 기계장치의 제어와 같이 제조공정의 자동화뿐만아니라 엘리베이터, 자동문, 조명, 보일러 등의 제어에도 사용되고 있다. PLC는 소형 컴퓨터의 일종이며 그 내부에 일반적인 컴퓨터와 같이 마이크로프로세서가 사용되고 있으나 그 동작 특성과 기능은 다르다.

PLC는 다양한 입・출력 기능을 갖으며, 사용온도범위가 넓으며, 전기적인 노이즈와 진동 및 충격에 대한 내성이 강하도록 설계되어 있다. PLC가 제어하는 장치의 특성상 PLC는 매우 높은 안전성과 안정성이 요구된다. 이 때문에 PLC 데이터의 안정적인 보존을 위해서 최근에는 배터리 백업의 메모리 보다는 플래시 메모리를 사용하고 있다.

PLC는 먼지, 습기, 고온, 저온 등과 같은 열악한 환경조건에 대응하는 성능을 갖으며 다양한 입・출력 기능을 갖는다. 입・출력부를 통해서 PLC는 센서와 엑추에이터에 연결된다. 센서의 정보를 읽어 들이는 예로써 PLC는 리미트 스위치, 근접 스위치, 포토 센서 등의 On/Off 정보, 온도와 압력에 대한 아날로그 신호, 위치제어 시스템의 위치정보 등을 읽어 들일 수 있다. 그리고 엑추에이터에 대한 예로써 PLC는 전기 모터, 공압 또는 유압 실린더, 전자 릴레이 또는 솔레노이드 등을 동작시킬 수 있다. 또한 출력부에 램프, 부저 등을 연결하여 상황에 대한 정보를 알려줄 수 있다.

소형(블록형) PLC의 경우 입·출력부는 PLC에 내장되어 있는 형태로 되어 있으며, 입·출력 접점이 부족한 경우 일반적으로 확장이 가능하다. 모듈형 PLC의 경우 여러 가지 다른 기능을 갖는 모듈(디지털 입·출력 모듈, 아날로그 입·출력 모듈, 통신 모듈, 서보제어 모듈 등)을 랙에 장착할 수 있는 구조로 되어 있어서 CPU와 입·출력 모듈을 특정의 용도에 맞춰서 구성할 수 있다. 하나의 CPU로 수 개의 랙을 수용할 수 있으며 수천 개의 입·출력 접점을 제어할 수 있다.

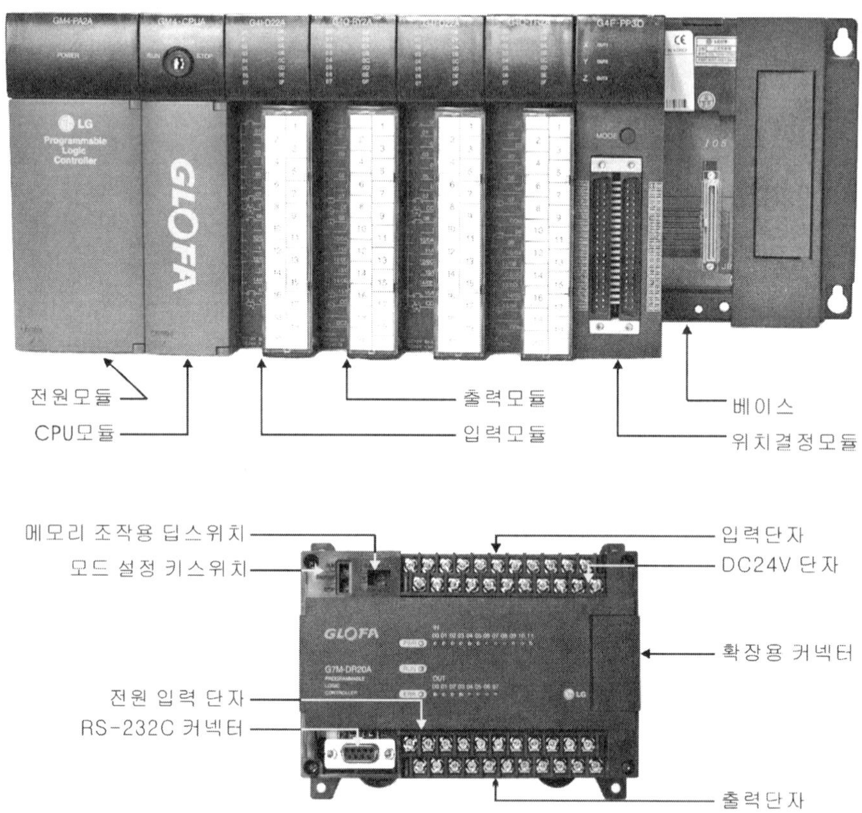

그림 4.1 모듈형 PLC(GLOFA GM4)와 블록형 PLC(GLOFA GM7)의 예

PLC를 제어하기 위한 프로그램은 일반적으로 PC(또는 노트북)에서 전용의 프로그램을 사용하여 작성하고 이를 PLC의 플래시 메모리에 다운로드한다. 가장 일반적인 프로그래밍 언어는 국제표준규격 IEC 61131-3인데 5종류의 프로그래밍 언어를 정의하고 있다. 즉 FBD(function block diagram), LD(ladder diagram), ST(structured text), IL(instruction list), SFC(sequential function chart) 등이다. 본 교재에서는 LD와 SFC에 대해서 그 사용법을 설명하고 있다.

PLC는 미국의 완성차 메이커인 GM에서 개발되었는데, PLC가 개발되기 전까지는 자동차 제조와 관련된 제어회로, 시퀀스회로, 안전을 위한 인터록회로 등은 릴레이, 타이머, 독립된 폐회로 제어기 등을 이용하여 구성하였다. 그런데 매년 자동차 모델의 변경에 따라서 이러한 제어장치들을 업데이트시키는 과정은 매우 시간적인 소모가 크고 인건비 측면의 비용이 많이 드는 일이었다. 이에 따라서 1968년 GM의 오토매틱 트랜스미션 디비젼에서는 릴레이 기반의 제어 시스템을 전자적으로 대체시키기 위한 요구사양을 관련 개발업체들에게 제시하였으며, Bedford Associate사는 요구사항에 부합하는 최초의 PLC인 "084"를 개발하였다. 후에 Bedford Associate사는 Modicon사를 설립하게 된다.

PLC는 다양한 산업 분야에서 많이 사용되고 있는데 그 중에서도 자동차 산업은 PLC를 가장 많이 사용하는 분야 중의 하나이다. 그리고 반도체 제조 산업, 포장산업, 물류산업 등 그 사용분야는 모든 제조 및 설비산업에 걸쳐 분포한다.

현재 PLC는 전 세계의 많은 PLC 제조업체에서 다양한 모델들이 생산되고 있는데, 현재 우리나라에서 일반적으로 사용되고 있는 PLC들의 메이커는 우리나라의 LS산전, 일본의 Mitsubishi와 Omron, 미국의 Allen-Bradly, 독일의 Siemens 등을 들 수 있다.

PLC는 기존에 사용하던 제어반 내의 릴레이, 타이머, 카운터 등의 기능을 LSI(large scale integrated circuit), 트랜지스터 등의 반도체 소자로 대체시켜, 기본적인 시퀀스 제어 기능에 소프트웨어에 의한 수치연산 기능을 추가함으로써 프로그램에 의한 제어가 가능하도록 되었으며, 이에 따라 자율성과 유연성이 높은 제어 장치이다. PLC의 규격을 최초로 제정한 곳은 NEMA(national electrical manufacturers association)이며 NEMA에서는 PLC를 디지털 또는 아날로그 입·출력 모듈을 통하여 로직, 시퀀싱, 타이밍, 카운팅, 연산과 같은 특수한 기능을 수행하기 위하여 프로그램 가능한 메모리를 사용하고 여러 종류의 기계나 프로세서를 제어하는 디지털 동작의 전자 장치로 정의하고 있다.

4.2 PLC의 구성

PLC의 기본적인 구성은 프로세서(CPU), 입력부, 출력부, 전원부, 통신부, 확장 라인, 프로그래밍 장치 등으로 구성된다.

대부분의 중형에서 대형기종의 PLC는 모듈형으로 되어 있으며, 각각의 모듈 즉 전원 모듈, CPU 모듈, 입력 모듈, 출력 모듈 등은 랙에 장착되어 하나의 PLC 시스템을 구성한다. 소형 PLC의 경우 이러한 모든 모듈들이 하나의 본체에 구성되어 있는데 이러한 PLC를 블록형 PLC라고 한다.

▶ 프로세서

프로세서(CPU)는 PLC의 두뇌에 해당한다. 과거에는 8 비트의 마이크로 콘트롤러가 사용되었으나, 현재는 16 비트, 32 비트의 것이 주종을 이루고 있다. 사용되는 CPU에 의해 프로그래밍 기능, 적용 로직의 크기, 메모리 크기, 연산속도 등이 결정된다.

CPU 연산부는 메모리에 저장되어 있는 프로그램을 해독하여 프로그램 내용을 매우 빠른 속도로 실행한다. PLC CPU의 메모리 소자의 종류는 ROM(read only memory)과 RAM(random access memory)의 2종류이며, 메모리에 저장되는 내용에 따라서 사용자 프로그램 메모리, 데이터 메모리, 시스템 메모리 등의 3가지로 구분된다. 사용자 프로그램 메모리에는 사용자가 작성한 프로그램이 저장되며, 데이터 메모리에는 입·출력 접점 상태, 타이머와 카운터의 접점 상태, 설정값 및 현재값 등의 정보가 저장된다. 시스템 메모리에는 OS(operating system)와 같은 시스템 프로그램(PLC 메이커에서 제작)이 저장된다.

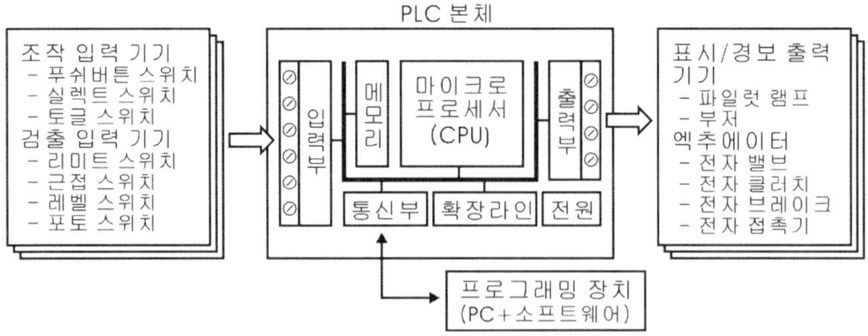

그림 4.2 PLC의 구성

▶ 입력부

PLC는 여러 종류의 센서와 입력 기기로 부터의 신호를 읽어 들이는 기능을 갖는다. 이러한 입력의 예로 키 버튼, 다양한 기능의 스위치, 키보드 등이 있는데 이들의 주요한 기능은 작업자와 기계를 연결시켜주는 일이다. 그리고 물체의 유무를 감지하거나, 움직이는 기구를 감지하거나, 압력이나 유체의 레벨을 체크하기 위해서 근접 센서, 리밋 스위치, 포토 센서, 레벨 센서 등의 센서들이 사용된다.

입력 신호들은 크게 디지털(On/Off) 또는 아날로그 신호로 구분된다. 일반적으로 소형의 단순한 PLC들은 디지털 입력만을 읽어 들일 수 있도록 기능이 제한적이기도 한데(경우에 따라서는 아날로그 신호를 읽어 들이는 특수한 확장 모듈을 연결하여 사용), 중형 기종 이상의 PLC에서는 아날로그 입력 모듈을 사용하여 아날로그 신호를 읽어 들인다. 가장 일반적인 아날로그 신호는 센서로부터 출력되는 수십 mA의 전류 신호 또는 수십 mV의 전압 신호이다.

입력부의 인터페이스 회로는 CPU부와 입력 라인 사이에 위치하는데, 이 회로의 목적은 CPU부와 외부의 입력 신호와의 불균형으로부터 CPU부를 보호하기 위함이다. 즉 실제의 입력 기기(센서 또는 스위치)로 부터의 전기 신호 레벨을 CPU에 적합한 레벨로 변환시킨다. 이러한 과정은 포토 커플러(photo coupler)에 의한 광절연을 통해 이루어지는데, 광을 이용하여 신호의 전달이 이루어진다.

▶ 출력부

가장 일반적으로 사용하는 출력 기기는 모터, 솔레노이드, 릴레이, 램프, 부저 등이다. PLC는 모터 또는 릴레이를 동작시켜서 단순한 자동화 시스템을 제어할 수 있을 뿐만 아니라 매우 복잡한 CNC 공작기계를 제어할 수도 있다. 입력과 마찬가지로 출력도 아날로그 또는 디지털형이다.

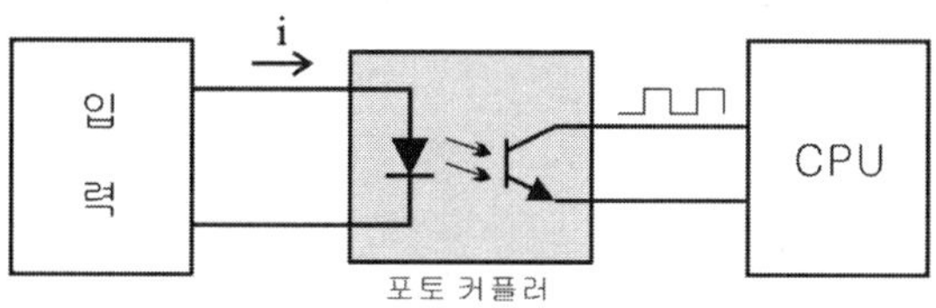

그림 4.3 입력부 인터페이스 회로 개념도

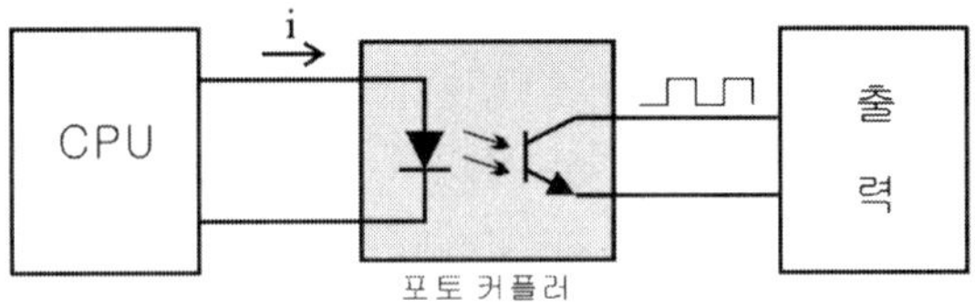

그림 4.4 출력부 인터페이스 회로 개념도

디지털 출력 신호는 스위치와 같은 역할을 하는데 신호 라인을 연결 또는 분리시킨다. 아날로그 출력은 아날로그 신호를 출력하는 기능을 갖는다.

출력부의 인터페이스 회로는 CPU부와 출력 라인 사이에 위치하며, 입력부의 인터페이스 회로와 유사하다. CPU부는 포토 커플러의 LED 측에 입력 신호를 가하며, 포토 카플러의 포토 트랜지스터 측에는 출력 회로가 연결되는데, 일반적으로 릴레이나 트랜지스터 회로가 사용되며 이를 통해 출력 기기와 연결된다.

디지털 출력은 릴레이 출력, 트랜지스터 출력, SSR(solid state relay)출력 등이 있는데 릴레이 출력은 직류나 교류를 모두 사용할 수 있는 장점은 있으나 접점의 기계적 수명의 한계 때문에 접점의 개폐가 빈번할 경우는 교류 전원 전용인 무접점 SSR 출력이나 직류 전원 전용인 트랜지스터 출력을 사용하는 것이 좋다.

▶ 확장 라인

모든 PLC는 제한된 수의 입·출력 라인(입·출력 접점)을 갖는다. 따라서 입·출력 라인의 수를 증가시킬 필요가 있는 경우에는 추가적인 모듈을 확장 라인을 통해 증가시켜야 한다.

▶ 전원부

전원부는 PLC 시스템에 전력을 공급한다. 전원부는 PLC 내부에 DC 전원을 공급하여 CPU의 로직회로를 동작시키고 입·출력부에 필요한 전원을 제공한다. 일반적인 전압 레벨은 DC 24V와 AC 220 V이다.

일반적으로 PLC의 전원부를 이용하여 외부의 입·출력 기기들을 동작시키지는 않는다. 즉 주변 환경으로부터 PLC가 손상되지 않도록 별도의 전원장치를 사용하여 PLC에 연결되는 입·출력 기기들에 전원을 공급한다.

▶ 프로그래밍 장치

프로그래밍 장치는 PLC를 동작시키기 위한 프로그램을 작성하는 역할을 하는데, 일반적으로 PC 또는 노트북에서 전용 소프트웨어를 이용하여 작성하고 PLC에 다운로드하도록 되어 있다.

4.3 PLC의 소프트웨어 구조

4.3.1 PLC 로직

릴레이 기반의 제어 방식은 제어의 순서를 회로도로 표현하고 이를 근거로 필요한 제어기기를 리드선으로 배선 작업을 해서 요구되는 제어동작을 구현한다. 이와 같은 방식을 하드와이어드 로직(hardwired logic)이라 한다. 하드와이어드 로직 방식에서는 하드웨어와 소프트웨어 한 조로 되어 있어 사양이 변경되면 하드웨어와 소프트웨어를 모두 변경해야 하므로, 시스템 변경 시 여러 가지 문제를 발생시키는 원인이 된다. 따라서 하드웨어와 소프트웨어를 분리하는 연구 끝에 컴퓨터를 이용한 방식이 개발되었다.

컴퓨터는 하드웨어(hardware)만으로는 동작할 수 없다. 즉 하드웨어 속에 있는 기억장치에 일의 순서를 넣어야만 비로소 요구되는 일을 수행할 수 있다. 이러한 일의 순서를 프로그램이라 하며 기억장치인 메모리에 일의 순서를 넣는 작업을 프로그래밍이라 한다. 이는 마치 배선작업과 같다고 생각하면 된다. 이 방식을 소프트와이어드 로직(softwired logic)이라 하며 PLC는 이 방식을 취하고 있다.

4.3.2 릴레이 시퀀스와 PLC 시퀀스의 차이

PLC는 LSI등의 전자 부품의 집합이므로 릴레이 시퀀스와 같은 물리적인 접점이나 코일은 존재하지 않으며, 접점이나 코일을 연결하는 동작은 소프트웨어로 처리되므로 실제로 눈에 보이는 것이 아니다. 그리고 동작도 코일이 여자되면 접점이 닫혀 회로가 활성화되는 릴레이 시퀀스와는 달리 메모리에 프로그램을 기억시켜 놓고 순차적으로 그 내용을 읽어서 이에 따라 동작하는 방식이다. PLC에 의한 제어는 작성된 프로그램의 내용에 의하여 좌우된다. 따라서 사용자는 자유자재로 원하는 제어를 할 수 있도록 프로그램을 작성할 수 있는 능력이 필요하다.

4.3.3 직렬 처리와 병렬 처리

PLC 시퀀스와 릴레이 시퀀스의 가장 근본적인 차이점은 직렬 처리와 병렬 처리라는 동작상의 차이에 있다. PLC는 메모리에 있는 프로그램을 순차적으로 연산하는 직렬 처리 방식이고, 릴레이 시퀀스는 여러 회로가 전기적인 신호에 의해 동시에 동작하는 병렬 처리 방식이다. 그림 4.5는 이러한 직렬 처리와 병렬 처리의 연산방식에 대한 내용을 설명하고 있다. 직렬 처리의 경우 연산은 하나의 접점 또는 코일에 대해 순차적으로 실행되고 있으며 병렬 처리의 경우 연산이 다수의 접점 또는 코일에 대해 동시에 실행되고 있음을 알 수 있다.

그림 4.6(a)의 시퀀스도로 PLC 시퀀스와 릴레이 시퀀스의 동작상의 차이점을 설명한다. 릴레이 시퀀스에서는 전원이 투입되어 접점 A와 B, 그리고 접점 D와 E가 동시에 닫히면 출력 C와 F는 동작하며, 어느 한쪽이 빠를수록 먼저 동작한다. 이에 대해 PLC 시퀀스는 연산 순서에 따라 C가 먼저 출력되고 다음에 F가 출력된다.

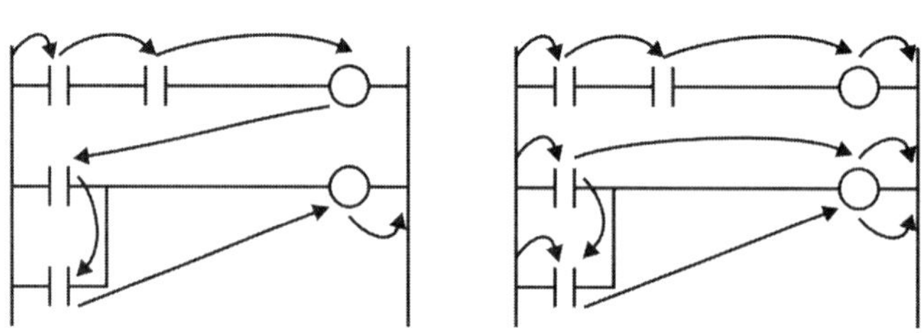

(a) 직렬 처리 방식 (b) 병렬 처리 방식

그림 4.5 직렬과 병렬 연산 처리 방식

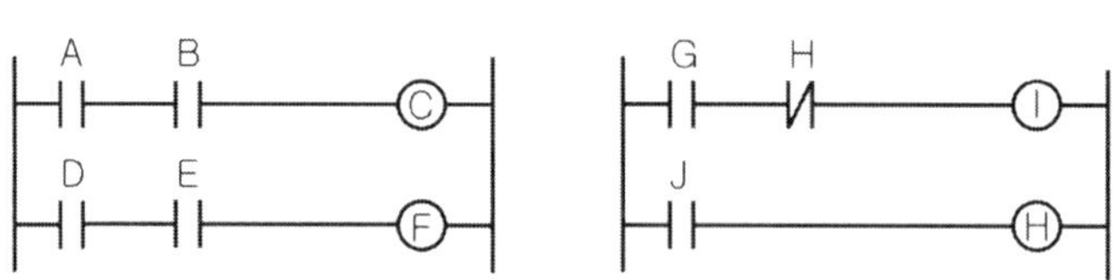

(a) (b)

그림 4.6 PLC와 릴레이의 동작 차이

그림 4.6(b)의 경우 릴레이 시퀀스에서는 접점 G와 J가 동시에 닫히면 접점 J가 닫힘과 동시에 H가 동작되어 출력 I는 동작할 수 없다. 그러나 PLC 시퀀스에서는 직렬 연산 처리되므로 최초의 연산 때 G가 닫히면 I가 출력되고 J가 닫히면 H가 출력된다. 그리고 두 번째 연산 때 비로소 최초의 연산 때 출력된 H에 의해서 I의 출력이 해제된다.

4.4 PLC의 일반 규격

PLC의 일반적인 규격은 표 4.1과 같으며, PLC 기종에 관계없이 유사하다. 이러한 사양을 고려하여 PLC가 사용될 전기적, 기계적, 환경적 특성을 고려해야 한다.

표 4.1 PLC의 일반 규격(GLOFA-GM 시리즈)

<table>
<tr><th>No.</th><th>항 목</th><th colspan="5">규 격</th><th>관련 규격</th></tr>
<tr><td>1</td><td>사용온도</td><td colspan="5">0~55°C</td><td></td></tr>
<tr><td>2</td><td>보관온도</td><td colspan="5">-25~70°C</td><td></td></tr>
<tr><td>3</td><td>사용습도</td><td colspan="5">5~95% RH, 이슬이 맺히지 않을 것</td><td></td></tr>
<tr><td>4</td><td>보관습도</td><td colspan="5">5~95% RH, 이슬이 맺히지 않을 것</td><td></td></tr>
<tr><td rowspan="9">5</td><td rowspan="9">내진동</td><td colspan="4">단속적인 진동이 있는 경우</td><td>-</td><td rowspan="9">IEC 1131-2</td></tr>
<tr><td colspan="2">주파수</td><td>가속도</td><td>진 폭</td><td>횟 수</td></tr>
<tr><td colspan="2">10≤f≤57Hz</td><td>-</td><td>0.075mm</td><td rowspan="7">X, Y, Z
3방향
각 10회</td></tr>
<tr><td colspan="2">57≤f≤150Hz</td><td>1G</td><td>-</td></tr>
<tr><td colspan="4">연속적인 진동이 있는 경우</td></tr>
<tr><td colspan="2">주파수</td><td>가속도</td><td>진폭</td></tr>
<tr><td colspan="2">10≤f≤57Hz</td><td>-</td><td>0.035mm</td></tr>
<tr><td colspan="2">57≤f≤150Hz</td><td>0.5G</td><td>-</td></tr>
<tr><td colspan="4"></td></tr>
<tr><td>6</td><td>내충격</td><td colspan="5">최대 충격 가속도 : 15G
인가시간 : 11ms
펄스 파형 : 정현 반파 펄스(X, Y, Z 3방향 각 3회)</td><td>IEC 1131-2</td></tr>
<tr><td rowspan="5">7</td><td rowspan="5">내노이즈</td><td>방형파 임펄스 노이즈</td><td colspan="4">±1,500V</td><td>LS산전 내부
시험규격기준</td></tr>
<tr><td>정전기 방지</td><td colspan="4">전압 : 4kV(접촉방전)</td><td>IEC 1131-2
IEC 801-2</td></tr>
<tr><td>방사 전자계 노이즈</td><td colspan="4">27~500MHz, 10V/m</td><td>IEC 1131-2
IEC 801-3</td></tr>
<tr><td rowspan="2">패스트 트랜지언트
/버스트 노이즈</td><td>구분</td><td>전원모듈</td><td>디지털 입·출력
(24V 이상)</td><td>디지털 입·출력
(24V 미만)
아날로그 입·출력
통신인터페이스</td><td rowspan="2">IEC 1131-2
IEC 801-4</td></tr>
<tr><td>전압</td><td>2kV</td><td>1kV</td><td>0.25kV</td></tr>
<tr><td>8</td><td>주위환경</td><td colspan="5">부식성 가스, 먼지가 없을 것</td><td></td></tr>
<tr><td>9</td><td>사용고도</td><td colspan="5">2,000m 이하</td><td></td></tr>
<tr><td>10</td><td>오염도</td><td colspan="5">2 이하</td><td></td></tr>
<tr><td>11</td><td>냉각방식</td><td colspan="5">자연 공랭식</td><td></td></tr>
</table>

4.5 CPU 모듈

PLC의 CPU부는 개인용 컴퓨터의 CPU부와 거의 동일하며 그 기능도 유사하다. 표 4.2는 일반적으로 사용되는 PLC CPU 모듈의 성능 규격의 예를 알아보기 위해 GLOFA GM4 CPU 모듈의 성능규격을 제시하고 있다.

표 4.2 CPU 모듈의 성능 규격

항 목	규 격	비 고
연산방식	반복연산, 정주기연산, 인터랍트연산	
입·출력 제어 방식	스캔동기 일괄처리 방식(리플레쉬 방식)	
프로그램 언어	LD(Ladder Diagram) IL(Instruction List) SFC(Sequential Function Chart)	
명령어수	연산자: 21, 기본펑션: 194, 기본펑션블럭: 11, 전용펑션블럭: 62	
연산처리속도	연산자 : 0.12μs/명령, 기본펑션 : 0.12μs/step 기본펑션블록 : 0.12μs/step	
프로그램 메모리 용량	128kbytes	
입·출력 접점수	1024점	
데이터 메모리	직접변수영역: 2~16kbytes 간접변수영역: 52kbytes-직접변수영역 메모리	
타이머	점수 제한 없음 시간범위: 0.01~4,294,967.295sec(1,193hr)	1점당 심볼릭 변수 영역의 20Byte 점유
카운터	점수 제한 없음 계수범위: -32,768~32,767	1점당 심볼릭 변수 영역의 8Byte 점유
프로그램 종류	프로그램 블록수: 180개, 초기화 프로그램: 2개, 태스크 프로그램(정주기 태스크: 8개, 외부접점 태스크: 16개, 내부접점 태스크: 16개)	
운전 모드	RUN, STOP, PAUSE, DEBUG	
리스타트 모드	콜드, 웜, 핫 리스타트	
자기진단기능	연산지연감시, 메모리 이상, 입·출력 이상, 배터리 이상, 전원 이상 등	
정전시 데이터 보존방법	데이터 정의시 리테인(retain) 변수로 설정	
최대 증설 베이스수	3단	
내부 소비전류	130mA	
중량	0.25kg	

4.5.1 연산방식

PLC CPU에서의 연산은 반복연산, 정주기연산, 인터랍트연산 등이 있다.

▶ 반복연산

반복연산방식은 PLC 프로그램을 작성한 순서대로 처음부터 마지막 스텝까지 반복적으로 연산을 수행하는 방식이며, 이러한 과정을 스캔(scan)이라 한다. PLC의 반복연산은 프로그램 수행 중 인터랍트가 걸리지 않는 한 지속된다. 이러한 반복연산에 대한 블록도가 그림 4.7에 제시되어 있다.

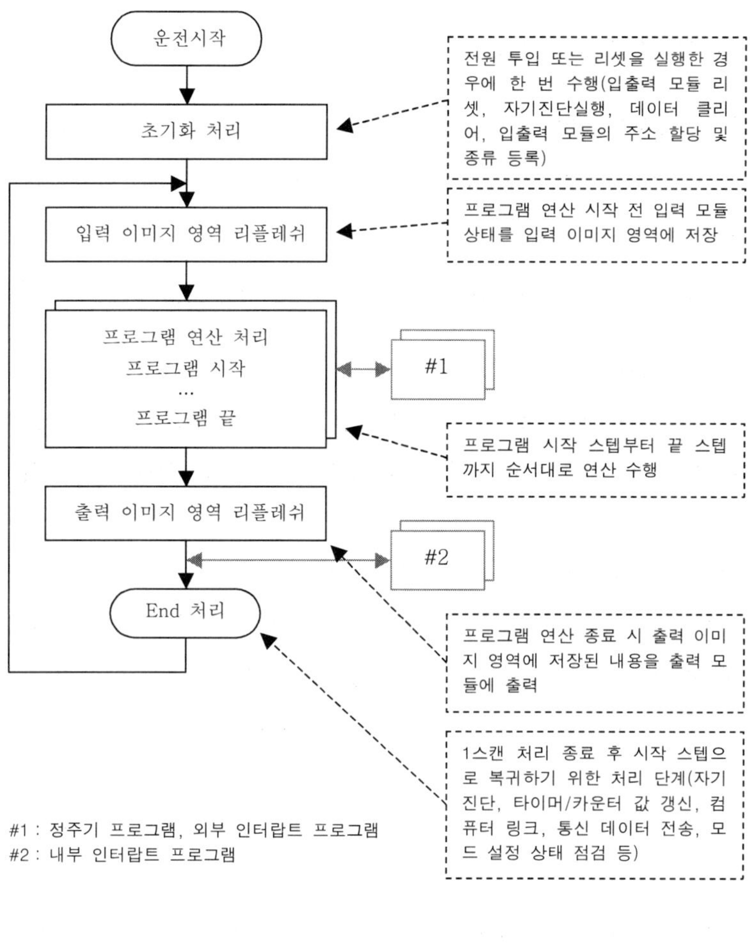

그림 4.7 반복연산의 처리과정

▶ 정주기연산

정주기연산방식은 설정된 시간간격마다 해당 프로그램을 실행하는 방식이다. 즉 일정한 주기로 연산을 처리하는 경우에 사용한다.

▶ 인터럽트연산

인터럽트연산방식은 PLC 프로그램 실행 중 우선적으로 처리해야 할 상황이 발생한 경우 현재 실행중인 프로그램을 중지하고 즉시 인터럽트 프로그램을 수행하는 방식이다. 이러한 인터럽트 상황을 CPU에 알려주는 신호를 인터럽트 신호라 하며 내부 및 외부 접점 인터럽트 신호 방식이 있다.

4.5.2 스캔 타임(scan time)

프로그램의 0스텝부터 다음 0스텝 이전까지의 처리시간을 스캔 타임이라 한다. 스캔 타임은 사용자가 작성한 스캔 프로그램 처리시간, 태스크 프로그램 처리시간, PLC 내부 처리시간의 합이다. 즉,

스캔타임=스캔 프로그램 처리시간+태스크 프로그램 처리시간+PLC 내부 처리시간

여기서 스캔 프로그램 처리시간은 태스크 프로그램으로 저장되지 않은 사용자 프로그램의 처리시간이며, 태스크 프로그램 처리시간은 1 스캔 동안 처리된 태스크 프로그램 수행시간의 합계이며, PLC 내부 처리시간은 자기진단 시간+입·출력 리플레쉬 시간+내부 데이터 처리시간+통신 서비스 처리시간이다.

스캔 프로그램은 스캔마다 일정하게 반복되는 신호를 처리하기 위해 프로그램이 작성된 순서대로 처음부터 마지막 스텝까지 반복적으로 연산을 수행하는 프로그램이다. 스캔 프로그램은 실행 중 정주기 태스크 또는 인터럽트 태스크의 실행조건이 성립하면 현재 실행 중인 상태를 중지하고 해당되는 태스크 프로그램을 수행한 다음 다시 복귀되어 프로그램을 수행한다.

태스크 프로그램은 설정된 시간간격마다 프로그램이 실행되는 정주기 태스크 프로그램, 스캔 프로그램 실행이 완료된 후 실행조건에 따라 실행되는 싱글 태스크 프로그램, 인터럽트 모듈에 입력되는 외부신호에 따라 실행되는 인터럽트 태스크 프로그램 등이 있다.

4.5.3 스캔 워치독 타이머(scan watchdog timer)

워치독 타이머는 사용자 프로그램의 이상에 의해 발생하는 연산지연을 검출하기 위해 사용하는 타이머이다. 연산중 스캔 경과 시간을 감시하다가 설정된 검출시간의 초과를 감지하면 PLC의 연산을 중지시키고 출력을 모두 Off 상태로 만든다.

사용자 프로그램 수행도중 특정한 부분의 프로그램 처리에서 연산지연 감시 검출시간(Scan Watchdog Time)의 초과가 예상되면 'WDT_RST' 펑션을 사용하여 감시할 수 있다. 'WDT_RST' 펑션이 기동되면 연산지연 감시 타이머의 경과시간을 초기화하여 0부터 시간측정을 다시 시작한다.

워치독 에러 상태를 해제하기 위해서는 전원 재투입, 수동 리셋 스위치 또는 STOP 모드로의 모드전환을 실시하도록 한다.

4.5.4 타이머

CPU 모듈의 타이머는 시간경과에 따라 그 값이 증가되는 가산식 타이머이며, 한시동작 타이머(TON), 한시복귀 타이머(TOF), 펄스 타이머(TP) 등의 3종류가 있다. 시간범위는 1ms 단위로 0.001초~4,294,967.295초(1,193시간)까지 설정할 수 있다.

4.5.5 카운터

CPU 모듈의 카운터는 입력신호의 상승 에지(rising edge, Off→On)를 검출하여 현재 값을 증가 또는 감소시키는 카운터이다. 현재 값을 증가시키는 가산 카운터, 현재 값을 감소시키는 감산 카운터, 2개 입력신호의 값을 비교하는 가감산 카운터 등의 3종류가 있다.

4.6 입 · 출력 모듈

입 · 출력 모듈은 일반적으로 디지털 입 · 출력 모듈을 말한다.

디지털 입력 모듈은 외부의 입력 기기와 결선되어 있으며, 입력 기기의 상태(예를 들면 스위치가 On 또는 Off에 따라 입력 모듈의 입력단자에 걸리는 전압 또는 전류에 대한 정보)를 CPU에 입력 정보로서 제공하는 역할을 한다. 그리고 CPU는 이러한 입력정보를 이용하여 연산을 하고 연산된 결과를 출력시키는 작업을 한다.

디지털 출력 모듈은 CPU에서 연산된 결과를 출력시키기 위해 사용되는 모듈이다. 이러한 출력 모듈의 출력단자에는 외부의 출력기기(전자 개폐기, 램프, 솔레노이드 등)가 연결되어 있으며 CPU의 연산결과 대로 출력이 발생된다.

4.6.1 싱크(sink)와 소스(source)

PLC는 입 · 출력 모듈을 통해서 외부의 기기와 연결된다. 입력 기기는 키 버튼, 스위치, 센서 등이며, 출력 기기는 단순한 램프로부터 복잡한 통신 모듈 까지 다양하다. 이와 같은 입 · 출력 기기의 연결은 PLC에 있어서 매우 중요한 문제가 된다. 왜냐하면 입 · 출력 기기를 연결함에 있어서 PLC의 입 · 출력부에 무엇을 연결할 수 있는지 그리고 어떤 방법으로 연결할 수 있는지에 대한 문제가 발생하기 때문이다.

입 · 출력부에 입 · 출력 기기를 연결함에 있어서 가장 자주 언급되는 두 개의 용어가 있는데 이는 바로 "싱크"와 "소스"이다. 이 두 개의 개념은 PLC를 외부의 기기와 올바르게 연결시키는데 매우 중요하다. 간단하게 정의를 내리면

Sink = Common GND Line(−)
Source = Common VCC Line(+)

이다. 싱크 또는 소스인 입력과 출력은 단지 한 방향으로만 전류를 흘릴 수 있으므로, 이때의 입력과 출력은 직류 전원이 공급될 경우에만 해당된다.

입력과 출력은 각각 그 자체의 리턴 라인이 존재한다. 따라서 5개의 입력은 PLC 입력부에 10개의 터미널 단자를 필요로 한다. 그런데 그림 4.8과 같이 수 개의 입력들을 1개의 리턴 라인으로 연결한 시스템을 사용한다고 할 때, 이러한 공통의 라인(common line)은 PLC의 입·출력부의 터미널 단자에 "COM"이라고 표시되어 있다.

언급된 바와 같이 DC 입력 모듈의 경우는 입력형식에 따라 외부입력전원의 배선방법이 달라지므로 입력접속기기의 규격을 고려하여 선정해야 한다.

GM4 시리즈에는 소스 전용 입력과 소스/싱크 공용 DC 입력 모듈이 있는데, 다음에 소스 또는 싱크 타입별 배선방법을 제시한다.

▶ 소스형 DC 입력 모듈에 싱크형 외부접속기기를 연결하는 방법

외부접속기기가 DC 입력 모듈 단자와 DC 전원의 마이너스(−) 단자 사이에 위치한다. 따라서 입력이 On하는 경우 DC 입력모듈 단자로부터 전류가 외부접속기기로 흘러나간다.

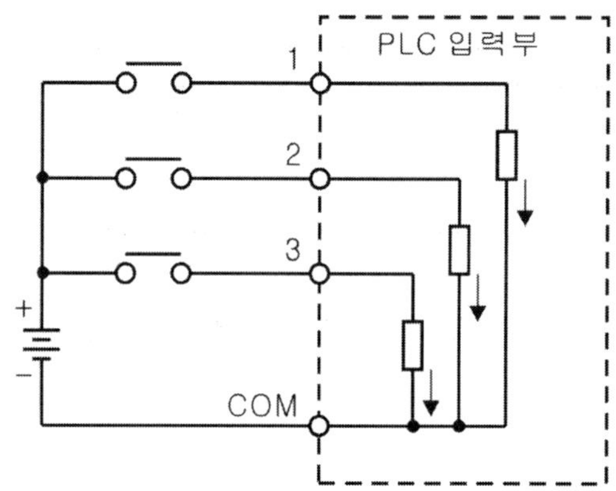

그림 4.8 3개의 입력 라인을 COM에 연결

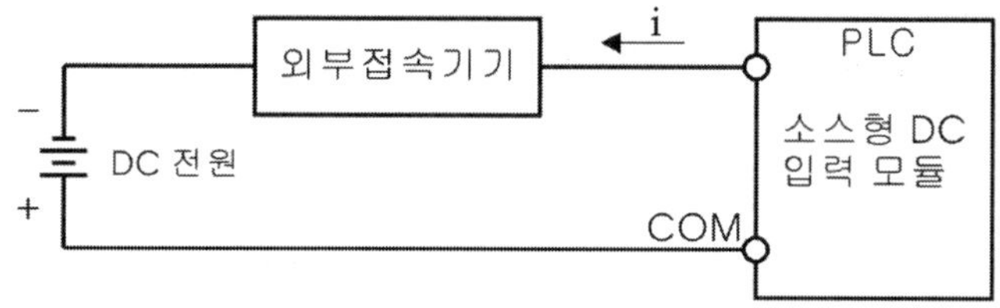

그림 4.9 소스형 DC 입력 모듈에 싱크형 외부접속기기를 연결

▶ 싱크형 DC 입력 모듈에 소스형 외부접속기기를 연결하는 방법

외부접속기기가 DC 입력 모듈 단자와 DC 전원의 플러스(+) 단자 사이에 위치한다. 따라서 입력이 On하는 경우 외부접속기기로부터 전류가 DC 입력모듈 단자로 흘러 들어간다.

센서의 출력은 센서 자체의 특성과 적용방식에 따라서 다르다. 그림 4.11의 예들은 센서의 출력과 PLC와의 연결을 제시하고 있다. 센서의 출력은 센서가 출력 신호를 내보낼 때의 신호의 크기를 나타낸다. 즉, 어떤 경우에는 +V(전원 전압, 일반적으로 24V) 그리고 다른 경우에는 GND(0V)이다. 그리고 항상 외부접속기기와 PLC 입력 모듈은 싱크-소스 또는 소스-싱크의 조합으로 연결로 구성되며, 싱크-싱크 또는 소스-소스의 조합으로 연결되지는 않는다.

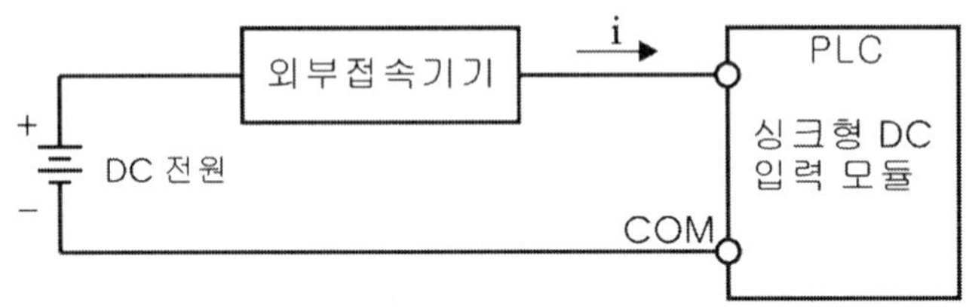

그림 4.10 싱크형 DC 입력 모듈에 소스형 외부접속기기를 연결

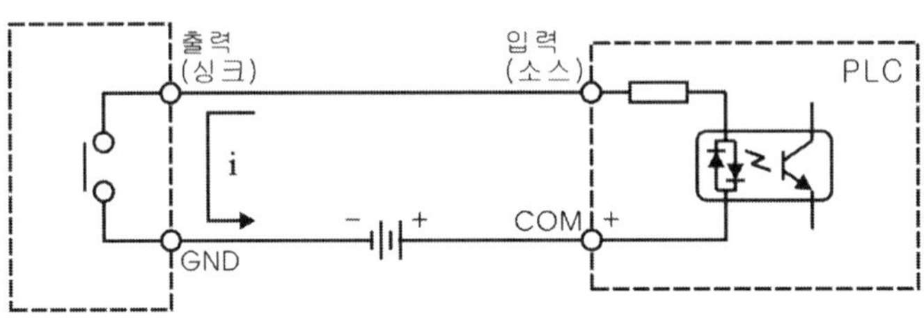

(a) 소스형 PLC 입력 모듈과 싱크형 출력 센서의 연결

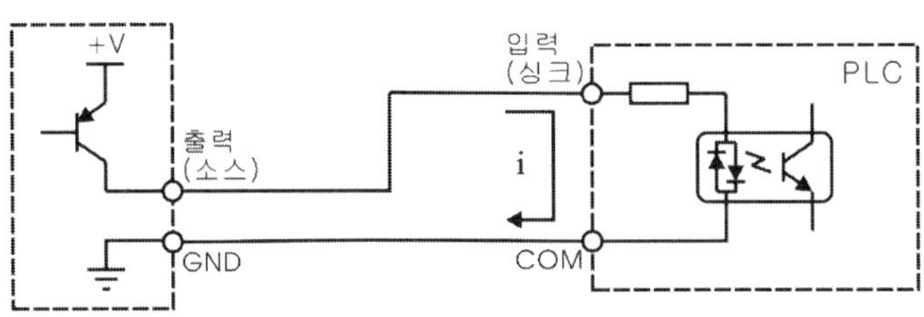

(b) 싱크형 PLC 입력 모듈과 소스형 출력 센서의 연결

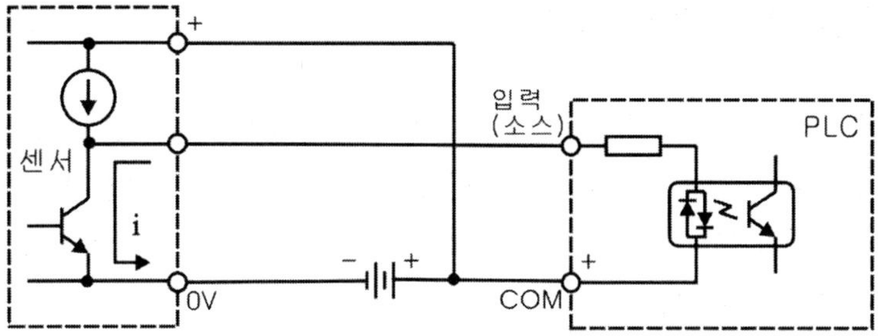

(c) 소스형 PLC 입력 모듈과 NPN Open Collector형 센서의 연결

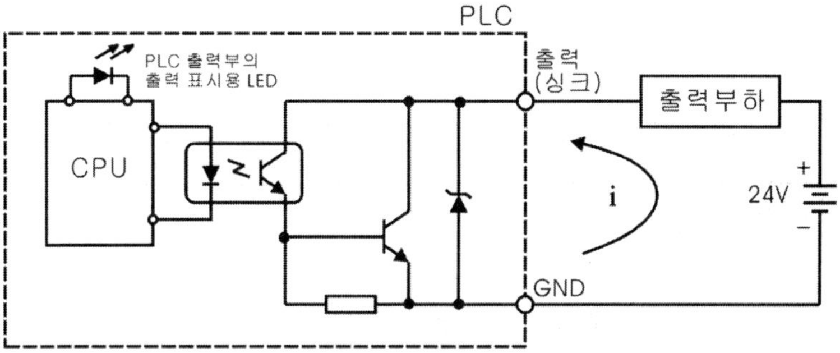

(d) 싱크형 PLC 출력 모듈과 출력부하의 연결

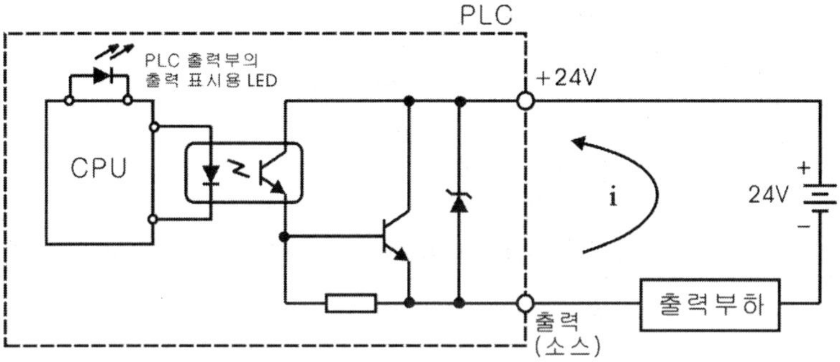

(e) 소스형 PLC 출력 모듈과 출력부하의 연결

그림 4.11 DC 입·출력 모듈과 외부접속기기의 연결 예

4.6.2 디지털 입력 모듈

디지털 입력 모듈은 입력 기기로부터 On, Off 신호를 입력받을 때, 즉 기기의 상태정보를 입력받는데 사용한다. 즉 입력 모듈의 단자에는 각종 스위치, 각종 센서 등이 연결된다. 입력 모듈에 연결되는 기기는 그 종류 및 용도에 따라 다른 전압을 사용하므로 이에 따른 적합한 입력 모듈을 사용해야 한다. 입력 전압에 따라 DC 입력 모듈, AC 입력 모듈이 있으며, 필요한 접점수의 모듈을 선정해야 한다. 그림 4.12는 GLOFA GM4 기종의 입력 모듈 접속도이며 표 4.3은 디지털 입력 모듈의 규격 예이다. 그림 4.13은 GLOFA GM7 기종의 PLC 외형과 입력부 접속도 및 단자대 번호별 접속 장치에 대해 나타내고 있다.

표 4.3 16점 DC12/24V 입력 모듈(소스/싱크 타입), GLOFA G4I-D22A

항 목	규 격
입력점수	16점
절연방식	포토 커플러 절연
정격입력전압	DC12/24V
정격입력전류	5/11mA
사용전압범위	DC10.2~26.4V(리플율 5% 이내)
최대동시입력점수	100% 동시 ON
ON 전압/ON 전류	DC9.5V 이상/4.0mA 이상
OFF 전압/OFF 전류	DC6V 이하/1.0mA 이하
입력저항	약 2.2kΩ
응답시간	Off→On: 10msec 이하, On→Off: 10msec 이하
코먼방식	8점/COM
내부소비전류	70mA
동작표시	입력 On시 LED 점등
외부접속방식	20점 단자대 커넥터(M3×6나사)
중량	0.25kg

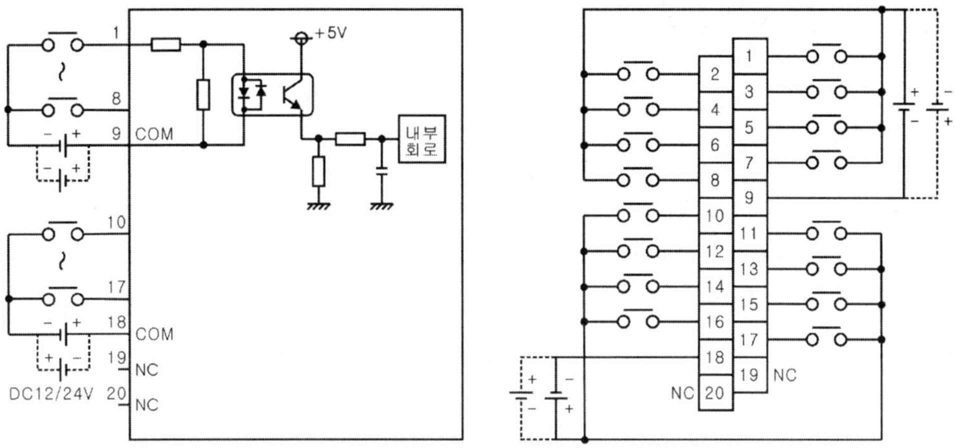

그림 4.12 디지털 입력 모듈의 회로 및 접속도(GLOFA G4I-D22A)

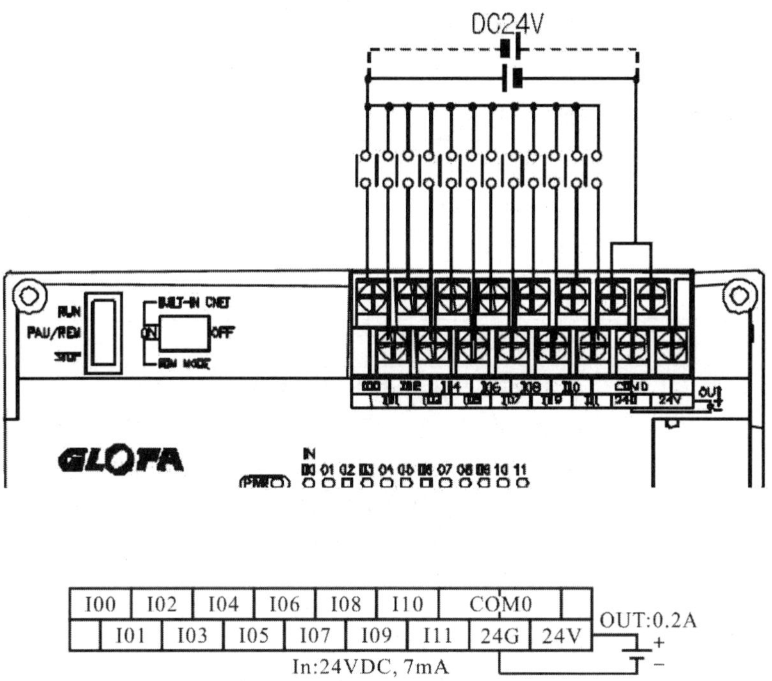

그림 4.13 PLC 외형과 입력부 접속도(GLOFA G7M-DR20A)

4.6.3 디지털 출력 모듈

디지털 출력 모듈은 On 또는 Off 신호를 출력 기기에 출력하여 기계장치 또는 전기장치를 작동시킨다. 주요한 출력 기기로서는 램프, 릴레이, 전자개폐기, 솔레노이드 등이 있다. 이들 출력 기기는 그 종류 및 용도에 따라 다른 전압을 사용하므로 이를 고려하여 출력 모듈을 선정하거나 요구되는 별도의 전원을 공급하도록 회로를 구성해야 한다.

출력 모듈은 출력 접점의 종류에 따라 릴레이 출력, TR(transistor) 출력, SSR(solid-state relay)출력 등이 있다. 표 4.4는 디지털 출력 모듈의 규격 예이며, 그림 4.14는 출력 모듈 접속도이다.

표 4.4 16점 릴레이 출력 모듈, GLOFA G4Q-RY2A

항 목	규 격
출력점수	16점
절연방식	포토 커플러 절연
정격 부하 전압/전류	DC24V 2A(저항 부하/점, 4A/COM, AC220V 2A(cosΨ=1)
최소 부하 전압/전류	DC5V/1mA
최소 부하 전압	AC250V, DC125V
OFF시 누설 전류	0.1mA(AC220V, 60Hz)
최대 개폐 빈도	3,600회/시간
서지 킬러	없음
수명(기계적)	2,000만회 이상
수명(전기적)	정격 부하 전압 / 전류 10만회 이상 AC200V / 1.5A, AC240V / 1A(cosΨ=0.7) 10만회 이상 AC200V / 1A, AC240V / 0.5A(cosΨ=0.35) 10만회 이상 DC24V / 1A, DC100V / 0.1A (L/R=7ms) 10만회 이상
응답시간	Off→On : 10msec 이하, On→Off : 12msec 이하
코먼 방식	8점/COM
내부 소비전류	100mA(전점 On시)
외부 공급전원	전압 : DC24V ±10% (리플 전압 4Vp-p 이하) 전류 : 100mA (DC24V 전점 On시)
동작표시	출력 On시 LED 점등
외부접속방식	20점 단자대 커넥터(M3×6나사)
중량	0.31kg

그림 4.15는 GLOFA GM7 기종의 PLC 외형과 출력부 접속도 및 단자대 번호별 접속 장치에 대해 나타내고 있다.

그림 4.16은 입력으로 3개의 푸시 버튼 스위치, 출력으로 3개의 램프를 PLC(GM7)에 배선한 예를 나타내고 있다.

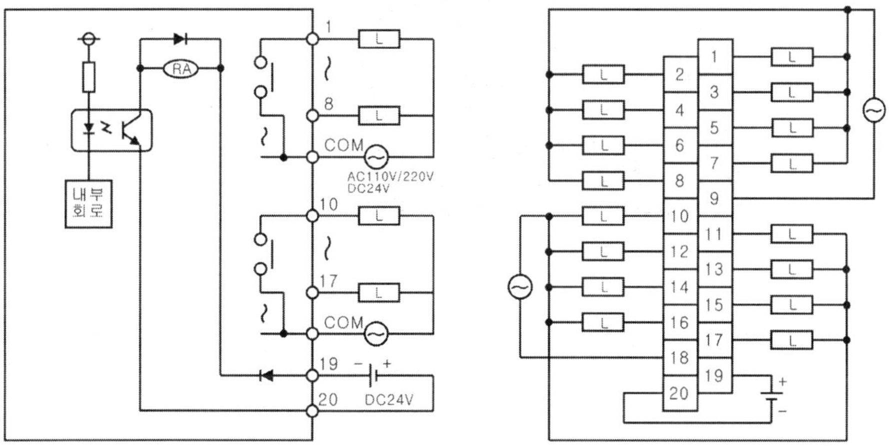

그림 4.14 디지털 출력 모듈의 회로 및 접속도(GLOFA G4Q-RY2A)

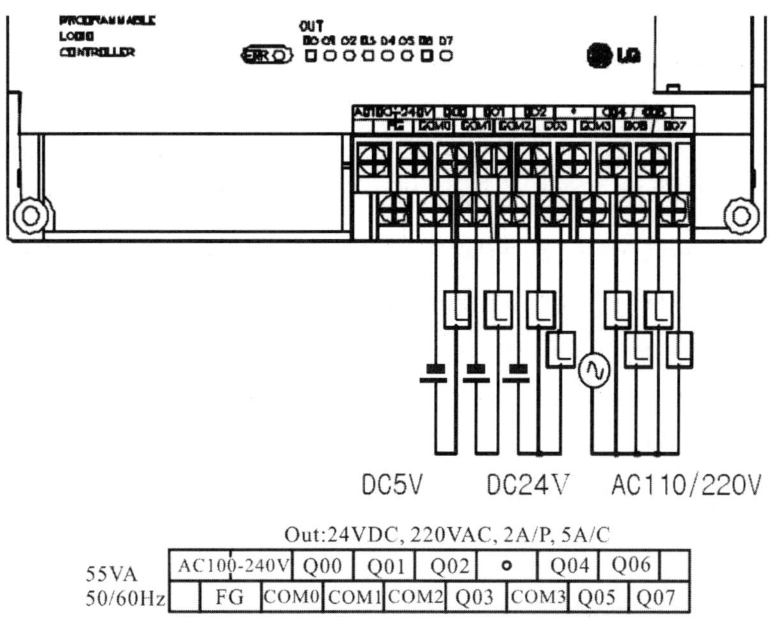

그림 4.15 PLC 외형과 출력부 접속도(GLOFA G7M-DR20A)

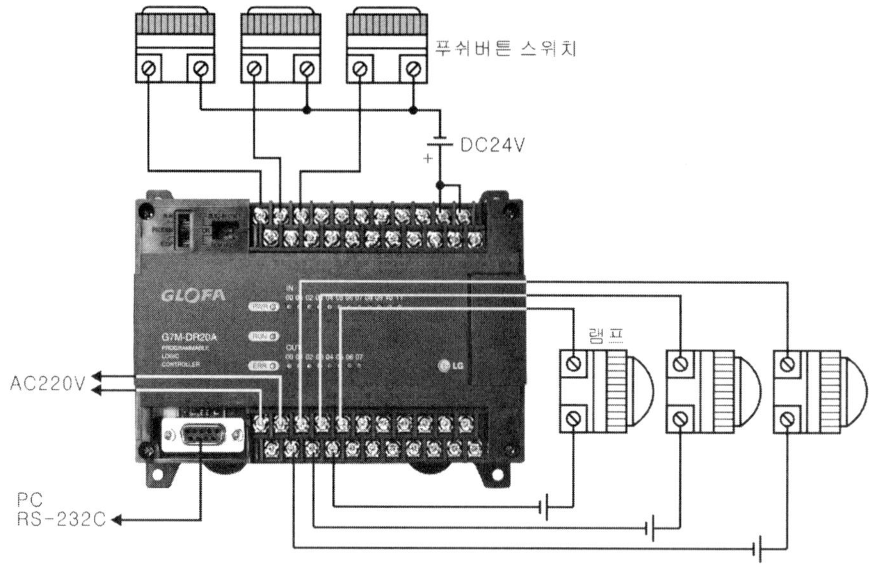

그림 4.16 PLC 배선 예(입력: 3개의 푸시 버튼 스위치, 출력: 3개의 램프)

4.7 PLC 프로그램 작성

4.7.1 시퀀스 제어와 PLC

시퀀스 회로를 PLC를 이용하여 프로그램하고 회로를 구성하기 위해서는 PLC의 적합한 기능을 파악하여 이를 소프트웨어로 대체하거나 적절한 하드웨어로 구성해야 한다. 이러한 작업을 실시하기 위해서는 시퀀스 회로의 특성을 완전히 파악하여 충분히 이해해야 하며, 입·출력 장치와 PLC의 특성을 숙지하고 있어야 한다.

그림 4.17은 램프를 On-Off 제어하기 위한 시퀀스 제어의 예인데, 시퀀스도에 제시된 회로를 시퀀스 기기를 이용하여 실제로 회로를 구성한 예가 제시되어 있다. 그림과 같이 시퀀스 제어에서는 시퀀스도에 의해 표현된 시퀀스 기기들을 회로와 동일하게 배치하고 이들을 전선으로 연결하여 구성한다. 시퀀스도에서 PB1, PB2는 각각 a접점, b접점에 해당하며 R은 릴레이, L은 램프이다. 동작상황은 최초에 PB1을 1회 누르면(푸시 버튼 스위치 PB1을 눌렀다가 원상태로 복귀시키면) 릴레이 코일 R이 여자되어 릴레이의 a접점이 닫히고 동시에 자기유지된다. 그리고 램프 L에 전류가 흘러 램프가 점등된다.

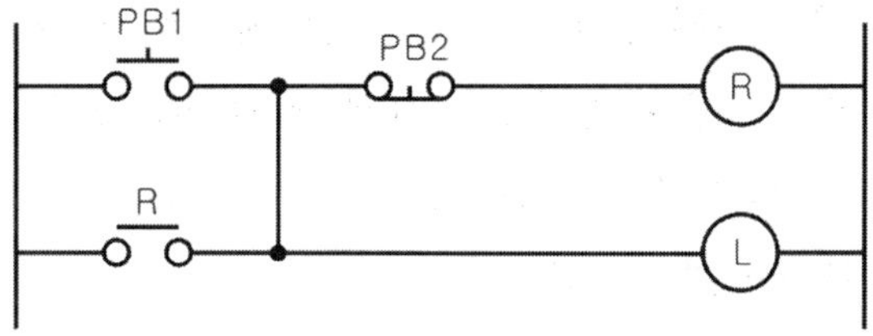

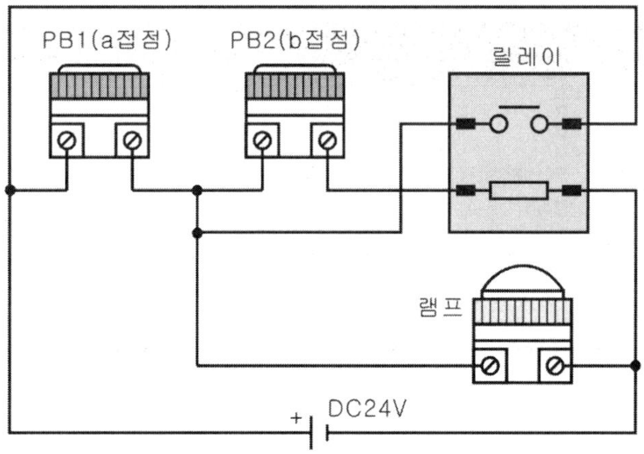

그림 4.17 램프 On-Off 제어를 위한 시퀀스 제어 예

이후 PB2를 1회 누르면 릴레이 코일 R이 소자되어 릴레이의 a접점이 열리고 램프 L에 흐르는 전류가 차단되어 램프가 소등된다.

그림 4.18은 램프를 On-Off 제어하기 위해 PLC를 이용한 제어의 예인데, 먼저 시퀀스도를 이해하고 이를 구현하기 위해 PLC 프로그램(본 예에서는 ladder diagram)을 작성한다. 이와 같이 작성된 프로그램이 그림 4.18의 상단에 제시되어 있다. 이러한 프로그램은 Graphic Loader라 하는 소프트웨어를 이용하여 작성하는데 일반적인 PC 또는 노트북에서 수행된다.

프로그램이 작성되면 프로그램의 정상동작을 확인하기 위해 시뮬레이션 과정을 거치게 되며 이때 오류가 있다면 프로그램을 수정한다. 이후 PLC의 입·출력 모듈에 입·출력 기기를 연결하여 제어를 실시하게 되는데 이에 대한 결선 방법이 그림 4.18의 하단에 제시되어 있다. 결선방법은 앞에서 언급된 디지털 입·출력 모듈을 참고하면 되고 PLC 메이커에서 제공하는 PLC 사용설명서의 PLC 외부접속도를 참고하면 된다. 그림 4.17의 릴레이 시퀀스 제어의 경우와 비교할 때 PLC를 사용한 경우 하드웨어 구성상의 차이점은 릴레이 시퀀스 제어에서 사용된 릴레이가 PLC 제어에서는 소프트웨어로 대체되었음을 알 수 있다. 즉 릴레이의 로직은 PLC의 CPU에서 연산처리되고 있음을 알 수 있다. 그리고 본 예에서는 PLC의 장점이 부각되지는 않고 있는데 이는 회로가 지극히 간단한 경우 PLC를 굳이 사용할 이유가 없기 때문이다.

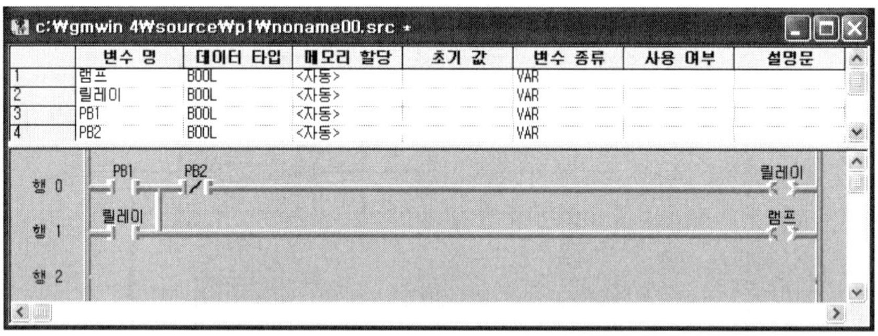

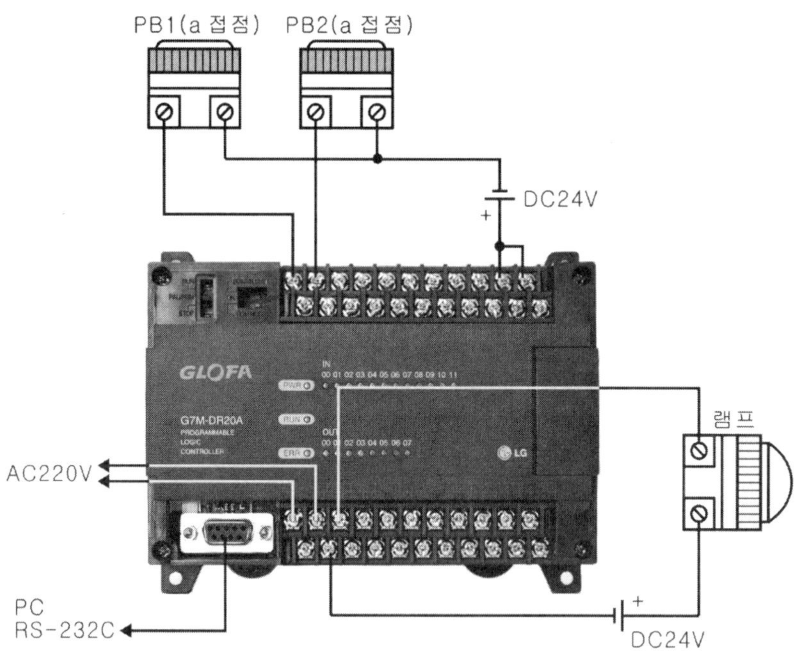

그림 4.18 램프 On-Off 제어를 위한 PLC 제어 예

그림 4.19는 타이머에 의해 램프를 한시 동작 제어하기 위한 릴레이 시퀀스 제어의 예이다. 시퀀스도에 제시된 회로를 시퀀스 기기를 이용하여 실제로 회로를 구성한 예가 제시되어 있다. 시퀀스도에서 PB1, PB2는 각각 a접점, b접점에 해당하며 R은 릴레이, L은 램프, T는 한시 동작 타이머이다.

최초에 PB1을 1회 누르면 릴레이 코일 R이 여자되어 릴레이의 a접점이 닫히고 동시에 자기유지된다. 그리고 타이머 코일에 전류가 흘러 타이머가 동작하기 시작한다. 타이머의 설정 시간이 경과되면 타이머의 한시 동작 a접점이 닫혀 램프 L이 점등되고 이 상태가 계속 유지된다. 이후 PB2를 1회 누르면 릴레이 코일 R이 소자되어 릴레이의 a접점이 열리고 타이머 코일에 흐르는 전류가 차단되어 타이머는 Reset되며 램프 L에 흐르는 전류가 차단되어 램프가 소등된다.

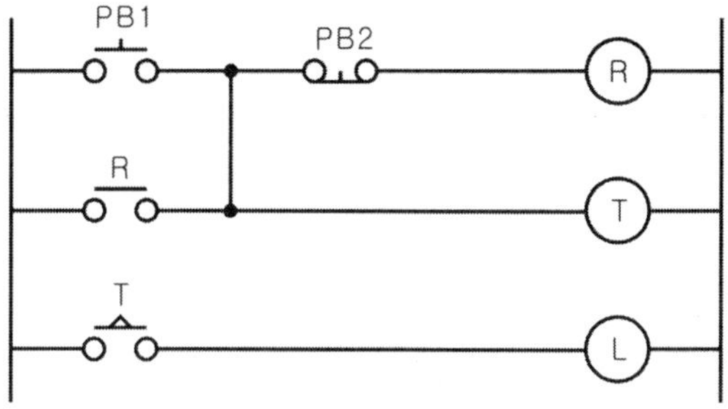

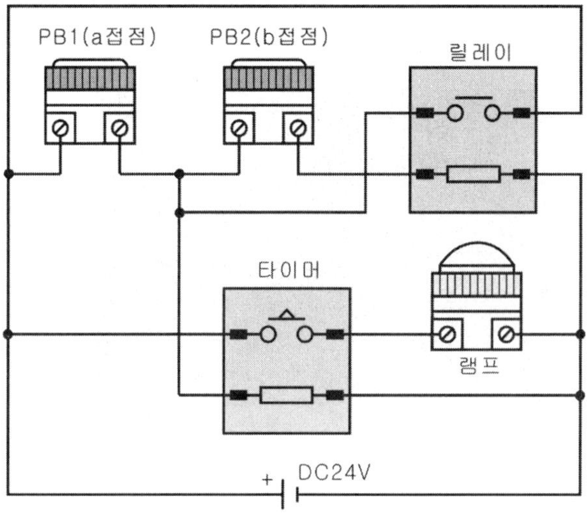

그림 4.19 램프 한시 동작 제어를 위한 시퀀스 제어 예

그림 4.20은 램프를 한시 동작 제어하기 위해 PLC를 이용한 예인데, 작성된 PLC 프로그램이 그림 4.20의 상단에 제시되어 있다. 그리고 PLC의 입·출력 모듈에 입·출력 기기를 연결한 외부접속도가 그림의 하단에 제시되어 있다.

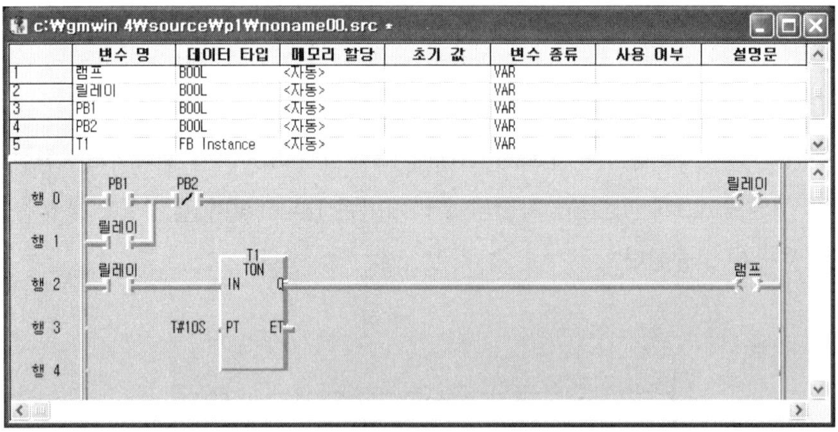

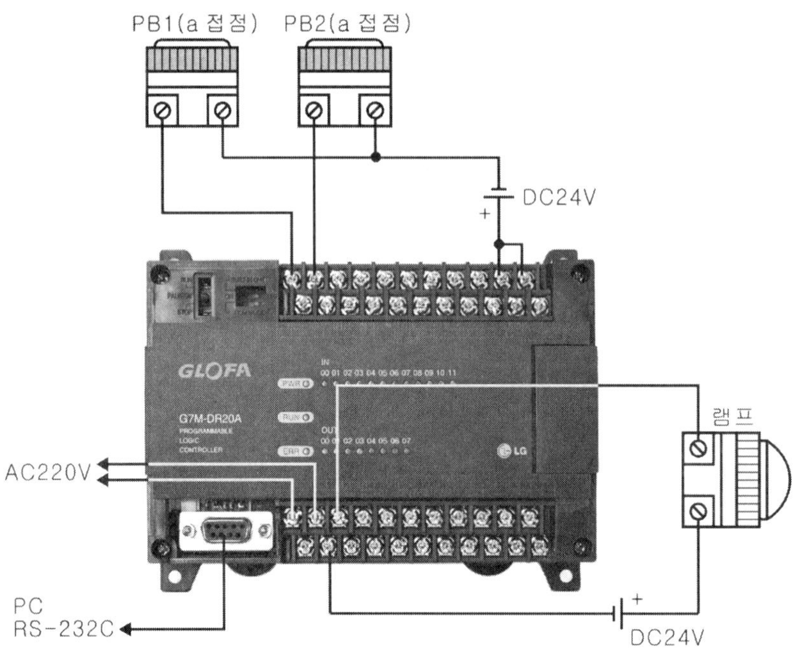

그림 4.20 램프 한시 동작 제어를 위한 PLC 제어 예

PLC를 사용한 경우 그림 4.19의 릴레이 시퀀스 제어의 경우와 비교할 때 릴레이와 타이머가 외부 기기로 사용되지 않고 있음을 알 수 있다. 즉 릴레이의 로직과 타이머는 PLC의 CPU에서 연산처리되고 있음을 알 수 있다. 이와 같이 PLC를 사용할 경우 하드웨어의 많은 부분을 소프트웨어로 처리가 가능하므로 시퀀스 기기를 사용하는 시퀀스 제어에 비해 제어회로가 복잡할 경우 비용적인 측면과 전체 시스템의 유연성 측면에서 매우 유리하다.

만일 사용된 릴레이와 타이머의 수가 증가되더라도 필요한 입·출력 기기의 수는 2개의 스위치와 1개의 램프로서 그 수가 변하지 않는다.

4.7.2 PLC 프로그램 작성 순서

램프의 시한 동작 제어를 PLC를 이용하여 제어하기 위한 프로그램을 작성하는 과정을 예로서 설명한다. 시퀀스 회로는 그림 4.19에 제시된 바와 같으며, PLC 프로그램을 작성하기 위해서는 다음과 같은 과정을 거치게 된다.

(1) 먼저 제어 대상인 시스템에 대한 정확한 이해가 필요하며 이러한 제어 시스템을 어떻게 구성할 것인가에 대해 종합적이면서 구체적인 검토를 실시한다. 즉 제어 시스템은 PB1을 1회 누름으로써 시작되며 이에 따라 릴레이 코일 R이 여자되어 릴레이의 a접점이 닫히고 동시에 릴레이는 자기유지된다. 그리고 타이머 코일에 전류가 흘러 타이머가 동작하기 시작하고, 타이머의 설정 시간이 경과되면 타이머의 한시 동작 a접점이 닫혀 램프 L이 점등되고 이 상태가 계속 유지된다. PB2는 릴레이와 타이머를 Reset시키는데 사용한다. 이러한 동작을 PLC로 구현하기 위해서는 PLC 외부에 2개의 a접점 스위치를 사용하여 입력장치로 사용하고 램프를 출력장치로 사용한다.(* 순수하게 시퀀스 기기로 회로를 구성할 경우 a접점과 b접점을 사용해야 하나, PLC를 이용할 경우 입력신호로서 On 또는 Off 정보만을 입력하면 되므로 a접점만을 사용한다.)

(2) PLC에 연결되는 입·출력 기기들은 PLC 입·출력 모듈의 특정 단자에 연결되어야 하므로 이들에 대한 입·출력 주소를 할당한다. 즉 입력 기기는 PB1, PB2이고 출력 기기는 램프이므로 이들에 대한 입·출력 주소를 할당한다. 이에 대한 예가

표 4.5에 제시되어 있다. 그리고 각 주소에 따른 PLC 외부접속도는 그림 4.12와 그림 4.14에 제시되어 있다. 즉 스위치 PB1의 주소는 %IX0.0.0인데 이는 PLC 모듈의 0번 베이스, 0번 슬롯, 0번 비트 위치를 말하며, 그림에서는 입력 모듈의 0번 비트의 주소에 해당하는 1번 단자를 의미한다. 스위치 PB2의 주소는 %IX0.0.1인데 이는 PLC 모듈의 0번 베이스, 0번 슬롯, 1번 비트 위치를 말하며, 그림에서는 입력 모듈의 1번 비트의 주소에 해당하는 2번 단자를 의미한다. 램프의 주소는 %QX0.4.0인데 이는 PLC 모듈의 0번 베이스, 4번 슬롯, 0번 비트 위치를 말하며, 그림에서는 출력 모듈의 0번 비트의 주소에 해당하는 1번 단자를 의미한다.

(3) PLC의 CPU에서 처리될 수 있는 릴레이와 타이머를 할당한다. 시퀀스 기기를 사용하는 경우와 다르게 PLC를 이용할 경우, 대부분의 릴레이는 소프트웨어로 처리가 되는데 그림 4.19에 사용된 릴레이는 하드웨어적으로 사용되는 것이 아니라 CPU 내부의 연산 처리에 의해 소프트웨어로 연산된다. 그리고 그림 4.19에 사용된 타이머도 CPU의 타이머를 이용하면 되므로 하드웨어적인 타이머가 필요 없다. 즉 사용자의 관점에서는 소프트웨어적으로 처리된다. 이러한 사항을 구현하기 위해서 사용자는 PLC의 Graphic Loader에서 제공하는 명령어들을 이용하여 프로그램을 작성하기만 하면 된다. 예를 들면 릴레이의 경우 그림 4.20의 프로그램 중에서 출력 코일 ()과 a접점 ┤├으로 구현할 수 있으며, 타이머는 프로그램 명령어 중 펑션 블록 On-Delay 타이머(오른쪽 그림)를 사용하면 된다. 이에 대한 자세한 내용은 추후 설명하기로 한다.

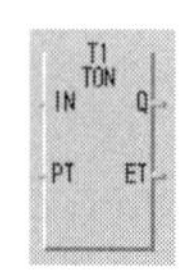

(4) Graphic Loader를 이용하여 컴퓨터에서 프로그램을 작성하고, 프로그램의 이상 여부를 검증하기 위해 시뮬레이션을 실시한다. 시뮬레이션에 이상이 없을 경우 PLC에 작성된 프로그램을 PLC에 Download하여 PLC에 연결된 외부 기기들을 조작하여 제어를 실시할 수 있다. 그러나 시뮬레이션 중에 에러가 발생할 경우 이를 올바르게 수정하여 정상적인 시뮬레이션이 수행될 수 있도록 조치를 취해야 한다.

(5) 프로그램을 PLC에 Download하여 정상적인 제어동작을 취한다. 만일 연결된 외

부 기기가 올바르게 동작하지 않을 경우 소프트웨어적인 문제인지 아니면 하드웨어적인 문제인지를 정확히 판단하여 디버깅 작업을 실시하고 정상적인 제어가 수행될 수 있도록 한다.

표 4.5 입·출력 할당표

입·출력 단자	주 소	변수명	용 도
입 력	%IX0.0.0	PB1	On 스위치
입 력	%IX0.0.1	PB2	Off 스위치
출 력	%QX0.4.0	램프	출력 램프

연습문제

1. 설비의 자동화와 고능률화의 요구에 따라 PLC의 적용 범위는 확대 되고 있다. PLC의 적용 산업 분야별 제어 대상에 대해 조사하여 정리하시오.(예를 들면 적용 분야의 한 예로서 산업 분야 : 자동차 산업, 제어 대상 : 자동 조립 라인 제어)

2. 우리나라, 일본, 미국, 독일의 대표적인 PLC 메이커 각각 1곳을 선정하여 어떠한 모델의 PLC가 생산되고 있는지 조사하시오. 또한 대표적인 PLC 모델의 주요 성능 및 기능에 대해서도 조사하시오.

3. 그림 4.12를 참고하여 싱크-소스 형의 PLC 입력 모듈에 다음을 연결할 때 PLC와의 접속도를 작성하시오.

(1) 푸쉬 버튼 스위치 2개를 연결할 경우

(2) NPN 오픈 콜렉터 형의 포토 센서 2개를 연결할 경우

(3) 푸쉬 버튼 스위치 2개와 NPN 오픈 콜렉터 형의 포토 센서 2개를 연결할 경우

- 포토 센서 접속도

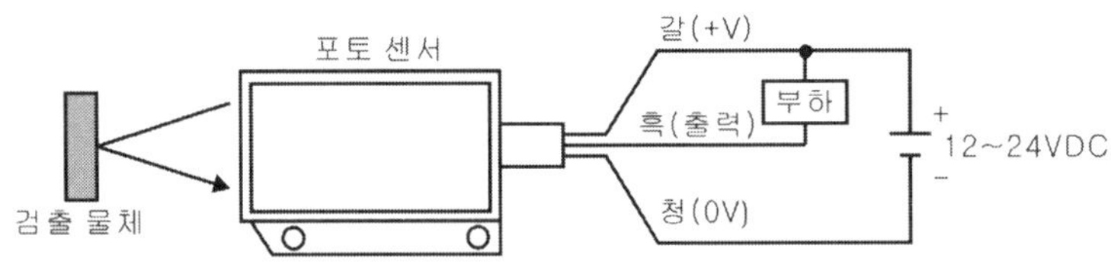

• **제어출력 회로도**(NPN 오픈 콜렉터 출력)

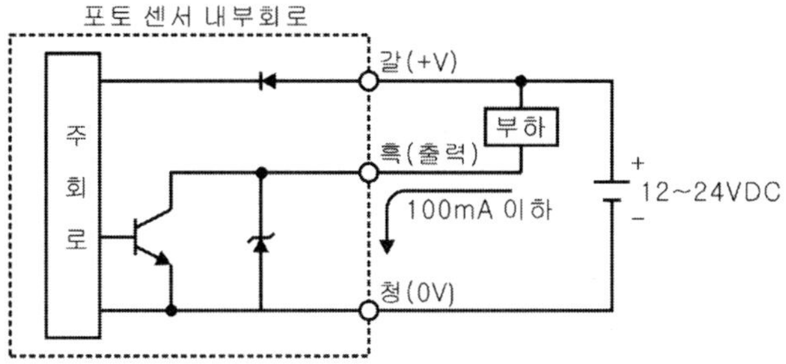

4. PLC와 컴퓨터는 일반적으로 RS-232C 통신을 이용하여 데이터를 전송하는데, RS-232C 통신에 대해 그 원리와 통신방법에 대해 조사하시오.

5장 데이터 메모리

5.1 개 요

프로그램에서 사용되는 데이터는 값을 갖고 있는데, 프로그램이 실행되는 동안 값이 바뀌지 않는 데이터를 상수, 그 값이 변하는 데이터를 변수라 한다. 변수는 프로그램 블록, 펑션, 펑션블록 등의 프로그램 구성 요소에서 사용된다.

변수는 크게 직접 변수와 간접 변수로 나뉜다. 직접 변수는 PLC 메이커에 의해 지정된 메모리 영역의 식별자(물리적인 주소)를 사용하는 방식이고, 간접 변수는 사용자가 변수 이름을 부여하고 사용하는 방식이다. 특히 간접 변수를 네임드(named) 변수 또는 심볼릭(symbolic) 변수라고도 한다.

5.1.1 직접 변수

직접 변수는 PLC 메이커에 의해 정해진 메모리 영역의 식별자와 주소를 사용한다. 직접 변수에는 %I의 입력 변수, %Q의 출력 변수 그리고 %M의 내부 메모리 변수가 있다.

직접 변수는 별도의 변수 선언 없이 식별자의 위치를 표현하는 방식이므로 쉽게 이해하기가 어려운 면이 있으며 프로그램 작성자의 잘못으로 주소 등이 중복될 우려가 있다.

그러나 PLC에 의해 외부의 장치를 제어하기 위해 특정 스위치 또는 센서로부터 정보를 입력받거나 특정한 장치를 구동시키기 위한 출력을 발생시키기 위해서는 PLC와 외부 기기가 직접 연결되어야 한다. 이러한 연결 위치를 지정해 주는 것이 바로 직접 변수이며, 직접 변수를 사용하지 않고 제어를 실시한다는 것은 의미가 없다.

직접 변수는 반드시 문자 %로 시작하고 다음에 위치 접두어와 크기 접두어를 붙이며 마침표로 분리되는 하나 이상의 부호 없는 정수의 배열로 나타낸다. 표 5.1은 직접 변수의 위치 접두어와 크기 접두어에 대한 사항을 나타낸다.

표 5.1 위치 접두어 및 크기 접두어

항 목	접두어	내 용
위치 접두어	I	입력 위치(Input Location)
	Q	출력 위치(Output Location)
	M	내부 메모리 위치(Memory Location)
크기 접두어	X	1 비트의 크기 (X문자에 한하여 생략 가능)
	B	1 바이트(8 비트)의 크기
	W	1 워드(16 비트)의 크기
	D	1 더블 워드(32 비트)의 크기
	L	1 롱 워드(64 비트)의 크기

직접 변수의 표현 형식은 다음과 같이 정해진 형식을 따른다.

% [위치 접두어] [크기 접두어] 베이스 번호 . 슬롯 번호 . N

여기서 N은 〔크기 접두어〕에 따른 N번째 데이터(0부터 시작)이다.

입·출력 접점 및 내부 메모리 표현의 예를 들면 다음과 같다.

입력 접점 : %IX0.1.2에 대해서 순서대로 설명하면

- X : 1 비트의 크기를 나타냄
- 0 : 베이스 번호를 나타냄, 범위는 0 ~ 3

- 1 : 입력 모듈이 장착된 슬롯 번호를 나타냄, 범위는 0 ~ 7
- 2 : 입력 모듈의 접점 번호를 나타냄, 범위는 0 ~ 63

출력 접점 : %QX0.4.5에 대해서 순서대로 설명하면

- X : 1 비트의 크기를 나타냄
- 0 : 베이스 번호를 나타냄, 범위는 0 ~ 3
- 4 : 출력 모듈이 장착된 슬롯 번호를 나타냄, 범위는 0 ~ 7
- 5 : 출력 모듈의 접점 번호를 나타냄, 범위는 0 ~ 63

내부 메모리

- %MX0 : 0의 위치에 있는 비트 단위의 접점 번호를 나타냄
- %MB1 : 1의 위치에 있는 바이트 단위의 메모리를 나타냄
- %MD4 : 4의 위치에 있는 더블 워드 단위의 메모리를 나타냄
- %MW10.3 : 10의 위치에 있는 워드 단위의 메모리 중 3번 비트를 나타냄
  * 내부 메모리는 베이스 번호, 슬롯 번호가 없음

5.1.2 간접 변수

간접 변수는 사용자가 변수이름과 데이터형 등을 선언하고 사용한다. 변수이름은

- 한글은 8자, 영문은 16자 까지 선언 가능
- 한글, 영문, 숫자 및 밑줄 문자를 조합하여 사용 가능
- 영문자의 경우 대·소문자를 모두 대문자로 인식
- 빈칸을 포함하지 않아야 함

등의 규약이 정해져 있다.

간접 변수에 대한 변수이름의 예를 들면

- 한글, 숫자 및 밑줄 문자를 사용한 경우 : 디지털_스위치1 , 누름_검출, 자동_배출_스위치, 설비_자동_운전중, 사이클_정지_완료
- 한글, 영문, 숫자 및 밑줄 문자를 사용한 경우 : AGV_주행_완료, 모터2_ON, 자동_SOL_배출

등이 있다.

간접 변수를 선언하기 위해서는 먼저 변수의 종류를 설정하고, 변수의 데이터 형을 지정하고, 메모리 할당을 하는 순서로 진행된다.

5.2 간접 변수의 종류(속성)

변수의 속성 설정에 대한 것으로서, 변수의 종류는 표 5.2와 같이 4개로 분류된다.

표 5.2 변수의 종류

변수 종류	내 용
VAR	읽고 쓸 수 있는 일반적인 변수
VAR_RETAIN	정전후 복전시 값이 유지되는 변수
VAR_CONSTANT	읽기만 할 수 있는 변수
VAR_EXTERNAL	외부 변수(VAR_GLOBAL) 임을 지정하는 변수

5.3 간접 변수의 데이터 형

간접 변수가 갖는 데이터 형의 성질을 나타낸다. 데이터 형은 크게 수(number)와 비트 상태로 구분된다. 수의 대표적인 경우는 정수인데 일반적인 산술연산이 가능하며 카운터에 의한 계수를 하는 데 사용된다. 비트 상태는 Bool(boolean, 1-bit), Byte(8-bit), Word(16-bit) 등이 있는데 비트 열의 On/Off 상태를 나타내며 논리연산을 할 수 있다. 비트 상태의 예는 입력 스위치의 On/Off 상태, 출력 램프의 On/Off 상태 등이 있다. 즉 스위치가 On인 경우 그 값이 1이며 스위치가 Off인 경우 그 값이 0이다. 출력 램프의 경우도 점등 상태는 그 값이 1이며 소등 상태는 그 값이 0이다.

BCD(binary-coded decimal)는 10진수를 4 비트의 2진 코드로 나타낸 것이므로 비트 열에 해당한다. 비트 상태는 산술연산을 할 수 없지만 형 변환 펑션을 사용하여 수치로 변환하면 산술연산을 할 수 있다.

표 5.3은 변수의 기본 데이터 형을 정리한 것으로서 PLC 프로그램에 사용되는 변수의 데이터 형을 설정할 경우 사용된다.

표 5.3 기본 데이터 형

구 분	예약어	데이터 형	크기 (비트)	표현 범위
수	SINT	Short Integer	8	-128 ~ 127
	INT	Integer	16	-32768 ~ 32767
	DINT	Double Integer	32	-2147483648 ~ 2147483647
	LINT	Long Integer	64	-2^{63} ~ $2^{63}-1$
	USINT	Unsigned Short Integer	8	0 ~ 255
	UINT	Unsigned Integer	16	0 ~ 65535
	UDINT	Unsigned Double Integer	32	0 ~ 4294967295
	ULINT	Unsigned Long Integer	64	0 ~ $2^{64}-1$
	REAL	Real No.	32	-3.402823E38 ~ -1.401298E-45 4.9406564E-45 ~ 3.042823E38
	LREAL	Long Real No.	64	-1.7976931E308 ~ -4.9406564E-324 -4.9406564E-324 ~ 1.7976931E308
시간	TIME	Duration	32	T#0S ~ T#49D17H2M47S295MS
날짜	DATE	Date	16	D#1984-01-01 ~ D#2163-6-6
	TIME_OF_DAY	Time of Day	32	TOD#00:00:00 ~ TOD#23:59:59.999
	DATE_AND_TIME	Date and Time of Day	64	DT#1984-01-01-00:00:00 ~ DT#2163-12-31-23:59:59.999
문자열	STRING	Characer String	30×8	30 문자
비트 상태	BOOL	Boolean	1	0, 1
	BYTE	BSL 8	8	16#0 ~ 16#FF
	WORD	BSL 16	16	16#0 ~ 16#FFFF
	DWORD	BSL 32	32	16#0 ~ 16#FFFFFFFF
	LWORD	BSL 64	64	16#0 ~ 16#FFFFFFFFFFFFFFFF

* BSL : Bit String of Length

프로그램에 사용되는 변수의 초기값을 지정하지 않을 경우 변수의 초기값은 그 데이터 형에 따라 표 5.4와 같이 초기값이 자동적으로 지정된다. 만일 변수가 VAR_EXTERNAL로 선언되었다면 초기값을 부여할 수 없으며, %I, %Q와 같이 직접 변수로 할당된 변수는 입·출력에 해당하므로 초기값을 부여할 수 없다.

표 5.4 데이터의 초기값

데이터 형	초기값
SINT, INT, DINT, LINT, USINT, UINT, UDINT, ULINT	0
REAL, LREAL	0
BOOL, BYTE, WORD, DWORD, LWORD	0
TIME	T#0S
DATE	D#1984-01-01
TIME_OF_DAY	TOD#00:00:00
DATE_AND_TIME	DT#1984-01-01-00:00:00
STRING	" "(empty string)

5.4 간접 변수의 메모리 할당

5.4.1 메모리 자동할당

프로그램의 컴파일러가 내부 메모리 영역에 변수의 값이 저당될 주소를 자동으로 할당한다. 예를 들어 "기동스위치"란 이름의 간접 변수의 메모리 할당을 자동으로 설정했을 경우, 변수의 내부 위치는 프로그램을 컴파일하는 과정에서 정해지므로 프로그램 작성자는 변수의 위치에 대해 고려할 필요 없다. 선언된 변수는 외부 입·출력과 관계없이 내부 연산과정 중 신호의 중계, 신호 상태의 일시 저장, 타이머 또는 카운터의 접점이름 지정 등에 사용된다.

5.4.2 메모리 사용자 정의 할당

사용자가 직접 변수를 사용하여 강제로 주소를 지정한다. 선언된 변수는 입·출력용(%I, %Q) 변수와 통신 파라미터에서 사용되는 통신용(%M) 변수에 사용된다.

초기에 변수 이름 "기동스위치"로 정의된 간접 변수에 대해 강제로 주소를 지정하기 위해서는 메모리 사용자 정의 할당을 하면 된다. 이를 위해서는 그림 5.1과 같은 과정을 밟는다.

변수를 정의하는 과정에서 "변수 추가/수정" 대화상자가 나타나면 메모리 할당 난의 옵션 버튼을 사용자 정의로 선택하고 여기에 해당 주소 예를 들면 "%IX0.0.0"을 입력한다.

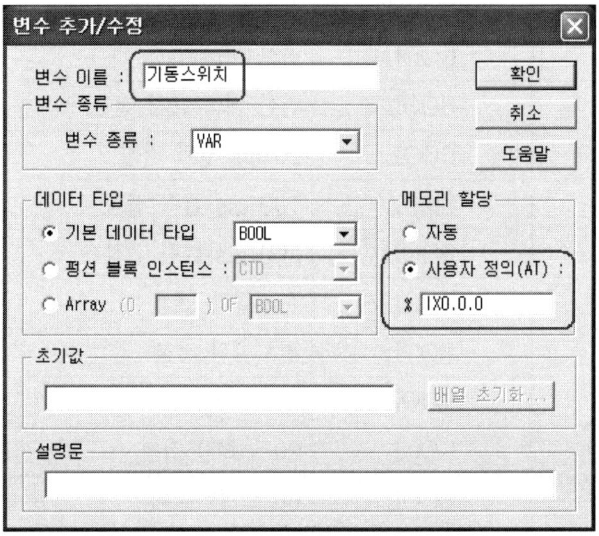

그림 5.1 사용자 정의 메모리 할당

5.5 예약 변수

예약 변수는 시스템에서 미리 선언된 변수이다. 이 변수들은 특수한 용도로 사용되며, 사용자는 이 변수 이름으로 변수 선언을 할 수 없다. 예약 변수를 사용할 경우 변수 선언 없이 사용한다.

다음의 표 5.5에 사용자 플래그의 예가 제시되어 있다. 플래그에 대해서는 부록 A.에 정리되어 있으며 참고하기를 바란다.

표 5.5 사용자 플래그

예약 변수	데이터 형	내 용
_ERR	BOOL	연산 에러 접점
_LER	BOOL	연산 에러 래치 접점
_T20MS	BOOL	20 ms 클럭 접점
_T100MS	BOOL	100 ms 클럭 접점
_T200MS	BOOL	200 ms 클럭 접점
_T1S	BOOL	1 s 클럭 접점
_T2S	BOOL	2 s 클럭 접점
_T10S	BOOL	10 s 클럭 접점
_T20S	BOOL	20 s 클럭 접점
_T60S	BOOL	60 s 클럭 접점
_ON	BOOL	항시 On 접점
_OFF	BOOL	항시 Off 접점
_1ON	BOOL	1 스캔 On 접점
_1OFF	BOOL	1 스캔 Off 접점
_STOG	BOOL	스캔마다 반전
_INIT_DONE	BOOL	초기화 프로그램 완료
_RTC_DATE	DATE	RTC의 현재 날짜
_RTC_TOD	TOD	RTC의 현재 시간
_RTC_WEEK	UNIT	RTC의 현재 요일

연습문제

1. 직접 변수와 간접 변수의 표현법과 그 의미에 대해서 복습하시오.

2. 다음의 변수가 의미하는 바를 설명하시오.
   (1) %IX0.1.0
   (2) %IB0.0.0
   (3) %IW0.0.1
   (4) %QX0.4.5
   (5) %QB0.3.1
   (6) %QW0.3.0
   (7) %MB0
   (8) %MW5.5

3. 10진수 숫자 0에서 20까지에 대해서 2진수, 10진수, 16진수, BCD의 상호관계를 숫자를 나열하여 비교하고 설명하시오.

4. 예약 변수 _T1S, _ON, _1ON에 대해서 설명하시오.

6장

프로그램 편집

6.1 개 요

PLC 프로그램을 작성하기 위해서는 일반적으로 Graphic Loader를 이용하는데 이것의 기능은 PLC 로직 구현을 위한 프로그래밍, 프로그램 디버깅, 시뮬레이션, 작성된 프로그램의 PLC에 다운로드 및 모니터링 등이다. 즉 Graphic Loader는 PLC 로직을 개발하는 소프트웨어와 이 소프트웨어를 실행하는 PC 또는 노트북으로 구성된다. 현재 대부분의 Graphic Loader 소프트웨어는 Windows 2000/XP를 OS(operating system)로 사용하는 IBM-PC 호환 기종에서 운영되도록 개발되어 있다.

본 교재에서 사용할 PLC 프로그램 편집 툴은 LS 산전의 GLOFA PLC 시리즈에 대해 개발된 프로그램인 GMWIN이다. GMWIN은 GLOFA PLC 전 시리즈의 프로그램을 작성하고 디버깅하는 소프트웨어 툴이며 다음과 같은 특징과 장점이 있다.

(1) 동시에 여러 개의 프로그램을 편집하고 디버깅할 수 있다.

(2) LD(ladder diagram), SFC(sequential function chart), IL(instruction list) 등 다양한 언어를 제공하며, 시스템에 적용하기 쉬운 언어를 선택하여 사용할 수 있다.

(3) 프로그램을 이해하기 쉽도록 간접 변수를 사용하여 프로그램을 작성할 수 있으며 메모리 어드레스는 자동으로 할당된다.
(4) 프로젝트 단위로 PLC 시스템이 구성되며, 하나의 PLC 시스템에 여러 개의 프로그램을 포함시킬 수 있으므로 프로그램 작성 및 실행/디버깅 작업이 쉽고 편리하다.
(5) 직접 연결된 PLC뿐만 아니라, 네트워크로 연결된 다른 국번의 PLC에 접속하여 프로그램을 작성하여 다운로드하거나 모니터 및 디버깅 할 수 있다.
(6) 다양한 PLC 상태를 모니터링할 수 있다.
(7) 기본 펑션, 펑션 블록 외에 자주 사용하는 프로그램을 사용자 정의 펑션 또는 펑션 블록으로 작성하여 사용할 수 있다.

6.2 소프트웨어 구조

PLC 응용 프로그램을 작성하기 전에 소프트웨어 측면에서 전체적인 PLC 시스템을 구성한다. GLOFA PLC에서는 PLC 시스템 전체를 하나의 프로젝트로 정의하며, 프로젝트 안에는 하나의 PLC 시스템에 필요한 모든 것이 계층적으로 정의된다. 그림 6.1에 프로젝트의 계층구조가 제시되어 있다.

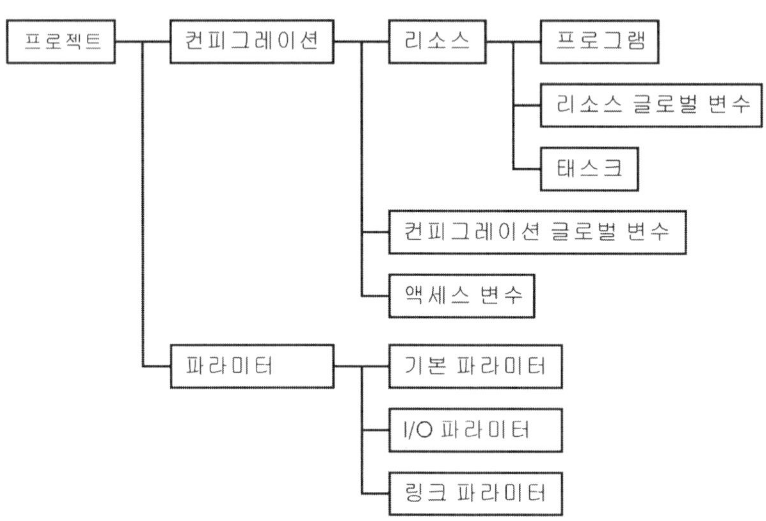

그림 6.1 프로젝트의 계층 구조

6.2.1 프로젝트

GLOFA PLC의 프로그램을 작성하기 위해서는 우선 프로젝트를 구성해야 한다. 프로젝트는 GLOFA PLC의 프로그램을 구성하는 가장 기본적인 요소로서 한 PLC 시스템당 하나의 프로젝트를 작성함을 기본으로 한다. 하나의 프로젝트를 구성한다는 것은 하나의 PLC 시스템에 필요한 모든 구성 요소를 작성한다는 것을 의미한다. 즉, 가장 기본적인 스캔 프로그램(일반적인 PLC 프로그램)뿐만 아니라 기본 파라미터, 태스크 정의, I/O 파라미터 등을 작성하는 것이다.

프로젝트는 크게 두 부분, 즉 컨피그레이션 부분과 파라미터 부분으로 나뉜다. 컨피그레이션은 PLC 프로그램에 관한 여러 가지 정의 사항들, 이를 테면 글로벌 변수, 프로그램, 태스크 등의 정의 및 서로의 연관 관계를 설정하는 부분이다. 파라미터 부분은 PLC 시스템의 기동시 필요한 여러 가지 정보를 작성하는 부분이다.

6.2.2 컨피그레이션

컨피그레이션은 하나의 PLC 시스템을 의미한다. 하나의 PLC 시스템은 베이스와 CPU 모듈, I/O 모듈, 특수 모듈 등으로 이루어진다. 보통 하나의 PLC 시스템은 한 개의 CPU 모듈을 갖는다.

PLC 시스템은 이름을 가지고 있는데 이 이름을 컨피그레이션 이름이라고 한다. 이 이름은 PLC와 PLC를 연결하여 통신할 때 각각의 PLC가 지니고 있는 고유 이름이 된다. 컨피그레이션 이름은 영문자로 최대 8자로 작성할 수 있다.

컨피그레이션은 리소스와 컨피그레이션 글로벌 변수, 액세스 변수를 가지고 있다.

(1) 리소스

리소스는 하나의 CPU 모듈을 의미하는데, GM1의 경우에는 컨피그레이션 안에 4개의 리소스를 정의할 수 있으며, GM2 ~ GM7은 리소스를 1개만 정의할 수 있다. 리소스도 이름을 가지고 있는데 통신 시에 사용한다. 리소스 이름은 영문자로 최대 8자까지 작성할 수 있다. 리소스는 프로그램, 리소스 글로벌 변수, 태스크 정의를 가지고 있다.

▷ 프로그램

프로그램은 PLC에서 실제로 수행하는 응용 프로그램을 말한다. GLOFA PLC에서는 한 리소스에 여러 개의 응용 프로그램을 작성할 수 있으며, 이 프로그램들이 수행하는 조건을 지정할 수 있다. 예를 들어 A라는 프로그램은 일반적인 스캔 프로그램이고, B라는 프로그램은 1초에 한 번씩 수행하는 프로그램, C라는 프로그램은 어떤 입력이 들어왔을 때 수행하는 프로그램 등으로 지정할 수 있다. 이 수행 조건들을 태스크라고 한다. 사용자는 응용 프로그램을 작성하는 것뿐만 아니라 그 수행 조건도 지정해 주어야만 한다. 만약 태스크 지정이 되어 있지 않으면 그 프로그램은 스캔 프로그램으로 간주한다.

프로그램은 인스턴스 이름을 가지고 있으며, 이 인스턴스에는 그 프로그램에서 다룰 데이터들이 들어 있다.

* **스캔 프로그램** : 입력 모듈에서 입력 데이터를 읽은 후 프로그램을 처음부터 끝까지 한번 수행하고, 그 수행 결과를 출력 모듈에 쓰는 일련의 동작을 반복하여 수행하는 응용 프로그램을 말한다.

▷ 리소스 글로벌 변수(resource global variable)

리소스 글로벌 변수에서 정의한 변수는 리소스 안의 어떤 프로그램에서도 사용할 수 있다. 즉 프로그램과 프로그램간에 공유할 데이터들을 리소스 글로벌 변수에 정의해 둔다. 프로그램에서 리소스 글로벌 변수를 사용하기 위해서는 변수를 정의할 때 변수형을 VAR_EXTERNAL로 선언해야 한다.

▷ 태스크(task)

프로그램을 실행시킬 조건을 태스크라고 한다. 태스크 정의에는 프로그램 수행조건 지정과 우선순위 지정이 있다.

프로그램 수행 조건에는 다음의 3가지가 있다.

- 싱글(single) : 설정한 조건을 만족하면 한 번만 수행한다. 조건은 BOOL 변수 이름으로 설정한다.
  설정 : %IX0.0.0 → 입력 접점 %IX0.0.1이 On되면 1회 수행
- 인터벌(interval) : 설정한 시간 간격마다 주기적으로 수행한다. 조건은 경과 시간 값으로 설정한다.

설정 : T#1S → 1초 마다 수행

- 인터럽트(interrupt) : 인터럽트 카드의 접점이 On되면 한 번만 수행한다. 설정은 인터럽트 접점 번호로 한다.

  설정 : 4 → 인터럽트 카드 접점 4가 On 되면 1회 수행

(2) 컨피그레이션 글로벌 변수(configuration global variable)

컨피그레이션 글로벌 변수에서 정의한 변수는 어떤 리소스의 프로그램에서도 사용할 수 있다. 즉 리소스와 리소스간에 공유할 데이터들을 사전에 컨피그레이션 글로벌 변수에서 정의해 두어야 한다. 프로그램에서 컨피그레이션 글로벌 변수를 사용하기 위해서는 변수를 정의할 때 변수형을 VAR_EXTERNAL로 선언하해야 한다.

* 컨피그레이션 글로벌 변수는 리소스가 여러 개 있을 수 있는 GM1에서만 정의할 수 있다.

(3) 액세스 변수(access variable)

다른 PLC 시스템에서 자신의 PLC에 있는 변수의 정보를 읽고 쓰려할 때 사용한다. 액세스 변수로 선언된 변수 데이터 이외의 다른 데이터들은 접근이 되지 않으며 액세스 변수로 선언된 데이터에만 다른 PLC가 접근하여 읽고 쓰기가 가능하다.

6.2.3 파라미터

(1) 기본 파라미터

PLC 이름, 적용 PLC 버전, 통신에 의한 PLC 제어 허용, 핫 리스타트, 리스타트 모드, 다중 CPU 운전 모드, 리소스 설정 이름, 스캔 워치독, %M 영역 등에 대한 설정을 한다.

(2) I/O 파라미터

베이스 선택, I/O 형태 등에 대한 설정을 한다.

(3) 고속 링크 파라미터

통신 모듈, 통신 사양 등에 대한 설정을 한다.

6.3 기본 사용법

GMWIN은 PLC 프로그램의 편집, 실행파일 작성 및 PLC에 전송, PLC 데이터 모니터링, 프로그램 디버깅 등을 할 수 있는 소프트웨어이다. 또한 다중 문서 인터페이스(MDI : multiple document interface)방식으로 동시에 여러 개의 프로그램을 편집하고 모니터링할 수 있다.

6.3.1 GMWIN의 실행

바탕 화면의 GMWIN 아이콘을 더블 클릭하거나 gmwin.exe 파일을 실행시키면 그림 6.2와 같은 GMWIN 초기 화면이 출력된다.

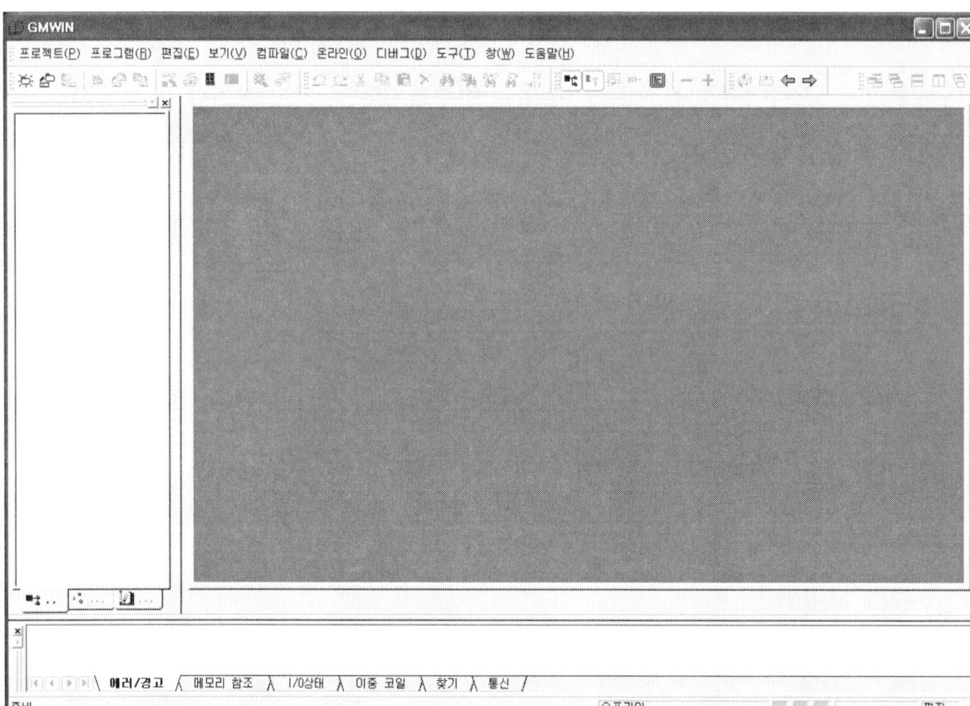

그림 6.2 GMWIN 초기 화면

6.3.2 접속방식

「프로젝트 〉 옵션」을 선택하고 「접속 옵션」 탭에서 「RS-232C」를 선택하여 PC(또는 노트북)의 지정된 시리얼 포트와 PLC를 RS-232C 케이블로 연결하여 통신이 가능하도록 설정한다.

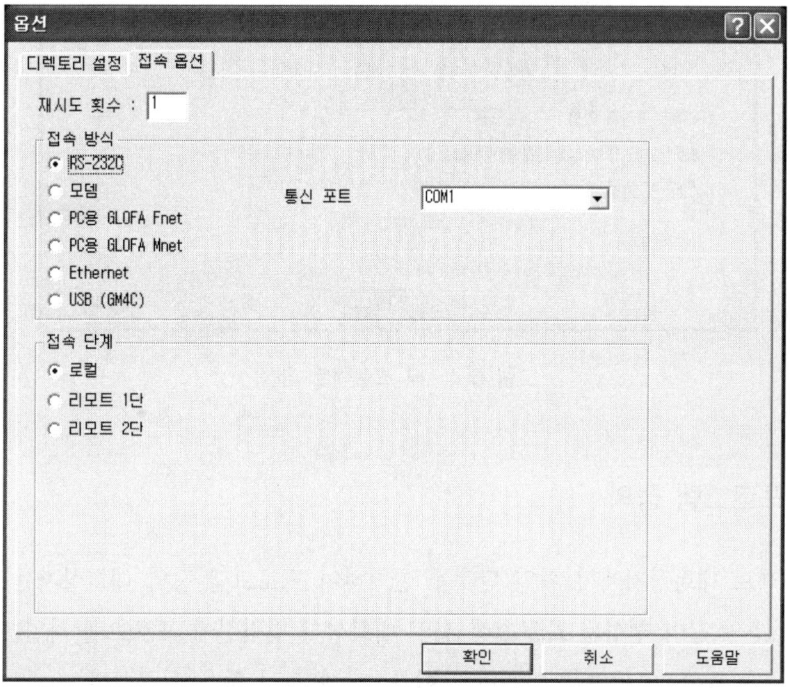

그림 6.3 접속 방식의 설정

6.3.3 프로젝트 생성

메뉴에서 「프로젝트 〉 새 프로젝트」를 선택하여 새 프로젝트 대화상자를 출력시킨다. 그림 6.4와 같이 생성된 새 프로젝트 대화상자 입력란에 프로젝트 파일 이름, PLC 종류, 저자, 설명문 등을 입력한다. PLC의 종류는 사용하는 PLC의 기종과 정확히 일치되도록 설정해야 하며 저자와 설명문은 필요에 따라 작성한다.

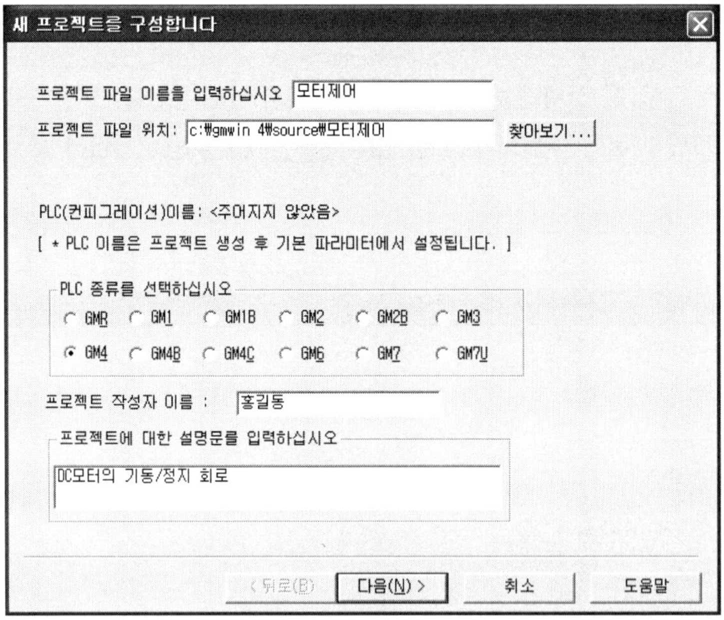

그림 6.4 새 프로젝트 작성

6.3.4 프로그램 정의

새 프로젝트 대화상자에서 확인 단추를 클릭하여 프로그램 정의 대화상자를 출력시킨다. 그림 6.5와 같이 생성된 프로그램 정의 대화상자 입력란에 프로그램 파일 이름(예를 들면 dcmcon.src), 프로그램 인스턴스 이름, 수행 조건 등을 입력한다.

프로그램 정의 대화상자에서 확인 단추를 클릭하여 그림 6.6과 같은 프로그램 구성 대화상자를 출력시킨다. 생성된 프로그램 구성 대화상자 입력란에 사용 언어(일반적으로 LD 선택), 프로그램 종류, 설명문 등을 입력한다.

입력이 완료된 후 "마침" 버튼을 누르면 그림 6.7과 같이 dcmcon.src를 편집할 수 있는 창이 나타난다. 이후 LD에 의한 프로그램을 작성하게 된다.

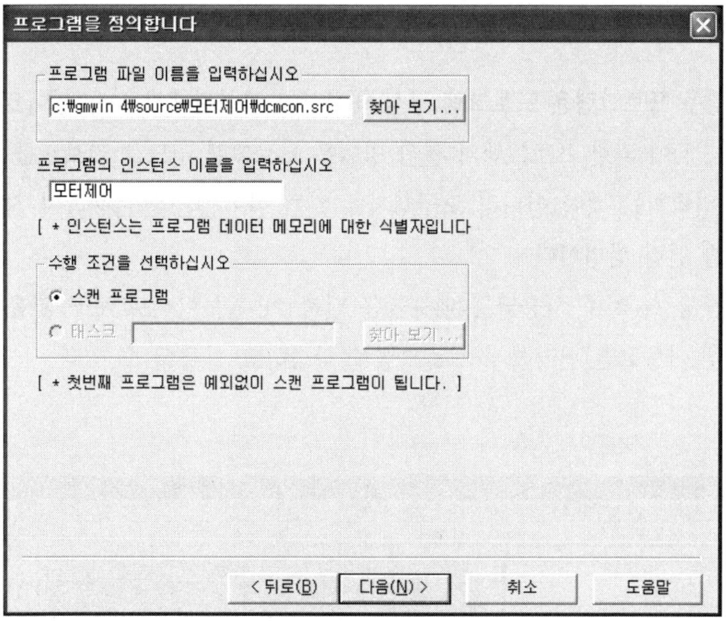

그림 6.5 프로그램 정의

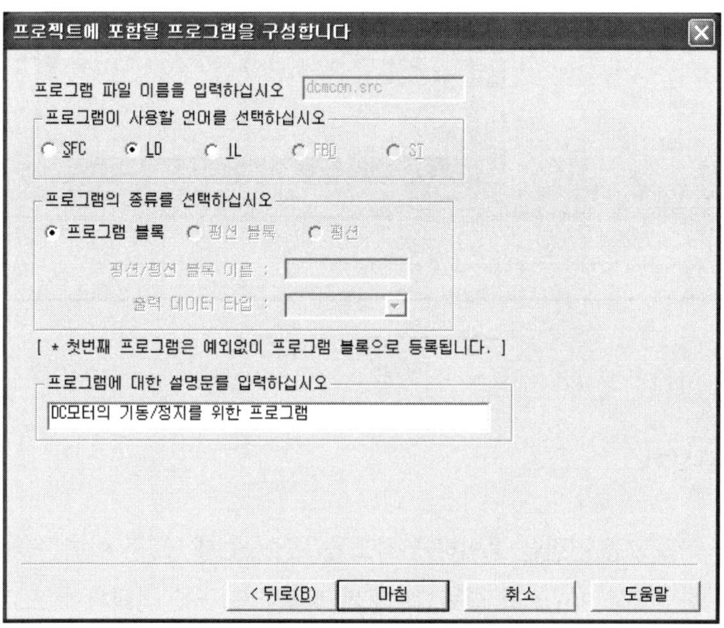

그림 6.6 프로그램 구성 대화 상자

6.3.5 LD에 의한 프로그램 편집

대다수의 경우 프로그램은 프로그램 구성 대화상자 입력란에서 사용 언어로 선택한 LD로 작성한다. LD에 의한 프로그램의 편집 방법은 프로그램 코드를 키보드를 이용하여 텍스트 상태로 입력하는 것이 아니라 도구상자에 있는 아이콘들을 이용하여 작성하는 도식적인 프로그램 편집 방법이다.

프로그램 작성 시 자주 사용되는 메뉴들은 단축 아이콘 형태로 도구 모음에 정리되어 있는데 이들을 이용하면 편리하게 프로그램을 작성하고 실행할 수 있다.

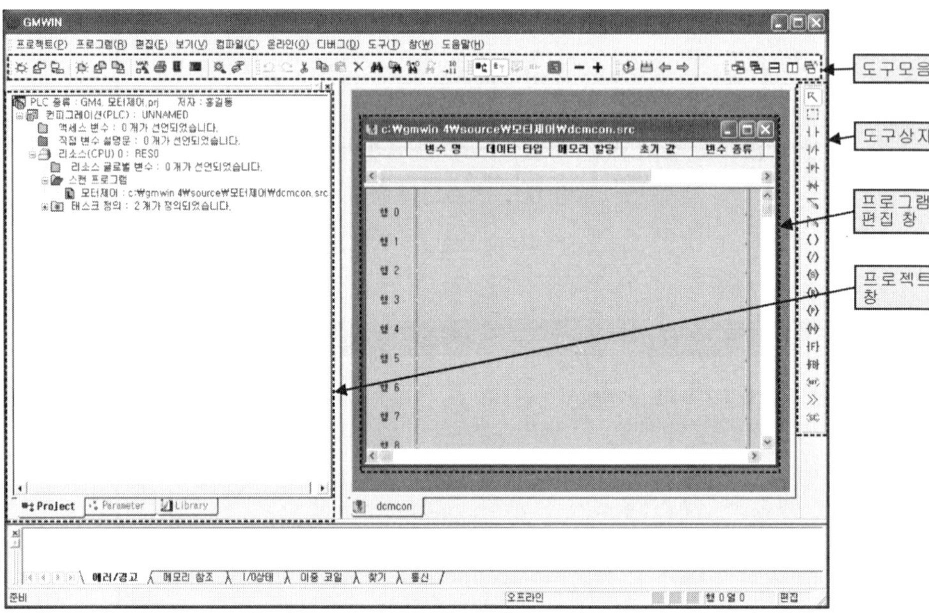

그림 6.7 프로그램 편집 창

6.3.6 도구상자

도구상자는 프로그램 편집을 용이하게 하도록 도와주는데, 도구 아이콘을 마우스로 선택한 후 편집 화면에서 마우스를 클릭함으로써 필요한 도구를 선택하여 프로그램을 작성할 수 있다. 도구상자에 있는 아이콘들의 내용을 살펴보면 다음과 같다.

표 6.1 도구상자의 기호 설명

No.	기호	이 름	설 명
1		블록 선택	필요한 범위의 블록을 설정한다. 블록을 설정하여 복사 또는 삭제와 같은 명령을 실행시킬 수 있다.
2	┤├	평상시 열린 접점 (normally open contact)	일반적으로 사용되는 a접점의 기능을 갖는다. 접점의 상태가 On 또는 그 값이 1일 때, 왼쪽 연결선 상태는 오른쪽 연결선으로 복사된다. 만일 접점의 상태가 Off 또는 그 값이 0일 때 오른쪽의 연결선 상태는 Off이다.
3	┤/├	평상시 닫힌 접점 (normally closed contact)	일반적으로 사용되는 b접점의 기능을 갖는다. 접점의 상태가 Off 또는 그 값이 0일 때 왼쪽 연결선 상태는 오른쪽 연결선으로 복사된다. 만일 접점의 상태가 On 또는 그 값이 1일 때 오른쪽 연결선 상태는 Off이다.
4	┤P├	양변환 검출 접점 (positive transition-sensing contact)	왼쪽 연결선 상태가 On인 경우, 접점의 값이 이전 스캔에서 Off이었던 것이 현재 스캔에서 On인 경우 오른쪽 연결선의 값은 현재 스캔 동안에 On이 된다.
5	┤N├	음변환 검출 접점 (negative transition-sensing contact)	왼쪽 연결선 상태가 On인 경우, 접점의 값이 이전 스캔에서 On이었던 것이 현재 스캔에서 Off인 경우 오른쪽 연결선의 값은 현재 스캔 동안에 On이 된다.
6	( )	코일 (coil)	일반적으로 사용되는 출력 코일의 기능을 갖는다. 왼쪽 연결선의 상태값이 코일의 값이 된다.
7	(/)	역 코일 (negated coil)	일반적으로 사용되는 출력 코일의 역기능을 갖는다. 왼쪽 연결선 상태의 역(negated)의 값이 코일의 값이 된다. 왼쪽 연결선 상태가 Off이면 코일의 값은 On, 왼쪽 연결선 상태가 On이면 코일의 값은 Off이다.
8	(S)	SET (latch coil)	왼쪽의 연결선 상태가 On이 되었을 때 코일의 값은 On이 되고, RESET 코일에 의해 Reset되기 전까지는 Set되어 있는 상태로 유지된다.
9	(R)	RESET (unlatch coil)	왼쪽 연결선 상태가 On이 되었을 때 코일의 값은 Off가 되고, SET 코일에 의해 Set되기 전까지는 Reset되어 있는 상태로 유지된다.

No.	기호	이 름	설 명
10	{P}	양 변환 검출 코일 (positive transition-sensing coil)	코일의 값은 왼쪽 연결선 상태가 전 스캔에서 Off이었던 것이 현재 스캔에서 On이 되어 있는 경우, 현재 스캔 동안만 On이 된다.
11	{N}	음 변환 검출 코일 (negative transition-sensing coil)	코일의 값은 왼쪽 연결선 상태가 전 스캔에서 On이었던 것이 현재 스캔에서 Off되어 있는 경우, 현재 스캔 동안만 On이 된다.
12	{F}	펑션 (function)	특정한 기능을 수행하기 위해 프로그램에서 호출하는 프로그램 모듈로서 하나의 출력을 갖는다.
13	{FB}	펑션 블록 (function block)	특정한 기능을 수행하기 위해 프로그램에서 호출하는 프로그램 모듈로서 출력이 여러 개일 수 있다.
14		가로 연결선	도구 아이콘들을 가로 방향으로 연결시킨다.
15		세로 연결선	도구 아이콘들과 가로 연결선을 세로 방향으로 연결시킨다.
16	<RET>	리턴 (return)	LD 프로그램의 종료와 서브루틴의 종료를 나타내는 명령이다.
17	>>	점프 (jump)	LD 프로그램 수행중 레이블 위치로 분기를 나타내는 명령이다.
18	<SC>	서브루틴 콜 (subroutine call)	작성된 서브루틴을 호출하는 명령이다.

6.4 예제 프로그램 연습

6.4.1 간접 변수

도구상자의 ┤├, ┤/├, ( ), ↘ 등을 이용하여 다음 그림과 같이 다이어그램을 작성한다.

그림 6.8 프로그램 편집

그리고 각각의 접점과 코일에 대해 변수 이름을 부여한다. 이를 위해서 각각의 접점과 코일에 마우스 포인터를 위치시키고 더블 클릭한다. 0행 1열의 a접점에 대해 변수 이름을 "기동스위치"로 하고자 한다면, 해당 접점을 더블 클릭하고 그림 6.9와 같은 대화상자가 나오면 변수이름으로 "기동스위치"라고 입력한다.

확인 버튼을 클릭하면 그림 6.10과 같은 대화 상자가 나타나는데 변수 종류는 VAR 형으로 선택한다. 데이터 타입은 디폴트로 기본 데이터 타입 BOOL로 선택되어 있다. 이는 a접점 자체가 BOOL 형의 데이터를 갖기 때문이다.

메모리 할당은 자동으로 설정되어 있는데 자동인 상태를 그대로 사용하면 "기동스위치"라는 변수의 값이 저장되는 주소는 컴파일러에 의해 자동으로 할당됨을 의미한다. 만일 사용자 정의로 설정하고 특정한 주소 예를 들면 %IX0.0.0을 부여한다면 "기동스위치"라는 이름의 변수는 0번 베이스, 0번 슬롯에 장착되어 있는 입력 모듈의 0번 비트의 정보를 의미한다. 이럴 경우 해당 입력 모듈의 0번 비트에는 적당한 형태의 스위치가 연결되어 있어야 한다.

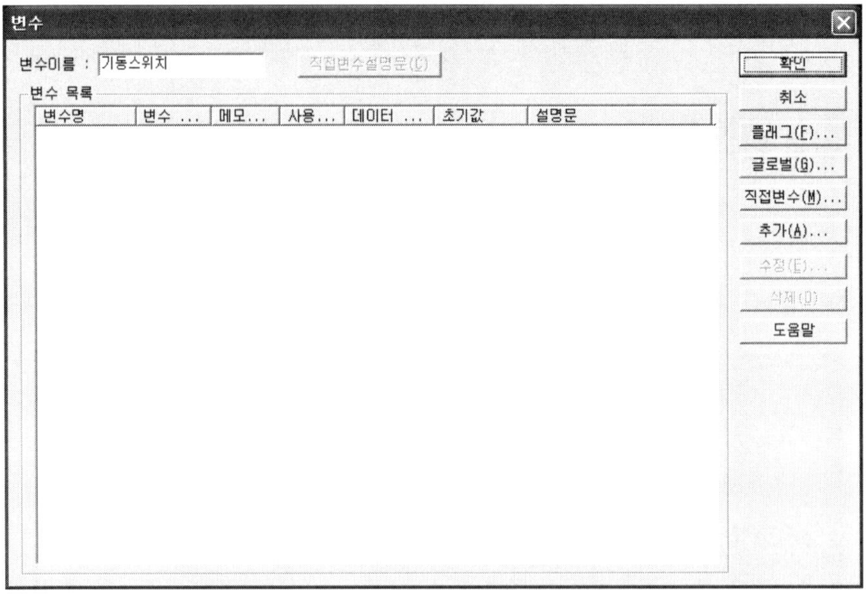

그림 6.9 변수 이름 입력

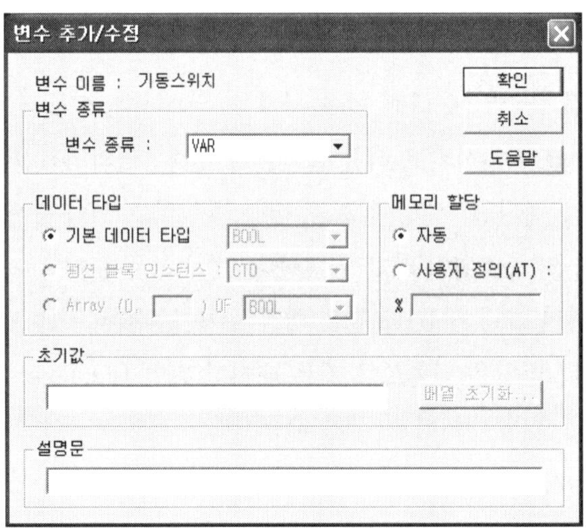

그림 6.10 변수 종류 설정

초기값은 필요한 경우 BOOL 형의 변수이므로 0 또는 1의 값을 지정할 수 있으며, 특별히 초기 값을 지정하지 않을 경우 디폴트로 0의 값이 지정된다.

설명문은 해당 변수의 기능 또는 내용을 설명할 필요가 있을 경우 작성하며, 프로그램의 이해를 도울 수 있다.

동일한 방법으로 그림 6.11과 같이 프로그램을 편집한다.

프로그램의 편집이 완료되었으면 시뮬레이션 기능을 이용하여 프로그램이 정상적으로 동작하는지를 살펴볼 필요가 있다. 이를 위해 주메뉴에서 「도구 〉 시뮬레이터 시작」을 선택한다. 프로그램은 컴파일되고 라이브러리와 링크되어 실행파일이 만들어진다. 만일 이러한 과정에서 에러가 발생하지 않았을 경우 그림 6.12와 같은 대화 상자가 나타난다.

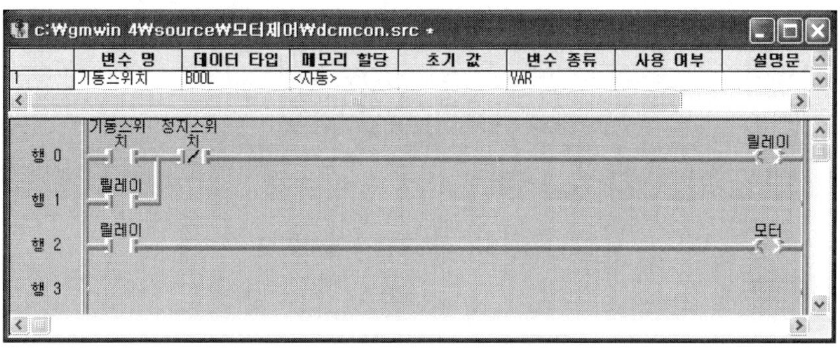

그림 6.11 프로그램 편집

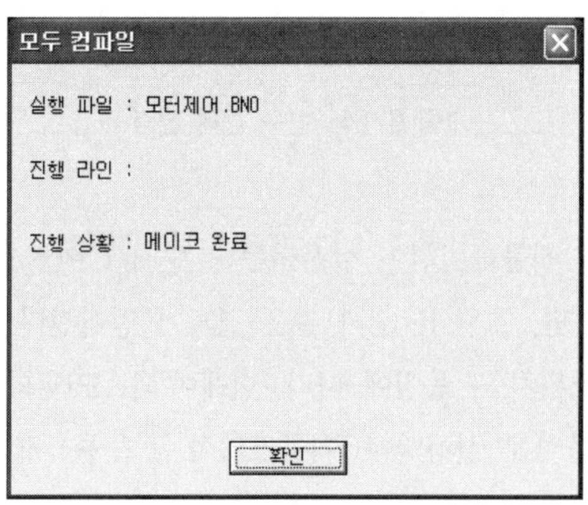

그림 6.12 실행 파일 만들기

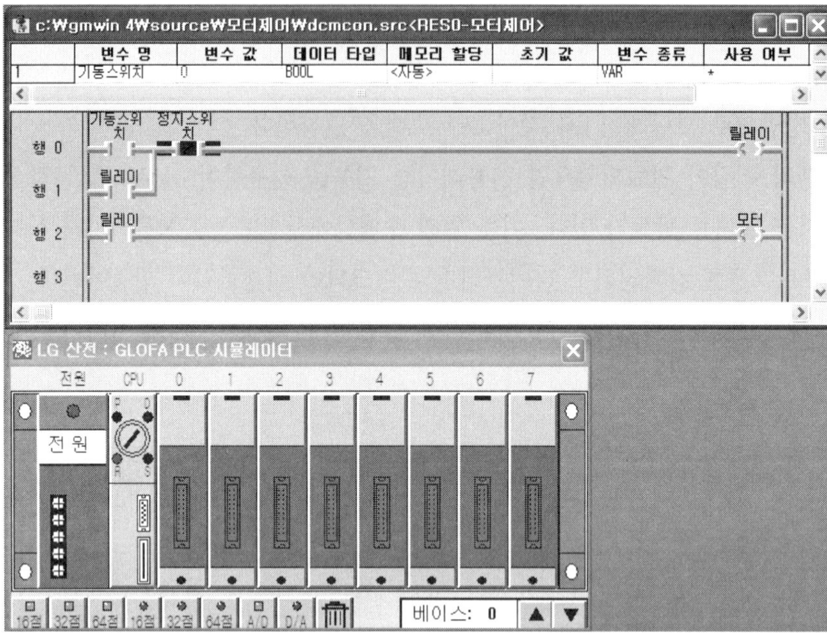

그림 6.13 프로그램 시뮬레이션

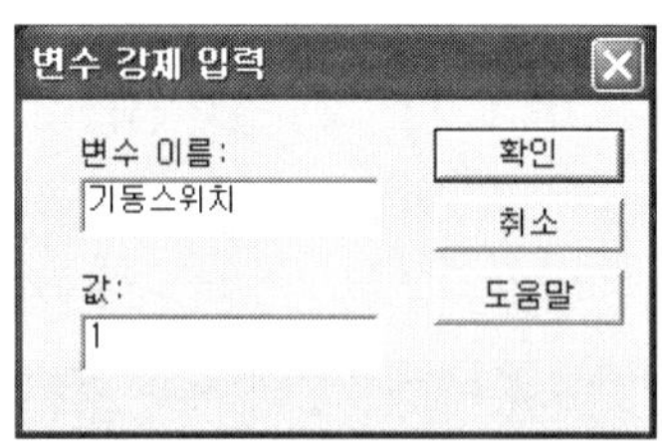

그림 6.14 변수 강제 입력

확인 버튼을 클릭하면 시뮬레이션이 실시되는데 먼저 CPU 모듈의 로터리 스위치를 RUN 모드 "R"로 전환하면, 그림 6.13과 같은 결과가 얻어진다.

"기동스위치"와 "정지스위치"의 동작에 따라 "릴레이"와 "모터"의 동작을 살펴보기 위해 먼저 "기동스위치"의 값을 1로 설정하여("기동스위치"를 누름) 결과를 살펴본다.

"기동스위치"의 값을 1로 설정하기 위해서는 마우스 포인터를 "기동스위치"로 이동하고 이를 더블 클릭한다. 그림 6.14와 같이 변수 강제 입력 대화상자가 나타나면 값 난에 1을 입력하고 확인 버튼을 누른다.

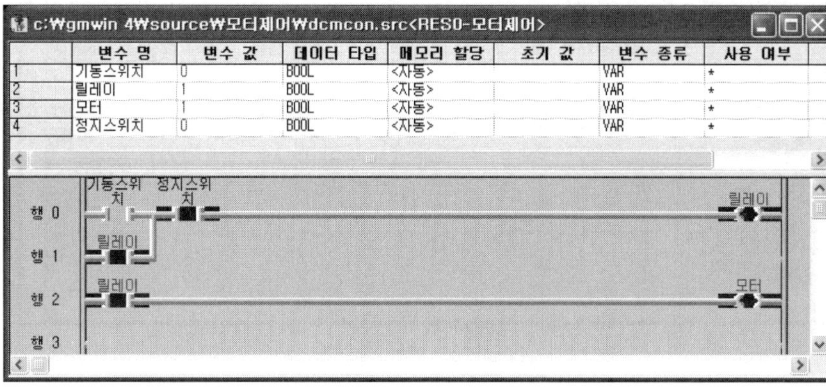

그림 6.15 사용된 변수목록과 프로그램 시뮬레이션 결과

그리고 동일한 방법으로 다시 한 번 "기동스위치"의 값을 0으로 설정한다. 이러한 이유는 "기동스위치"로서 푸시 버튼 스위치를 사용한다고 가정했을 경우 스위치를 눌러 접점이 닫히게 되는 상황은 그 값이 1이고, 스위치에서 손을 떼어 버튼의 위치가 원상태로 복귀되었을 경우 그 값이 0이기 때문이다. 이러한 동작의 결과 그림 6.15와 같이 "릴레이"는 자기유지되어 On 상태이며, "모터" 또한 On 상태이다.

또한 상단의 변수목록에는 프로그램에서 사용되고 있는 변수들에 대한 정보가 제시되어 있는데, 사용된 변수 "기동스위치", "릴레이", "모터", "정지스위치" 등은 모두 BOOL형의 변수이며, 시뮬레이션 중의 "릴레이"와 "모터"는 현재값이 모두 "1"임을 알 수 있다.

6.4.2 직접 변수

도구상자의 -| |-, -|/|-, ( ),  등을 이용하여 그림 6.16과 같이 프로그램을 작성한다.

그리고 각각의 접점과 코일에 대해 변수이름, 데이터 형 등을 부여한다. 이를 위해서는 각각의 접점과 코일에 마우스 포인터를 위치시키고 더블 클릭한다. 0행 1열의 a접점에 대해 변수이름을 직접 변수를 이용하여 %IX0.0.0으로 하고자 한다면, 해당 접점을 더블 클릭하고 그림 6.17과 같은 대화상자가 나오면 변수이름으로 %IX0.0.0을 입력한다.

그림 6.16 프로그램 편집

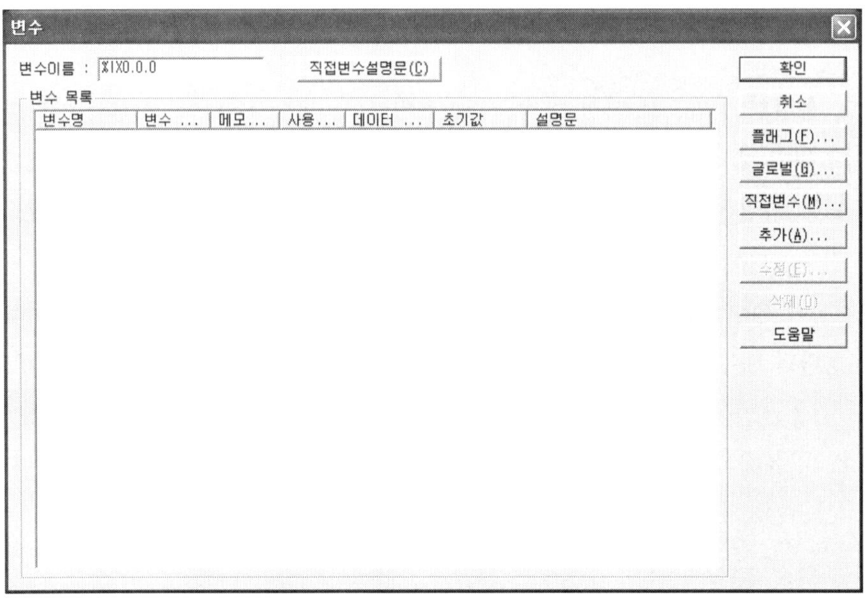

그림 6.17 직접 변수 입력

여기서 확인 버튼을 누르면 프로그램 편집 창으로 복귀되며 %IX0.0.0이 해당 접점 기호의 위에 표시된다.

만일 주소로 표현된 직접 변수에 설명문을 부여하고자 한다면 "직접 변수 설명문" 단추를 클릭하여 필요한 정보를 입력하면 된다. 예를 들어 %IX0.0.0에 대한 설명문으로 "기동스위치"라는 설명을 부여할 경우 그림 6.18과 같다. 확인 버튼을 클릭하면 변수 대화상자로 복귀된다.

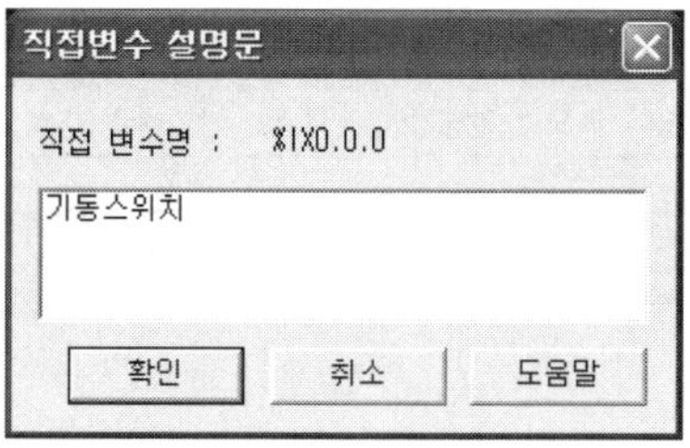

그림 6.18 직접 변수 설명문 작성

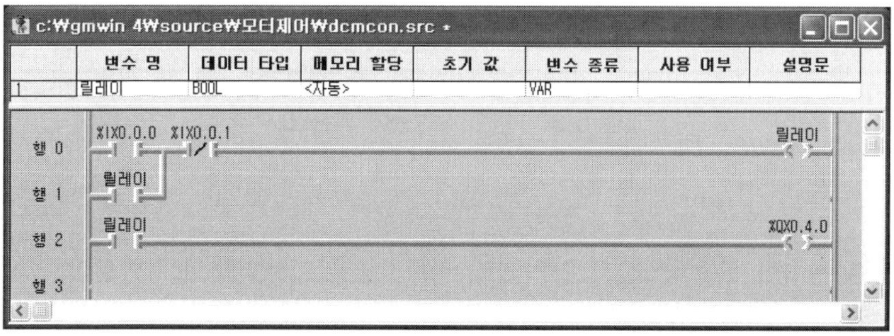

그림 6.19 직접 변수를 이용해 작성된 프로그램

동일한 방법으로 그림 6.19와 같이 프로그램을 작성한다. 여기서 %IX0.0.1은 직접 변수 설명문으로 "정지스위치", %QX0.4.0은 직접 변수 설명문으로 "모터"라고 부여한다. 물론 설명문을 부여하는 것은 선택사항이다. 그리고 "릴레이"는 그대로 간접 변수로 선언한다. 그 이유는 릴레이 자체는 별도의 하드웨어로 구성되는 것이 아니라 CPU 내부의 로직연산에 의해 수행될 수 있으므로 직접 변수로 취급할 필요가 없기 때문이다. 즉 외부로부터의 입력 정보를 입력받거나, 외부로 출력 정보를 출력시킬 필요가 있는 부분에 대해서만 직접 변수로 선언함이 올바른 방법이다.

완성된 프로그램을 살펴보면 "릴레이"를 제외하고는 전부 직접 변수로 선언되었기 때문에 각각의 직접 변수의 기능을 정확히 이해하기 곤란한 경우가 있다. 이럴 경우 앞서 작성했던 변수 설명문을 화면에 나타나게 하면 편리한데, 이를 위해서 주메뉴에서 「보기 〉 메모리 위치/설명문」을 선택하면 그림 6.20과 같이 설명문이 나타난다.

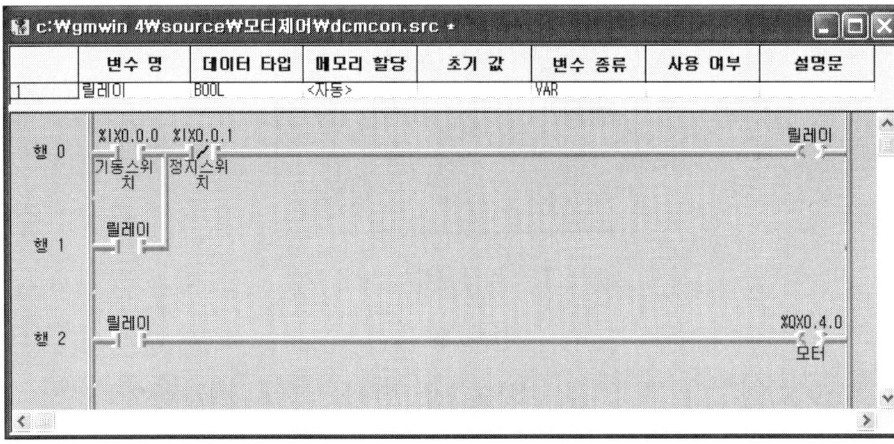

그림 6.20 변수 설명문에 의한 표시

프로그램 편집이 완료되었으므로 시뮬레이션 기능을 이용하여 프로그램이 정상적으로 동작하는지 살펴볼 필요가 있다.

이를 위해 주메뉴에서 「도구 〉 시뮬레이터 시작」을 선택한다. 프로그램에 에러가 존재하지 않을 경우 시뮬레이션이 가능하게 된다. 시뮬레이터의 CPU 모듈의 스위치를 RUN 모드 "R"로 마우스를 이용하여 전환한다.

간접 변수만을 이용하여 시뮬레이션한 경우와 비교할 때의 차이점은 시뮬레이터 화면에 0번 슬롯과 4번 슬롯에 각각 입력 모듈과 출력 모듈이 나타나 있다는 점이다. 그 이유는 0번 슬롯은 입력 모듈로, 4번 슬롯은 출력 모듈로 사용되고 있기 때문이다.

즉 직접 변수로서 입력 모듈과 출력 모듈에 주소가 할당되었다는 의미이므로, 시뮬레이터는 이를 시뮬레이션하기 위해 각각의 모듈을 나타나게 한 것이다.

이제 기동 스위치를 1회 눌러 동작을 실행시키기 위해서는 마우스 포인터를 0번 슬롯에 있는 입력 모듈의 0번 비트로 이동시키고 2회 클릭한다. 즉 마우스로 접점을 1회 클릭하면 스위치를 누르는 상태가 되며, 다시 한번 클릭하면 스위치를 원상태로 복귀시키는 결과가 된다. 그림 6.21과 같은 결과가 얻어질 것이다.

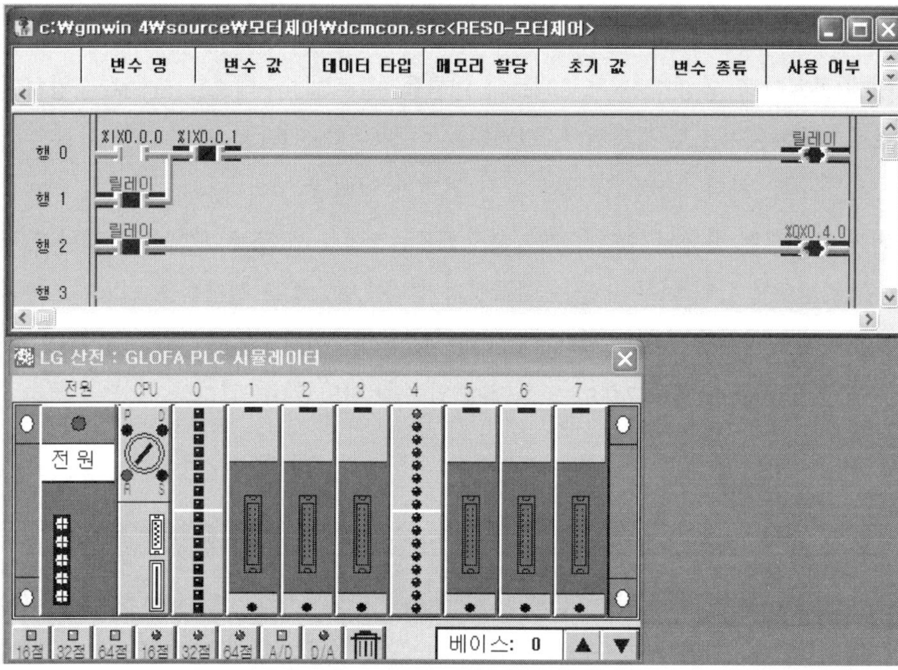

그림 6.21 프로그램 시뮬레이션

6.4.3 글로벌 변수

GLOFA PLC는 하나의 리소스(CPU)에 대하여 복수(최대 180개)의 프로그램 블록을 등록하여 사용할 수 있다. 따라서 서로 다른 프로그램 블록에서 공유할 변수가 발생할 경우가 있는데, 이때 사용하는 변수가 글로벌 변수이다.

(1) 지역 변수와 글로벌 변수

오직 하나의 프로그램 블록(등록된 임의의 프로그램 이름)에서만 사용할 수 있는 변수를 지역 변수(local variable)라고 하고 하나의 리소스(CPU)에 등록된 여러 프로그램 블록에서 공동으로 사용할 수 있는 변수를 리소스 글로벌 변수(resource global variable)라 한다.(프로그램에서 글로벌 변수를 사용하려면 변수의 종류를 VAR_EXTERNAL로 선언)

(2) 프로젝트 생성

첫 번째 프로그램 생성 : 새 프로젝트의 이름을 "글로벌변수테스트.prj"로 생성하면 첫 번째 프로그램은 자동으로 생성된다. 인스턴스 이름은 "INST0"로 하고 파일 이름은 "글로벌테스트1.src"로 한다. 그림 6.22와 같은 결과가 얻어질 것이다.

두 번째 프로그램 블록의 추가 : 메뉴에서 「프로그램 〉 새 프로그램」을 선택한다. 프로그램을 프로젝트에 삽입 여부를 묻는 대화상자가 나오면 "예"를 선택하고 인스턴스 이름은 "INST1"로 하고 파일명은 "글로벌테스트2.src"로 한다. 이제 그림 6.23과 같이 프로그램 편집 창에 2개의 소스 프로그램이 만들어져 있음을 확인할 수 있다.

그림 6.22 글로벌 변수를 사용한 프로그램 작성

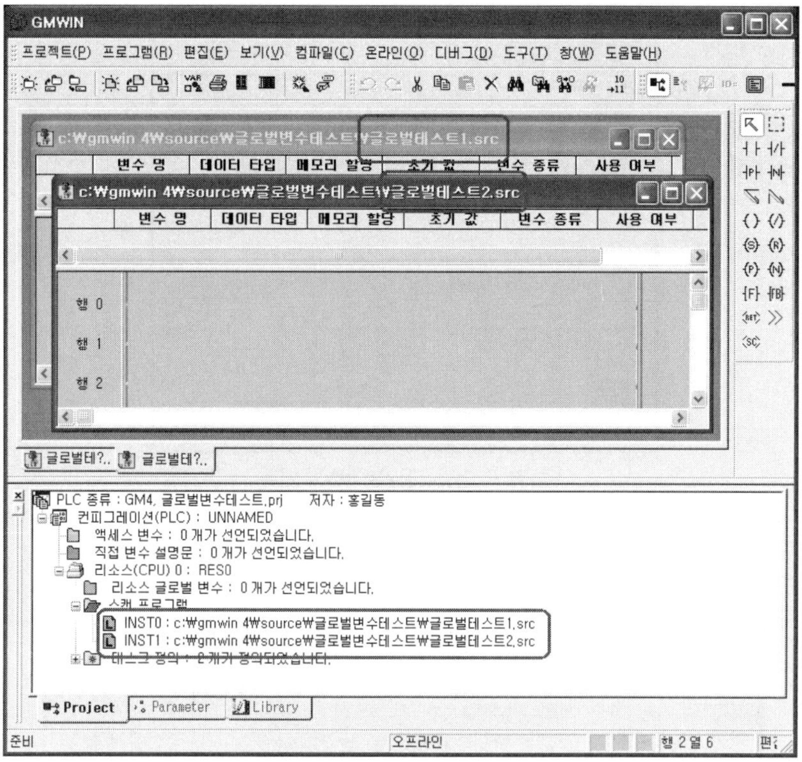

그림 6.23 프로그램 블록의 추가

(3) 프로그램 편집

프로그램 블록1 편집 : "글로벌테스트1.src"는 그림 6.24와 같이 작성한다. 프로그램 작성 중 변수 "글로벌기동"에 대한 선언에서 그림 6.25와 같이 변수의 종류를 VAL_EXTERNAL로 하면 글로벌 변수로 선언된다. 기타 "정지", "모터"는 간접 변수로 선언한다.

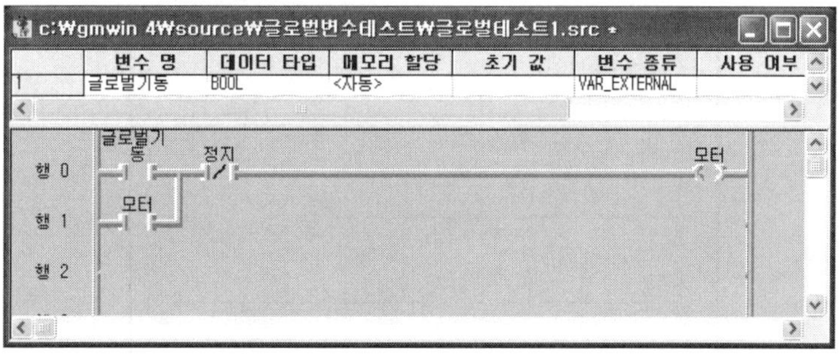

그림 6.24 프로그램 블록1 편집

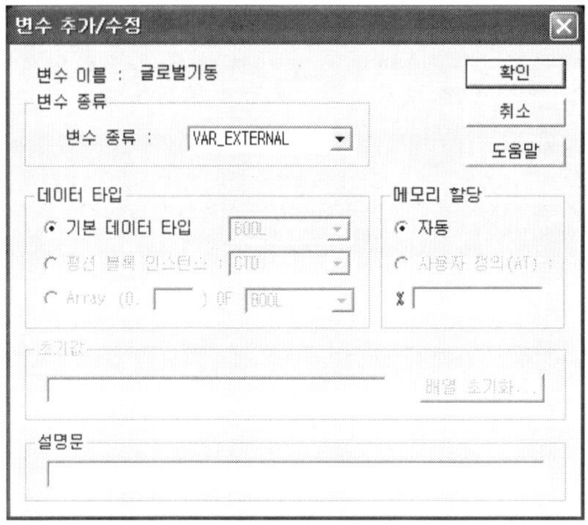

그림 6.25 글로벌 변수 입력

프로그램 블록2 편집 : 프로그램 블록1 편집과 동일한 방법으로 편집한다.

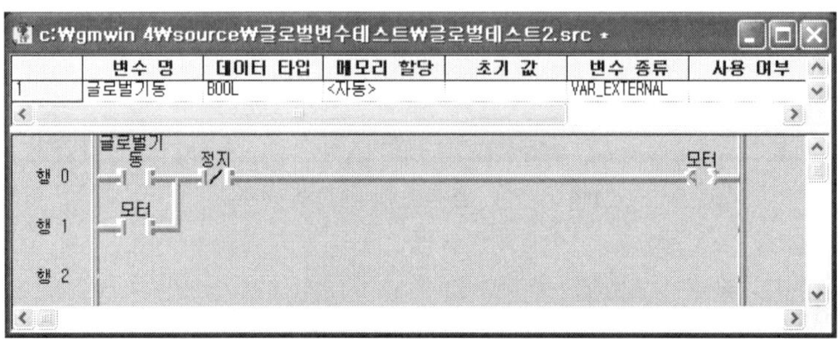

그림 6.26 프로그램 블록2 편집

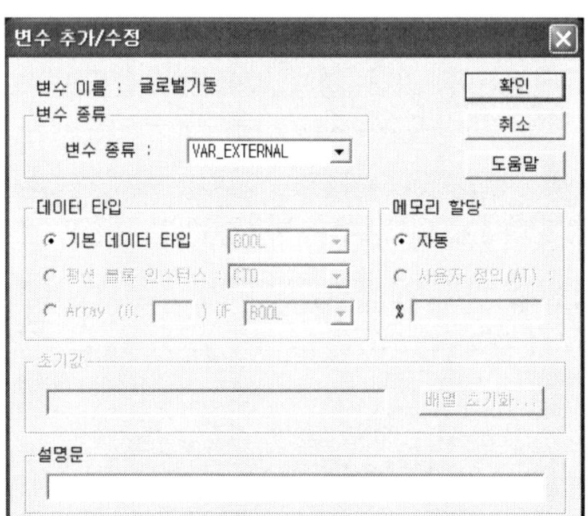

그림 6.27 글로벌 변수 입력

(4) 시뮬레이션

프로그램 편집이 완료되었으면 시뮬레이션 기능을 이용하여 프로그램의 동작 상황을 살펴본다.

먼저 2개의 소스 프로그램을 편리하게 살펴보기 위해 주메뉴의 「창 〉 수직배열」을 선택하여 2개의 프로그램을 수직으로 배열시킨다.

시뮬레이션을 위해 주메뉴의 「도구 〉 시뮬레이터 시작」을 선택한다. 프로그램은 컴파일되고 라이브러리와 링크되어 실행파일이 만들어진다. 시뮬레이터의 CPU 모듈의 스위치를 RUN 모드 "R"로 마우스를 이용하여 전환한다.

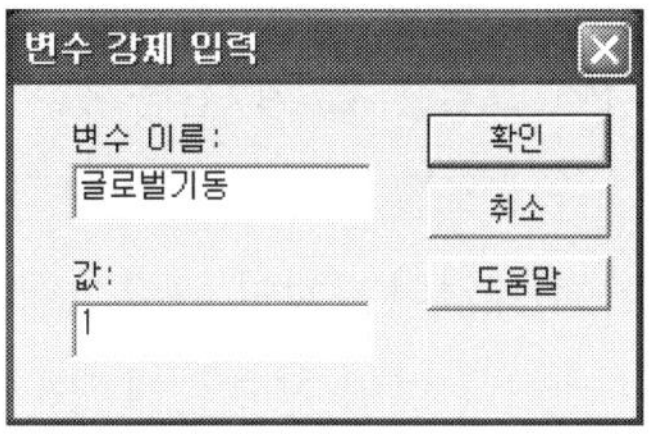

그림 6.28 변수 강제 입력

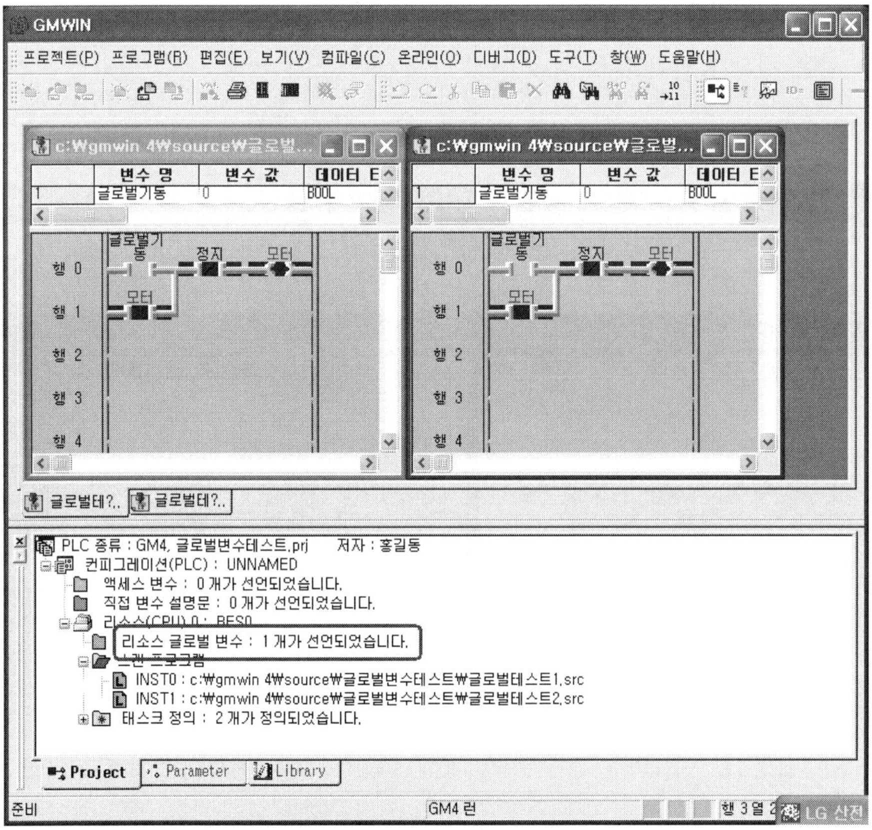

그림 6.29 프로그램 시뮬레이션

"글로벌기동" 스위치를 1회 누르기 위해 즉 스위치의 상태를 최초 Off에서 On으로 하고 다시 Off 상태로 만들기 위해 마우스 포인터를 2개의 프로그램 창 중 어느 한 곳의 "글로벌기동"에 위치시키고 더블 클릭하여 그림 6.28과 같이 그 값을 1로 하고 다시 더블 클릭하여 그 값을 0으로 한다. 이에 따라 2개의 프로그램에 있는 모터 2개가 동시에 On이 되어 그림 6.29와 같은 결과가 얻어진다.

즉 글로벌 변수로 선언된 "글로벌기동"은 그 변수의 값이 어느 프로그램에서 변경되는지에 관계없이 2개의 프로그램에서 동시에 작용한다.

그러나 만일 프로그램 "글로벌테스트1.src"에 있는 "정지"의 값을 1로 한다면 어떤 변화가 발생할까? 이때는 "글로벌테스트1.src"에 있는 "모터"의 값만 0으로 된다. 즉 "글로벌테스트1.src"과 "글로벌테스트2.src"에 있는 "정지"와 "모터"는 지역 변수이므로 그 변수가 선언되어 있는 프로그램 블록에서만 유효하다. 즉 "글로벌테스트1.src"과 "글로벌테스트2.src"에 있는 변수 "정지"와 "모터"는 비록 그 이름이 같을 지라도 서로 다른 변수이다.

"글로벌테스트1.src"의 변수 "정지"의 값을 1로 설정했다가 다시 0으로 설정하면 그림 6.30과 같은 결과가 얻어진다.

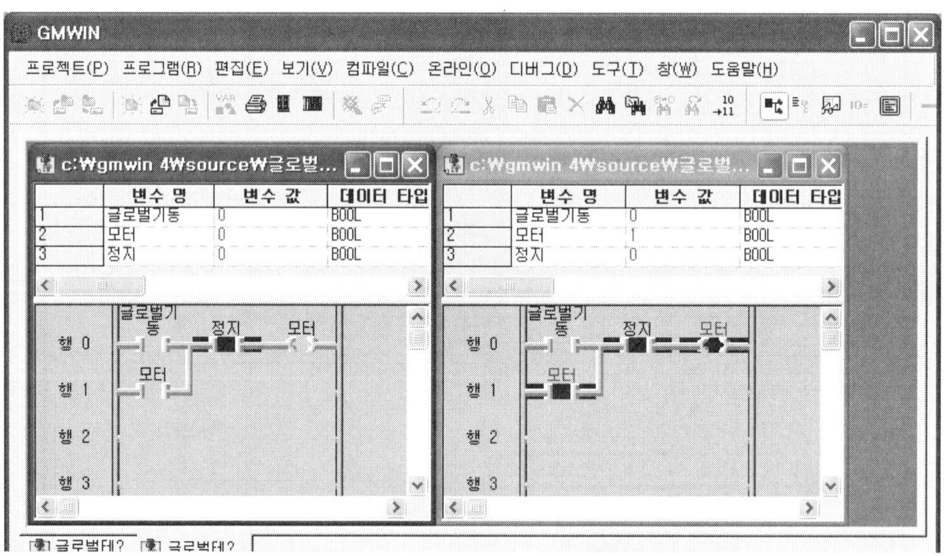

그림 6.30 프로그램 시뮬레이션 결과("글로벌테스트1.src"의 변수 "정지"의 값을 1→0으로 설정)

6.4.4 하드웨어 제어

지금 까지는 PLC 프로그램을 작성하여 검증하는 과정을 거친 상태이다. 그런데 PLC 프로그램을 작성하는 궁극적인 목표는 이를 이용하여 장치를 제어하기 위함이다. 이를 위해서는 PLC의 출력 모듈과 제어대상인 외부장치가 연결되어 있어야 하며, 입력신호를 받기 위한 외부장치(일반적으로 스위치, 센서 등)가 PLC의 입력 모듈과 연결되어 있어야 한다.

이를 개념적으로 표현하면 그림 6.31과 같다. 그림과 같이 %IX0.0.0의 기동 스위치를 1회 누르면 %QX0.3.0의 출력이 On되어 릴레이 코일을 여자시키게 된다. 따라서 릴레이의 a접점이 닫히게 되고, 전자접촉기의 코일을 여자시키게 되어 전자접촉기의 주접점이 닫히게 된다. 전자접촉기 주접점이 닫히게 되면 전원부로 부터 전원을 공급받아 모터는 회전하게 된다. 만일 %IX0.0.1의 정지 스위치를 1회 누르면 %QX0.3.0의 출력이 Off되어 릴레이 코일이 소자된다. 따라서 릴레이 a접점이 열리게 되며, 전자접촉기의 주접점이 닫히게 되고 모터는 전류의 공급이 차단되므로 정지하게 된다.

여기서 PLC의 출력 모듈에 직접 전자접촉기를 연결하지 않은 이유는 출력 모듈의 접점을 보호하기 위해서이다. 출력 모듈의 접점을 통해 릴레이를 제어하고, 릴레이는 전자접촉기를 제어하게 된다. 즉 릴레이의 접점을 통해 흐르는 전류의 양은 전자접촉기의 코일을 여자시키는데 충분하고 이에 따라 모터의 제어가 가능하다. 이러한 제어 동작을 위해서는 GMWIN에서 작성한 프로그램을 실행파일로 만들어 PLC에 전송해야 하는데 그 과정은 다음과 같다.

(1) 컴퓨터의 RS-232C 포트와 PLC CPU 모듈의 RS-232C 포트를 케이블로 연결한다.
(2) PLC CPU 모듈의 키를 돌려 "REM(리모트)" 위치로 맞춘다.
(3) GMWIN의 주메뉴에서 「온라인 〉 접속+쓰기+모드전환(런)+모니터 시작」을 선택한다. 이상의 과정에 문제가 없을 경우 실행파일이 PLC의 메모리에 전송되며 PLC에 연결되어 있는 외부 장치에 의해 제어가 가능하게 된다.

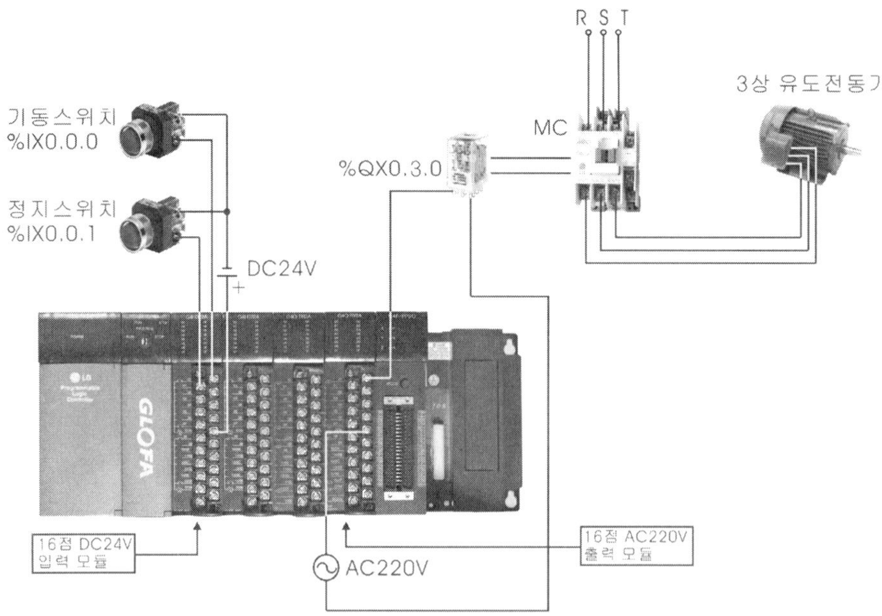

그림 6.31 PLC와 외부 기기와의 연결

6.4.5 파일 핸들링

사용자가 GMWIN에서 프로젝트를 작성하고 프로그램을 편집하여 PLC 실행파일을 만들 경우 다음과 같은 파일들이 만들어진다.

(1) 프로젝트이름.PRJ : 사용자가 작성한 프로젝트 파일

(2) 프로젝트이름.BN0 : PLC 실행 파일

(3) 프로젝트이름.MON : 모니터링을 위한 정보 파일

(4) 프로젝트이름.CR0 : 각각의 프로그램에서 사용된 글로벌 변수 및 직접 변수를 나타내는 텍스트 파일

(5) 프로그램이름.SRC : 사용자가 작성한 프로그램 파일

(6) 프로그램이름.SAV : 사용자가 작성한 프로그램 파일을 주기적으로 저장하여 생성된 파일로서 정상적으로 프로그램 창이 닫히면 삭제됨

(7) 프로그램이름.OP? : 프로그램 블록 컴파일 시 생성되는 파일

(8) 프로그램이름.OB? : 펑션 블록 컴파일 시 생성되는 파일

(9) 프로그램이름.OF? : 펑션 컴파일 시 생성되는 파일

* (7)~(9)에서 PLC 기종이 GM3인 경우 ?는 3, GM4인 경우 ?는 4

파일을 저장하는 방법은 다음과 같다.

(1) 새 파일 저장

- 프로젝트를 저장할 경우 주메뉴에서 「프로젝트 〉 저장」을 선택한다.
- 프로그램을 저장할 경우 주메뉴에서 「프로그램 〉 저장」을 선택한다.
- 파일이 저장될 위치를 지정하기 위해 위치 목록 상자에서 드라이브 및 폴더를 선택한다.
- 파일 이름 입력란에 파일 이름을 입력한다. 프로젝트 파일에는 PRJ, 프로그램 파일에는 SRC 확장자를 입력한다.
- 저장 단추를 누른다.

(2) 작업중 파일 저장

- 프로젝트를 저장할 경우 주메뉴에서 「프로젝트 〉 저장」을 선택한다.
- 프로그램을 저장할 경우 주메뉴에서 「프로그램 〉 저장」을 선택한다.

(3) 다른 이름으로 저장

- 프로젝트 이름 또는 프로그램 이름을 변경한다.
- 프로젝트를 저장할 경우 주메뉴에서 「프로젝트 〉 다른 이름으로 저장」을 선택한다.
- 프로그램을 저장할 경우 주메뉴에서 「프로그램 〉 다른 이름으로 저장」을 선택한다.
- 파일이 저장될 위치를 찾기 위해 위치 목록 상자에서 드라이브 및 폴더를 선택한다.
- 파일 이름 입력란에 파일 이름을 입력한다. 프로젝트 파일에는 PRJ, 프로그램 파일에는 SRC 확장자를 입력한다.
- 저장 단추를 누른다.

파일을 닫는 방법은 다음과 같다.

(1) 프로젝트를 닫을 경우 주메뉴에서 「프로젝트 〉 닫기」를 선택한다.

(2) 프로그램을 닫을 경우 주메뉴에서 「프로그램 〉 닫기」를 선택한다.

연습문제

1. 다음에 대해 설명하시오.
   (1) 프로젝트
   (2) 컨피그레이션
   (3) 리소스
   (4) 태스크
   (5) 사용자정의 프로그램

2. GMWIN의 주메뉴와 각각의 아이템들의 기능과 사용법에 대해 복습하시오.

3. 다음의 회로들을 구현할 수 있도록 Ladder Diagram을 작성하고 시뮬레이션 기능을 이용하여 동작상황을 확인하시오.
   (1) 3.1.3절의 AND 회로
   (2) 3.1.4절의 OR 회로
   (3) 3.1.5절의 자기유지회로 3종류
   (4) 3.1.6절의 인터록회로

7장

기본 명령어 및 LD 프로그래밍

7.1 시퀀스 연산자

7.1.1 시퀀스 연산자 종류

(1) 접 점

- 정적 접점

No.	기 호	설 명
1	┤├	평상시 열린 접점(normally open contact) • 일반적으로 사용되는 a접점의 기능을 갖는다. 접점의 상태가 On 또는 그 값이 1일 때, 왼쪽 연결선 상태는 오른쪽 연결선으로 복사된다. 만일 접점의 상태가 Off 또는 그 값이 0일 때 오른쪽의 연결선 상태는 Off이다.
2	┤/├	평상시 닫힌 접점(normally closed contact) • 일반적으로 사용되는 b접점의 기능을 갖는다. 접점의 상태가 Off 또는 그 값이 0일 때 왼쪽 연결선 상태는 오른쪽 연결선으로 복사된다. 만일 접점의 상태가 On 또는 그 값이 1일 때 오른쪽 연결선 상태는 Off이다.

- 상태 변환 검출 접점

No.	기 호	설 명
3	-|P|-	**양 변환 검출 접점**(positive transition-sensing contact) • 왼쪽 연결선 상태가 On인 경우, 접점의 값이 이전 스캔에서 Off이었던 것이 현재 스캔에서 On인 경우 오른쪽 연결선의 값은 현재 스캔 동안에 On이 된다. • 신호가 Off→On : (rising edge)
4	-|N|-	**음 변환 검출 접점**(negative transition-sensing contact) • 왼쪽 연결선 상태가 On인 경우, 접점의 값이 이전 스캔에서 On이었던 것이 현재 스캔에서 Off인 경우 오른쪽 연결선의 값은 현재 스캔 동안에 On이 된다. • 신호가 On→Off : (falling edge)

(2) 코일

- 임시 코일(momentary coils)

No.	기 호	설 명
1	-( )-	코일(coil) • 일반적으로 사용되는 출력 코일의 기능을 갖는다. 왼쪽 연결선의 상태값이 코일의 값이 된다.
2	-(/)-	역 코일(negated coil) • 일반적으로 사용되는 출력 코일의 역기능을 갖는다. 왼쪽 연결선 상태의 역(negated)의 값이 코일의 값이 된다. 왼쪽 연결선 상태가 Off이면 코일의 값은 On, 왼쪽 연결선 상태가 On이면 코일의 값은 Off이다.

- 래치 코일(latched coils)

No.	기 호	설 명
3	-(S)-	SET Coil(latch coil) • 왼쪽의 연결선 상태가 On이 되었을 때 코일의 값은 On이 되고, RESET 코일에 의해 Reset되기 전까지는 Set되어 있는 상태로 유지된다.
4	-(R)-	RESET Coil(unlatch coil) • 왼쪽 연결선 상태가 On이 되었을 때 코일의 값은 Off가 되고, SET 코일에 의해 Set되기 전까지는 Reset되어 있는 상태로 유지된다.

- 상태 변환 검출 코일(transition-sensing coils)

No.	기 호	설 명
5	(P)	양변환 검출 코일(positive transition-sensing coil) • 코일의 값은 왼쪽 연결선 상태가 전 스캔에서 Off이었던 것이 현재 스캔에서 On이 되어 있는 경우, 현재 스캔 동안만 On이 된다.
6	(N)	음변환 검출 코일(negative transition-sensing coil) • 코일의 값은 왼쪽 연결선 상태가 전 스캔에서 On이었던 것이 현재 스캔에서 Off되어 있는 경우, 현재 스캔 동안만 On이 된다.

7.1.2 시퀀스 연산자에 의한 프로그램 예

(1) 자기유지 회로

시퀀스 제어에서 가장 기본적이면서도 중요한 회로인데, 현재 신호의 상태를 계속 유지하고자 할 경우 사용한다. "PB1"을 On시켜 출력 "LAMP"가 On되었을 경우 "PB1"을 다시 Off시켜도 "LAMP"는 On으로 유지된다.

물론 "PB2"를 On시킬 경우 출력 "LAMP"는 Off로 된다.

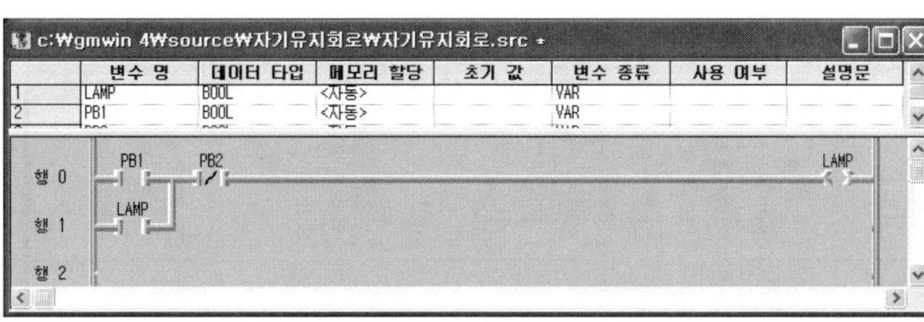

그림 7.1 자기유지 회로

(2) 인터록(interlock) 회로

두 개의 회로 사이에 출력이 동시에 발생하는 경우가 없도록 하기 위해 사용된다. "PB1"을 누르면 "LAMP1"이 On되고 "PB2"를 누르면 "LAMP2"가 On된다. 그러나 "PB1"과 "PB2"

를 동시에 누른다고 해서 "LAMP"과 "LAMP2"가 동시에 On이 되지는 않는다.

즉 둘 중에 먼저 눌려진 쪽의 LAMP가 On이 되는데, 이는 상호간에 b접점("LAMP1", "LAMP2")에 의해 인터록 되어 있기 때문이다.

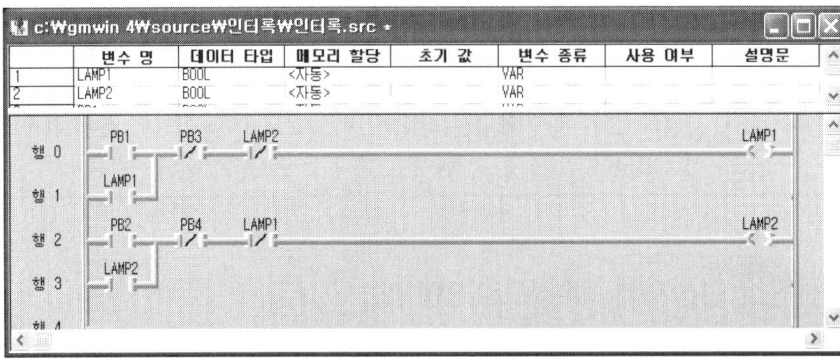

그림 7.2 인터록 회로

(3) 양변환 검출 접점 및 음변환 검출 접점

"누름검출"의 값이 Off에서 On으로 변하는 순간(rising edge)을 검출하여 "누름검출"의 오른쪽 연결선이 해당 스캔에서 1 스캔 동안 On이 된다. 점등된 "램프1"은 "소등스위치1"에 의해서 소등된다.

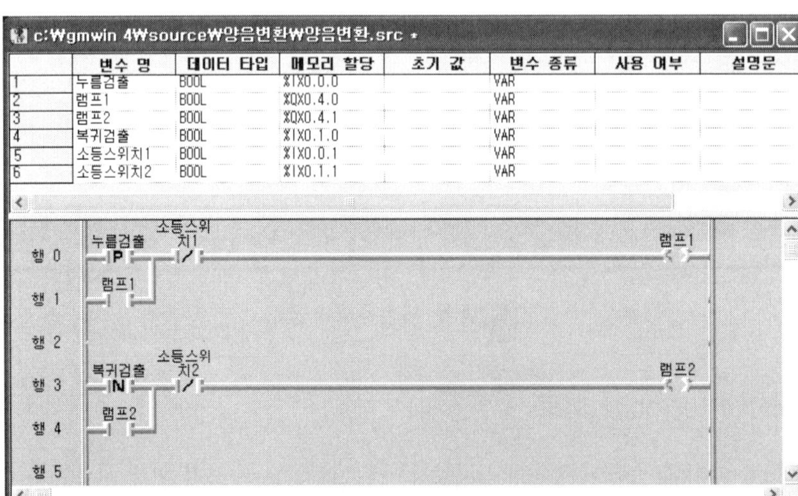

그림 7.3 양 변환 검출 접점과 음 변환 검출 접점

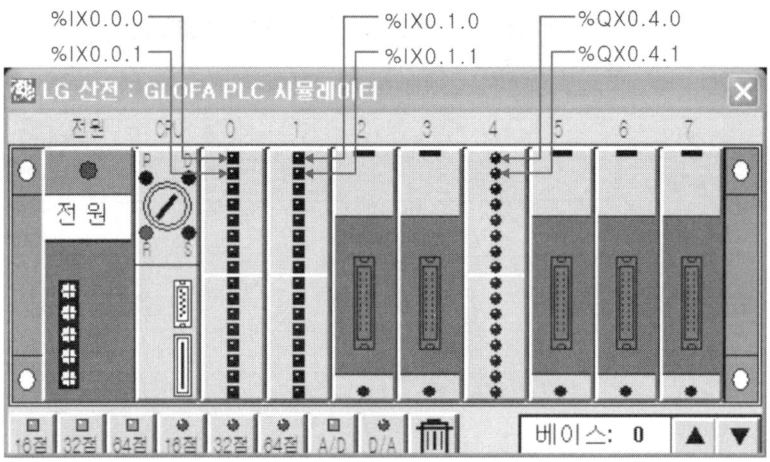

그림 7.4 할당된 주소의 입·출력 모듈에서의 위치

"복귀검출"이 On에서 Off으로 변하는 순간(falling edge)을 검출하여 "복귀검출"의 오른쪽 연결선이 해당 스캔에서 1 스캔 동안 On이 된다.

프로그램을 작성할 때 다음과 같이 사용자 정의 메모리 할당을 한다. "누름검출"은 %IX0.0.0, "소등스위치1"은 %IX0.0.1, "램프1"은 %QX0.4.0, "복귀검출"은 %IX0.1.0, "소등스위치2"는 %IX0.1.1, "램프2"는 %QX0.4.1로 주소를 할당한다.

(4) 양변환 검출 코일 및 음변환 검출 코일

"기동스위치1"을 누르는 순간 양변환 검출 코일인 "누름검출"은 해당 스캔 동안 On이 되며, 이에 따라 행1의 "누름검출" a접점이 On이 되면서 "모터1"은 자기유지되어 기동된다. "모터1"은 계속 자기유지되어 On 상태를 유지하며, "정지스위치1"이 On이 되면 Off 된다.

"기동스위치2"를 눌렀다 떼는 순간 음변환 검출 코일인 "복귀검출"은 해당 스캔 동안 On이 되며 이에 따라 행5의 "복귀검출" a접점이 On이 되면서 "모터2"는 자기유지되어 기동된다. "모터2"는 계속 자기유지되어 On 상태를 유지하며 "정지스위치2"에 의해 Off된다.

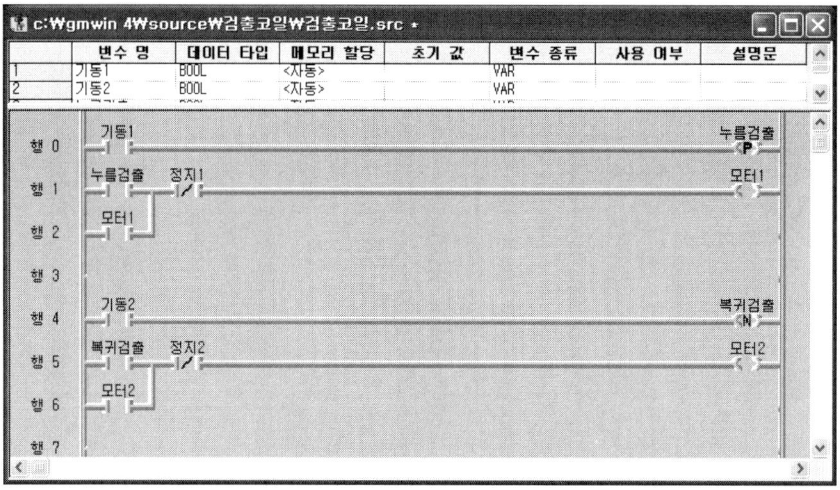

그림 7.5 양 변환 검출 코일과 음 변환 검출 코일

7.2 펑션(function)

7.2.1 기본 펑션

기본 펑션에는 전송 펑션, 형 변환 펑션, 비교 펑션, 산술 연산 펑션, 논리 연산 펑션, 비트 시프트 펑션 등이 있다. 펑션을 프로그램 편집에 이용할 경우 도구상자의 아이콘 {F} 을 클릭하고 해당 편집 창 위치에서 클릭하여 필요한 펑션을 삽입하면 된다.

펑션의 특징은 입력 "EN"이 항상 On 상태이어야 동작하며, 출력이 하나이며, 변수를 VAR_EXTERNAL로 선언하여 사용할 수 없다. 그리고 펑션으로의 데이터 전달은 펑션의 입력을 통해서만 실행된다.

(1) 전송 펑션

펑션 이름	기 능
MOVE	입력 데이터를 출력으로 전송
ARY_MOVE	배열 변수의 부분 전송

(2) 형(type) 변환 펑션(GM4 기종)

펑션 그룹	펑션 이름	입력 데이터 형	출력 데이터 형
BCD_TO_***	BCD_TO_SINT	BYTE(BCD)	SINT
	BCD_TO_INT	WORD(BCD)	INT
	BCD_TO_DINT	DWORD(BCD)	DINT
	BCD_TO_USINT	BYTE(BCD)	USINT
	BCD_TO_UINT	WORD(BCD)	UINT
	BCD_TO_UDINT	DWORD(BCD)	UDINT
INT_TO_***	INT_TO_SINT	INT	SINT
	INT_TO_DINT	INT	DINT
	INT_TO_USINT	INT	USINT
	INT_TO_UINT	INT	UINT
	INT_TO_UDINT	INT	UDINT
	INT_TO_BOOL	INT	BOOL
	INT_TO_BYTE	INT	BYTE
	INT_TO_WORD	INT	WORD
	INT_TO_DWORD	INT	DWORD
	INT_TO_BCD	INT	WORD(BCD)

- 데이터 형의 종류

  1-Byte = 8-Bit

  1-Word = 16-Bit

  1-Double Word = 32-Bit

  BCD : Binary-Coded Decimal

10진수	2진수	16진수	BCD
0	0	0	0000
1	1	1	0001
2	10	2	0010
3	11	3	0011
4	100	4	0100
5	101	5	0101
6	110	6	0110
7	111	7	0111
8	1000	8	1000
9	1001	9	1001
10	1010	A	0001 0000
11	1011	B	0001 0001
12	1100	C	0001 0010
13	1101	D	0001 0011
14	1110	E	0001 0100
15	1111	F	0001 0101
16	10000	10	0001 0110
17	10001	11	0001 0111
18	10010	12	0001 1000
19	10011	13	0001 1001

(3) 비교 펑션

펑션 이름	기 능
GT	〉, greater than, "크다" 비교
GE	〉=, greater equal, "크거나 같다" 비교
EQ	=, equal, "같다" 비교
LE	〈=, less equal, "작거나 같다" 비교
LT	〈, less than, "작다" 비교
NE	≠, not equal, "같지 않다" 비교

(4) 산술 연산 펑션

펑션 이름	기 능	기 타
ADD	더하기 연산	입력 개수 8개 까지 가능
MUL	곱하기 연산	입력 개수 8개 까지 가능
SUB	빼기 연산	입력 개수 2개
DIV	나누기 연산	입력 개수 2개
MOD	나머지 연산	입력 개수 2개

ADD : addition, MUL : multiplication, SUB : subtraction
DIV : division, MOD : modulus

(5) 논리 연산 펑션

펑션 이름	기 능
AND	논리곱
OR	논리합
XOR	배타적 논리합
NOT	논리 반전

(6) 비트 시프트 펑션

펑션 이름	기 능
SHL	입력을 N 비트 왼쪽으로 이동(오른쪽 비트는 0으로 채움)
SHR	입력을 N 비트 오른쪽으로 이동(왼쪽 비트는 0으로 채움)
ROL	입력을 N 비트 왼쪽으로 회전
ROR	입력을 N 비트 오른쪽으로 회전

SHL : shift left, SHR : shift right, ROL : rotate left, ROR : rotate right

7.2.2 펑션 MOVE

펑 션	설 명
MOVE 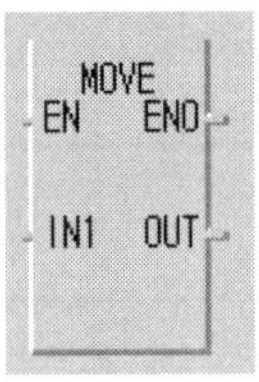	입력 EN : BOOL, 1일 때 펑션 실행 IN : ANY, MOVE 할 값 출력 ENO : BOOL, EN값이 그대로 출력 OUT : ANY, MOVE된 값 기능 IN의 값을 OUT으로 전송한다. IN, OUT에 연결되는 변수는 같은 데이터 형이어야 함

(1) MOVE 펑션에 의한 Byte 단위 데이터 전송

프로그램 작성시 IN에 부가되는 "입력값"의 초기값으로 16#F0를 설정하고, 출력 "출력값"의 메모리 할당을 사용자 정의로 %QB0.4.0으로 한다.

"입력값"의 초기값 16#F0는 16진수로 F0를 의미하는데, 이를 2진수로 표현하면 2#11110000이다. 2#11110000은 8 비트 정보이며, 이것은 입력된 8개 스위치의 정보가 %IX0.0.0~%IX0.0.3은 0(Off), %IX0.0.4~%IX0.0.7은 1(On)임을 의미한다. 즉 %IX0.0.0에 대한 정보는 2#11110000의 가장 오른쪽 비트 0이고, %IX0.0.7에 대한 정보는 2#11110000의 가장 왼쪽 비트 1이다.

"출력값"의 메모리 할당을 사용자 정의로 %QB0.4.0로 하였으므로 출력은 0번 베이스, 4번 슬롯, 0번째 바이트 단위이다. 즉 4번 슬롯에 출력 모듈이 장착되어 있고, Byte 단위의 출력이 이루어지므로 8 비트의 출력이 발생된다. 이와 같이 MOVE 펑션의 입력과 출력 변수의 데이터형은 같아야 한다.

프로그램의 실행 조건 즉 변수 "시작"의 값이 On(1)이되면 MOVE 펑션이 실행되어 "입력값"의 On/Off 정보가 "출력값"으로 전송된다.

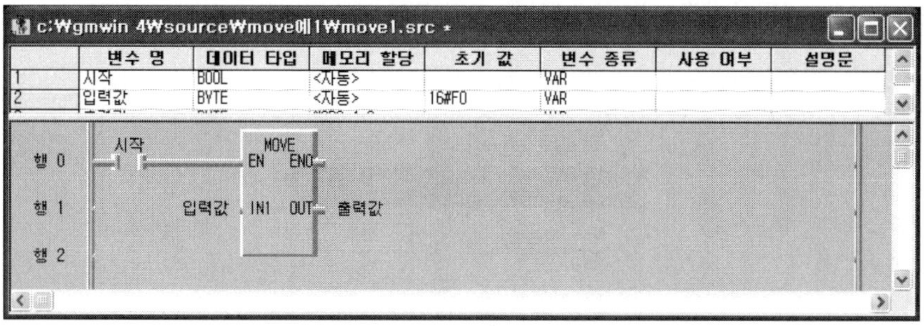

그림 7.6 펑션 MOVE를 이용한 프로그램 예

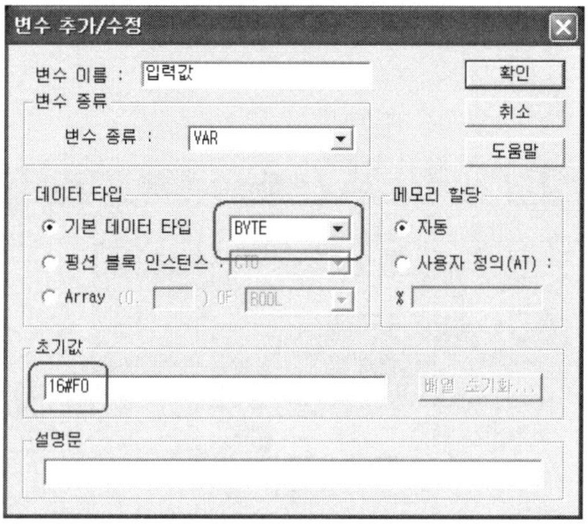

그림 7.7 변수 "입력값"의 초기값 설정

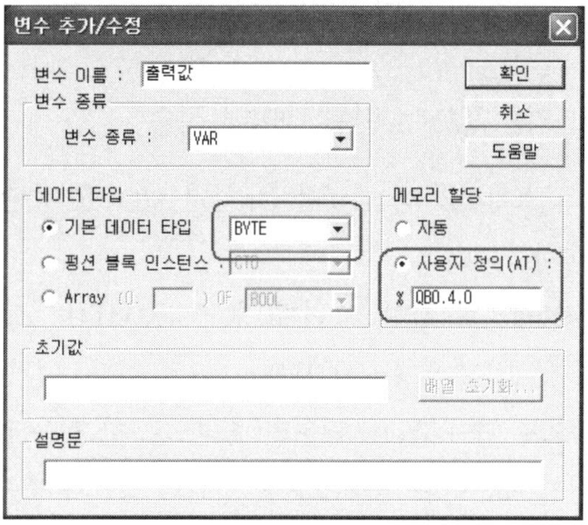

그림 7.8 출력 변수 "출력값"의 사용자 정의 메모리 할당

시뮬레이터를 가동시키고 변수 "시작"의 값을 1로 설정하여 펑션을 수행한 결과는 다음과 같다.

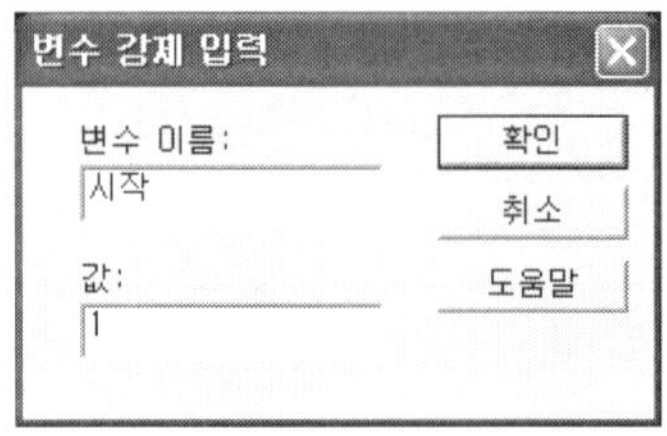

그림 7.9 변수 강제 입력

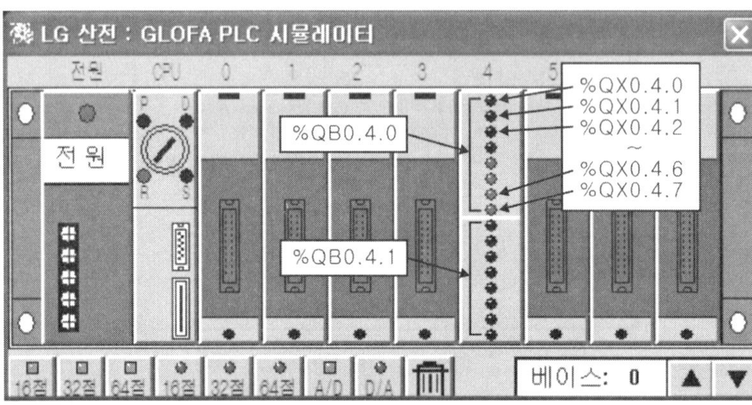

그림 7.10 시뮬레이터 출력 모듈 접점의 주소

(2) MOVE 펑션에 의한 Word 단위 데이터 전송

"스위치0", "스위치1", "스위치2" 중 하나를 On하면 MOVE 펑션이 실행되어 IN의 값을 "LED출력"으로 전송한다.

메모리 할당을 사용자 정의로 하여 "스위치0"는 %IX0.0.0, "스위치1"은 %IX0.0.1, "스위치2"는 %IX0.0.2, "LED출력"은 %QW0.4.0으로 한다. 여기서 "LED출력"의 메모리 할당을 %QW0.4.0으로 하여 Word 단위의 출력으로 한 것은 IN에 부가되는 데이터가 16-Bit(1-Word)이기 때문이다. 즉 MOVE 펑션의 입력과 출력 데이터의 형이 동일해야 하기 때문이다.

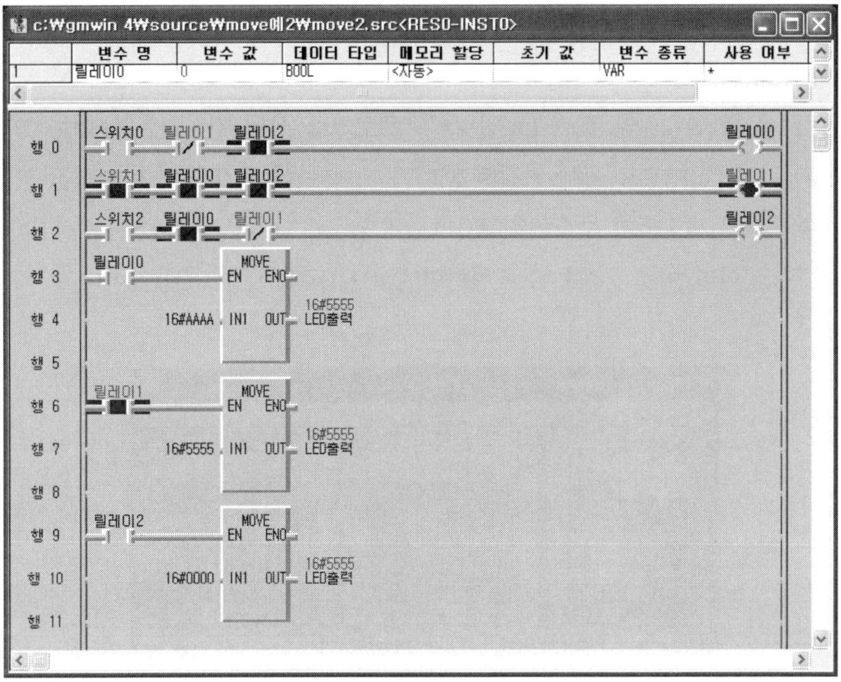

그림 7.11 펑션 MOVE를 이용한 프로그램 예

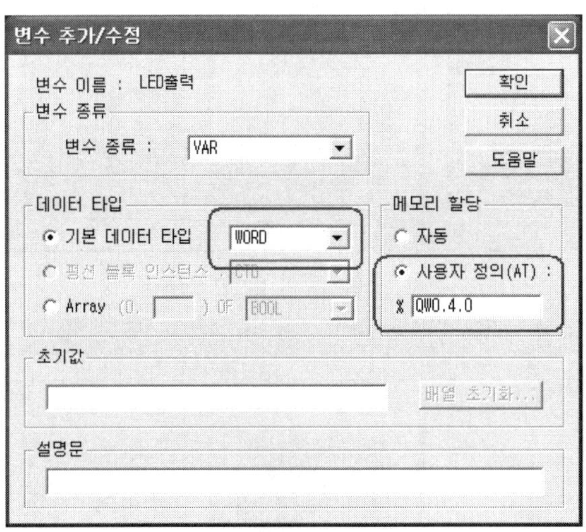

그림 7.12 변수 "LED출력"의 사용자 정의 메모리 할당

프로그램에 사용된 3개의 MOVE 펑션의 출력 변수가 같을 수 있는 이유는 "릴레이0", "릴레이1", "릴레이2"가 서로 인터록이 되어 있기 때문에 3개의 MOVE 펑션이 동시에 동

작할 경우는 없기 때문이다. 만일 인터록이 되어 있지 않다면 3개의 MOVE 펑션의 출력 변수는 서로 상이해야 할 것이다.

그림 7.11은 "스위치1"의 값이 On인 경우 프로그램 실행 결과를 나타내는 그림이다. "릴레이1"의 값이 On이므로 이에 연결된 MOVE 펑션만이 동작을 하여 입력값 16#5555가 "LED출력"으로 전송되어 주소 %QW0.4.0에 Word 단위로 출력된다. 즉 16#5555는 16진수로 5555이며 이를 2진수로 표현하면 2#0101010101010101이다.

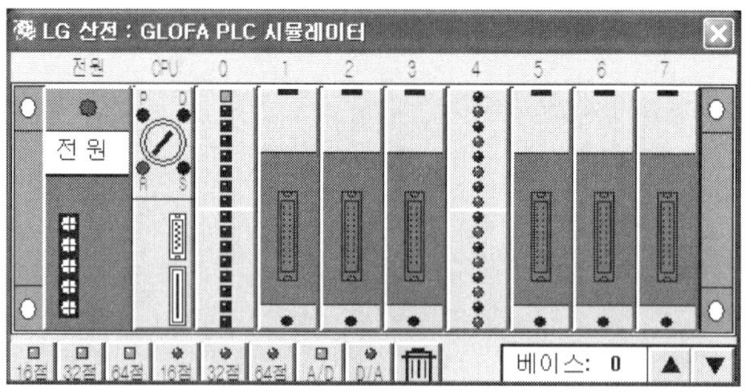

(a) "스위치0"이 On인 경우

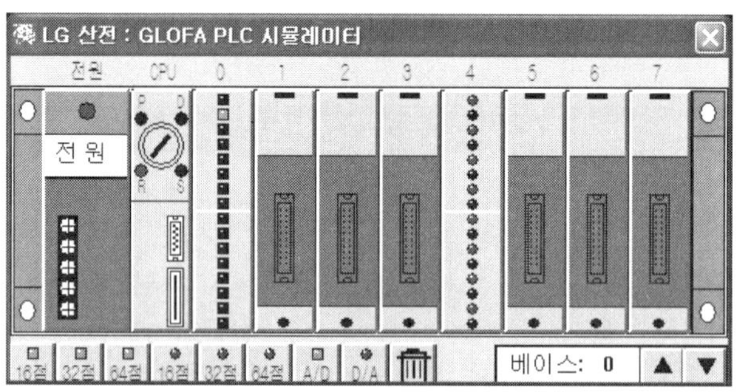

(b) "스위치1"이 On인 경우

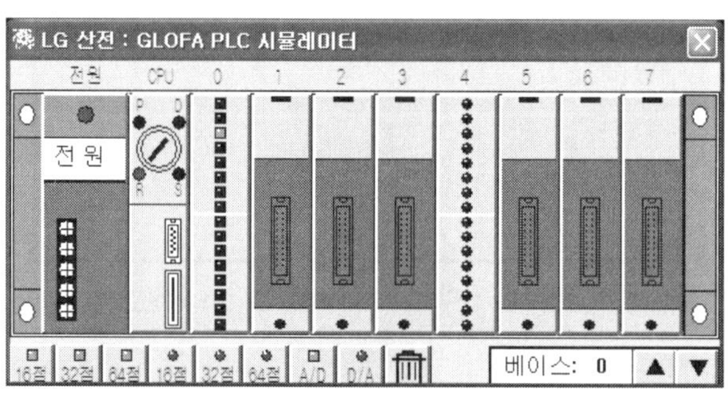

(c) "스위치2"가 On인 경우

그림 7.13 입력 조건에 따른 MOVE 펑션의 동작 상황

(3) MOVE 펑션에 의한 Word 단위 데이터 전송 - 클럭 이용

PLC 내부에서 제공되는 1 sec 주기의 클럭을 이용하여 16개의 램프를 점멸시키는 회로를 구성한다.

사용자 플래그 "_T1S"는 1 sec 주기의 클럭이며 각각 a접점과 b접점에 적용되어 있다. 펑션 MOVE는 각각의 접점의 상태에 따라 상호 번갈아가며 동작을 하는데 출력 주소는 %QW0.4.0으로 동일하다.

즉 a접점의 값이 On이 되는 순간(클럭의 값이 On이며 b접점의 값이 On이므로 위쪽의 펑션 MOVE만 동작) 16#5555(2#0101010101010101)의 값이 펑션 MOVE에 의해 %QW0.4.0으로 전송된다.

a접점의 값이 Off되는 순간(클럭의 값이 Off이며 b접점의 값이 Off이므로 아래쪽의 펑션 MOVE만 동작) 16#AAAA(2#1010101010101010)의 값이 펑션 MOVE에 의해 %QW0.4.0으로 전송된다.

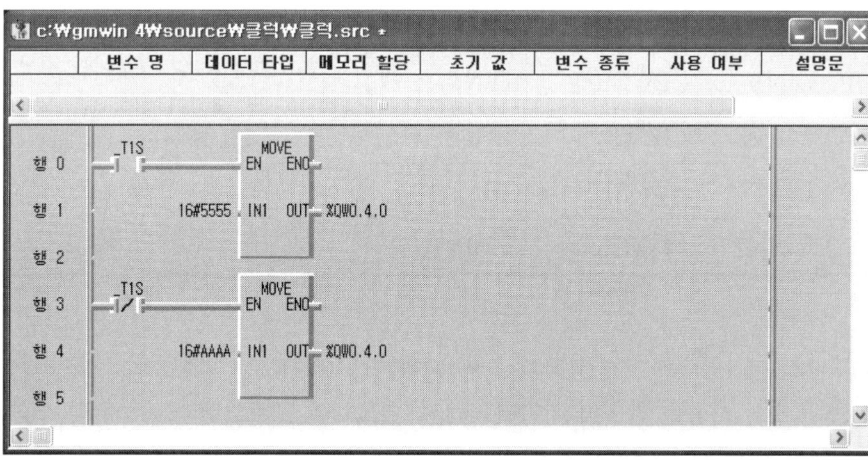

그림 7.14 클럭을 이용한 프로그램 예

7.2.3 펑션 BCD_TO_***

<table>
<tr><th>펑 션</th><th>설 명</th></tr>
<tr><td>BCD_TO
_INT
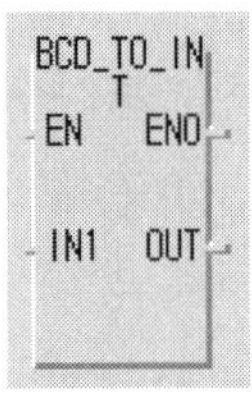
</td><td>입력
EN : BOOL, 1일 때 펑션 실행
IN : ANY_BIT, BCD 형태의 데이터를 갖는 ANY_BIT 입력
출력
ENO : BOOL, 에러 없이 실행되면 1 출력
OUT : INT형으로 변환된 데이터
기능
IN을 형 변환해서 OUT으로 출력시킨다.
IN이 BCD 형태의 데이터가 아닌 경우, 출력은 0이 되고 _ERR(연산 에러 플래그), _LER(연산 에러 래치 플래그)이 On된다.</td></tr>
</table>

펑션	입력 형	출력 형	동작 설명
BCD_TO_SINT	BYTE	SINT	입력이 BCD 값일 경우에만 정상 변환된다.(입력 데이터 형이 Word일 경우 0 ~ 16#9999 값만 정상 변환된다.)
BCD_TO_INT	WORD	INT	
BCD_TO_DINT	DWORD	DINT	
BCD_TO_USINT	BYTE	USINT	
BCD_TO_UINT	WORD	UINT	
BCD_TO_UDINT	DWORD	UDINT	

펑션 BCD_TO_INT를 이용하여 BCD값을 정수(integer)로 변환하는 예를 살펴본다. 그림 7.15와 같이 사용된 변수의 데이터 타입을 참고하여 프로그램을 작성한다. 시뮬레이션을 실시하고 변수 "디지털스위치"를 더블 클릭하여 그림 7.16과 같이 변수 강제 입력을 통해 16#7777의 값을 입력한다. 이 값은 MOVE 펑션에 의해 Word 단위로 출력되어 변수 "BCD값"으로 전송된다. 이 값은 다시 BCD_TO_INT 펑션의 입력값으로 입력된다.

여기서 16#7777은 16진수이나 16진수에서 0에서 9까지의 숫자값은 BCD와 동일하므로 0에서 9까지의 범위에서는 BCD의 값으로 16진수를 사용해도 문제는 없다. 이와 같이 입력된 "BCD값"은 정수로 변환되어 변수 "정수값"에 저장된다.

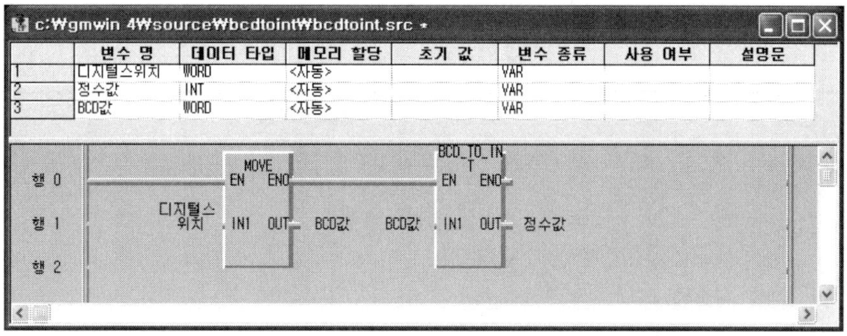

그림 7.15 펑션 BCD_TO_INT를 이용한 프로그램

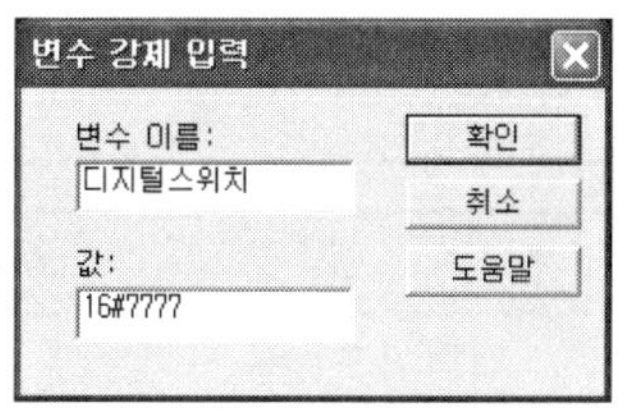

그림 7.16 변수 강제 입력

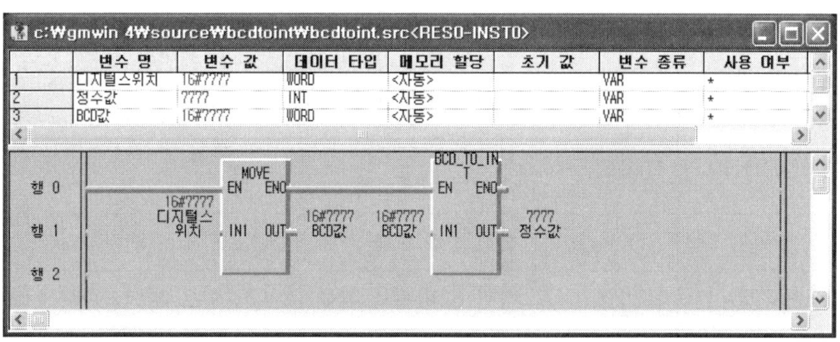

그림 7.17 펑션 BCD_TO_INT를 이용한 프로그램 실행 결과

7.2.4 펑션 INT_TO_***

펑 션	설 명
INT_TO _BCD 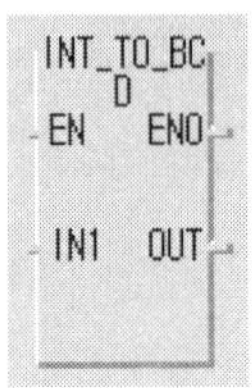	입력 EN : BOOL, 1일 때 펑션 실행 IN : 정수형의 입력 값 출력 ENO : BOOL, 에러 없이 실행되면 1 출력 OUT : BCD 형으로 변환된 데이터 기능 IN을 형 변환해서 OUT으로 출력시킨다. 변환 에러 발생 시 _ERR(연산 에러 플래그), _LER(연산 에러 래치 플래그)이 On된다.

펑 션	출력 형	동작 설명
INT_TO_SINT	SINT	입력이 -128 ~ 127일 경우 정상 변환되나, 그 외의 값은 에러가 발생한다.
INT_TO_DINT	DINT	INT를 DINT 형으로 변환
INT_TO_USINT	USINT	입력이 0 ~ 255일 경우 정상 변환되나, 그 외의 값은 에러가 발생한다.
INT_TO_UINT	UINT	입력이 0 ~ 32767일 경우 정상 변환되나, 그 외의 값은 에러가 발생한다.
INT_TO_UDINT	UDINT	입력이 0 ~ 32767일 경우 정상 변환되나, 그 외의 값은 에러가 발생한다.
INT_TO_BOOL	BOOL	하위 1 비트를 취해 BOOL 형으로 변환한다.
INT_TO_BYTE	BYTE	하위 8 비트를 취해 BOOL 형으로 변환한다.
INT_TO_WORD	WORD	데이터(내부 비트 배열상태)의 변화 없이 데이터 형만 변환한다.
INT_TO_DWORD	DWORD	상위 비트들을 0으로 채운 DWORD 형으로 변환한다.
INT_TO_LWORD	LWORD	상위 비트들을 0으로 채운 DWORD 형으로 변환한다.
INT_TO_BCD	WORD	입력이 0 ~ 9999일 경우 정상 변환되나, 그 외의 값은 에러가 발생한다.

펑션 INT_TO_BCD를 이용하여 정수값을 BCD로 변환하는 예를 살펴본다. 그림 7.18과 같이 프로그램을 작성한다. "스위치"를 On하고 변수 강제 입력을 통하여 그림 7.19와 같이 "정수값"을 7777로 입력하면 "디지털표시기"에 BCD값 16#7777이 표시된다.

펑션 INT_TO_BCD의 입력은 정수형이므로 변수 "정수값"의 데이터 타입은 디폴트로 정수형(INT)으로 설정된다.

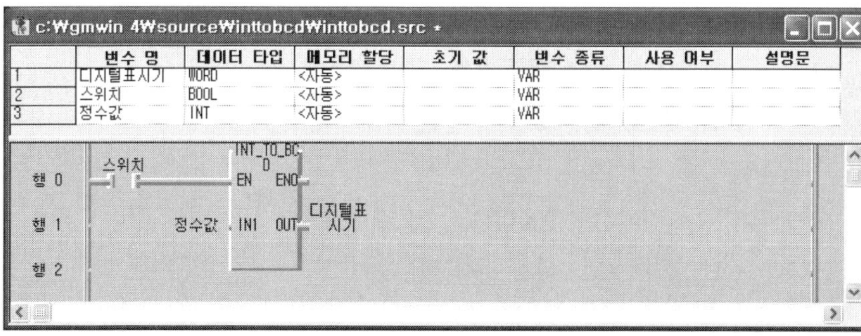

그림 7.18 펑션 INT_TO_BCD를 이용한 프로그램

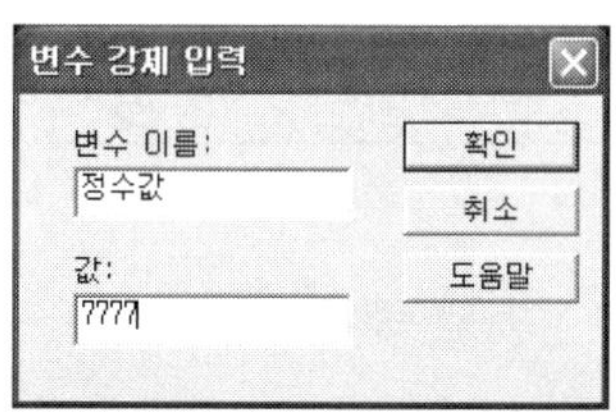

그림 7.19 변수 강제 입력

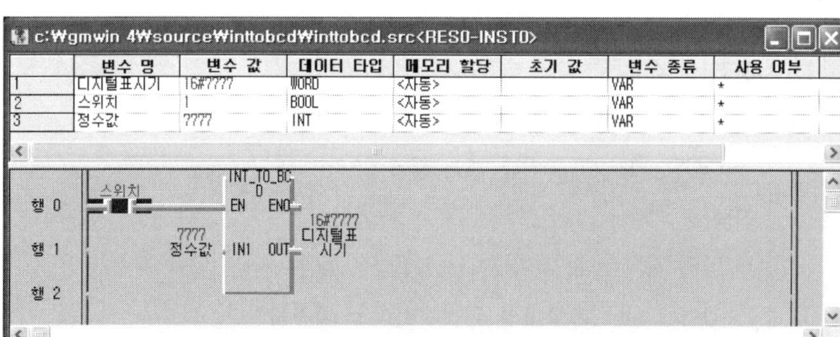

그림 7.20 펑션 INT_TO_BCD를 이용한 프로그램

7.2.5 펑션 : GT, GE, EQ, LE, LT, NE

펑 션	설 명
GT 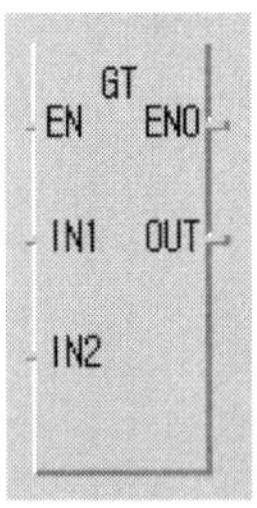 	입력 EN : BOOL, 1일 때 펑션 실행 IN1 : 비교할 값 IN2 : 비교할 값 입력은 8개 까지 확장 가능 IN1, IN2, ...는 모두 동일한 데이터 형 출력 ENO : BOOL, EN 값이 그대로 출력 OUT : BOOL, 비교 결과 값 기능 입력 값의 비교 결과 IN1〉IN2〉...〉INn(n은 입력 개수)이 참이면 OUT으로 1을 거짓이면 0을 출력시킨다.

펑 션	설 명
GE 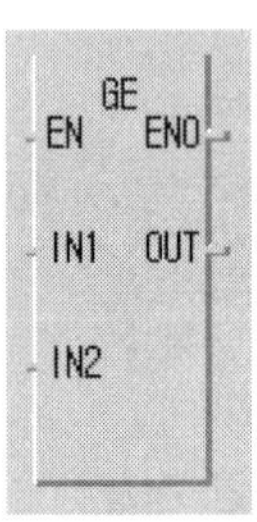 	입력 EN : BOOL, 1일 때 펑션 실행 IN1 : 비교할 값 IN2 : 비교할 값 입력은 8개 까지 확장 가능 IN1, IN2, ...는 모두 동일한 데이터 형 출력 ENO : BOOL, EN 값이 그대로 출력 OUT : BOOL, 비교 결과 값 기능 입력 값의 비교 결과 IN1≥IN2≥...≥INn(n은 입력 개수)이 참이면 OUT으로 1을 거짓이면 0을 출력시킨다.

펑 션	설 명
EQ 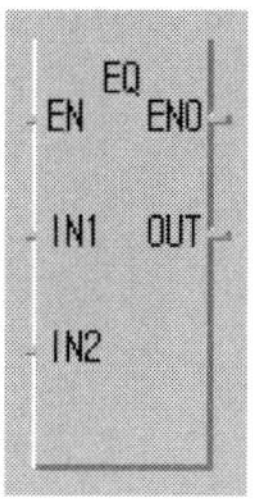	입력 EN : BOOL, 1일 때 펑션 실행 IN1 : 비교할 값 IN2 : 비교할 값 입력은 8개 까지 확장 가능 IN1, IN2, ...는 모두 동일한 데이터 형 출력 ENO : BOOL, EN 값이 그대로 출력 OUT : BOOL, 비교 결과 값 기능 입력 값의 비교 결과 IN1=IN2=...=INn(n은 입력 개수)이 참이면 OUT으로 1을 거짓이면 0을 출력시킨다.

펑 션	설 명
LE 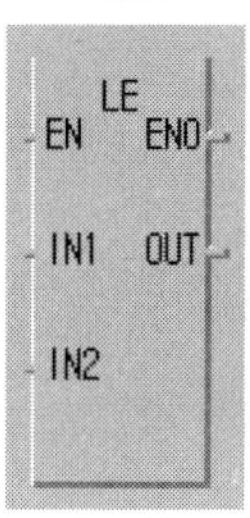	입력 EN : BOOL, 1일 때 펑션 실행 IN1 : 비교할 값 IN2 : 비교할 값 입력은 8개 까지 확장 가능 IN1, IN2, ...는 모두 동일한 데이터 형 출력 ENO : BOOL, EN 값이 그대로 출력 OUT : BOOL, 비교 결과 값 기능 입력 값의 비교 결과 IN1≤IN2≤...≤INn(n은 입력 개수)이 참이면 OUT으로 1을 거짓이면 0을 출력시킨다.

펑 션	설 명
LT 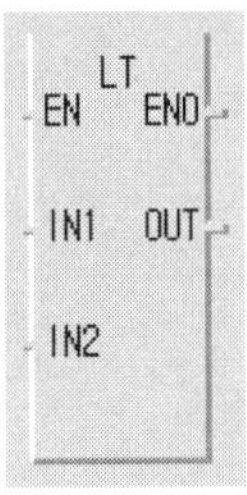 	입력 EN : BOOL, 1일 때 펑션 실행 IN1 : 비교할 값 IN2 : 비교할 값 입력은 8개 까지 확장 가능 IN1, IN2, ...는 모두 동일한 데이터 형 출력 ENO : BOOL, EN 값이 그대로 출력 OUT : BOOL, 비교 결과 값 기능 입력 값의 비교 결과 IN1<IN2<...<INn(n은 입력 개수)이 참이면 OUT으로 1을 거짓이면 0을 출력시킨다.

펑 션	설 명
NE 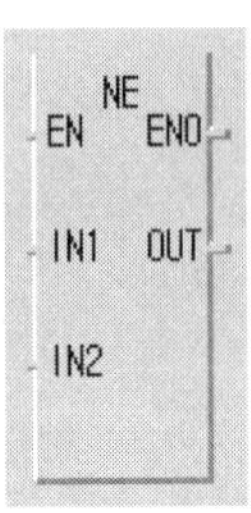 	입력 EN : BOOL, 1일 때 펑션 실행 IN1 : 비교할 값 IN2 : 비교할 값 IN1, IN2는 동일한 데이터 형 출력 ENO : BOOL, EN 값이 그대로 출력 OUT : BOOL, 비교 결과 값 기능 입력 값의 비교 결과 IN1≠IN2이 참이면 OUT으로 1을 거짓이면 0을 출력시킨다.

(1) 비교 펑션 기본 예

비교 펑션 GT, GE, EQ, LE, LT, NE를 이용한 기본적인 예를 살펴본다.

펑션 GT의 3개의 입력 300, 200, 100의 값을 비교하여 300>200>100의 조건이 참이면 출력 %QX0.4.0이 On되고 그렇지 않은 경우 Off된다.

펑션 GE의 3개의 입력 300, 200, 200의 값을 비교하여 300≥200≥200의 조건이 참이면 출력 %QX0.4.1이 On되고 그렇지 않은 경우 Off된다.

펑션 EQ의 3개의 입력 300, 300, 300의 값을 비교하여 300=300=300의 조건이 참이면 출력 %QX0.4.2가 On되고 그렇지 않은 경우 Off된다.

펑션 LE, LT, NE도 각각 펑션의 기능에 맞게 동작하여 출력을 발생시킨다.

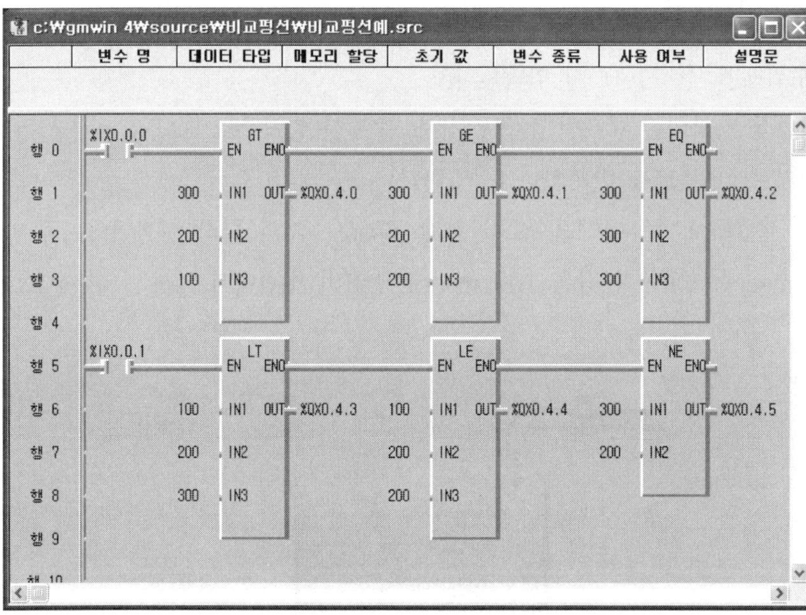

그림 7.21 비교 펑션을 이용한 프로그램 예

(2) 비교 펑션의 응용 예

물탱크의 수위 레벨을 제어하는 프로그램 예를 살펴본다. 수위 레벨에 대한 정보는 변수 "수위레벨센서"로부터 입력 받는데 BCD의 데이터형을 취한다. 이 값은 정수형으로 변환되어 "수위레벨"에 저장된다.

"수위레벨"의 값에 따라서 다음과 같은 제어동작을 취한다.

▶ 정상상태인 경우

- 1000 〈 "수위레벨" 〈 3000이 만족된다.
- 정상을 나타내는 램프인 "정상_램프"를 출력주소 %QX0.4.0으로 On으로 출력시킨다.

▶ HIGH 경보상태인 경우(수위레벨이 정상보다 HIGH인 경우)

- "수위레벨" 〉= 3000이 만족된다.
- 경보를 나타내는 램프인 "HIGH_경보_램프"를 출력주소 %QX0.4.1로 200 msec 주기로 On-Off를 반복한다.(점멸한다)

▶ LOW 경보상태인 경우(수위레벨이 정상보다 LOW인 경우)

- "수위레벨" 〈= 1000이 만족된다.
- 경보를 나타내는 램프인 "LOW_경보_램프"를 출력주소 %QX0.4.2로 200 msec 주기로 On-Off를 반복한다.(점멸한다)

  * "_T200MS"는 예약변수로서 200 msec 주기의 클럭 접점이다. 즉 최초 100 msec는 On이며 남은 100 msec는 Off인 클럭이다. (pp.138 참고)

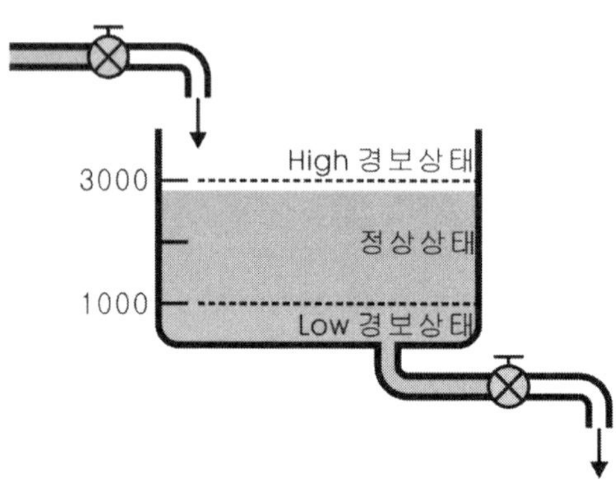

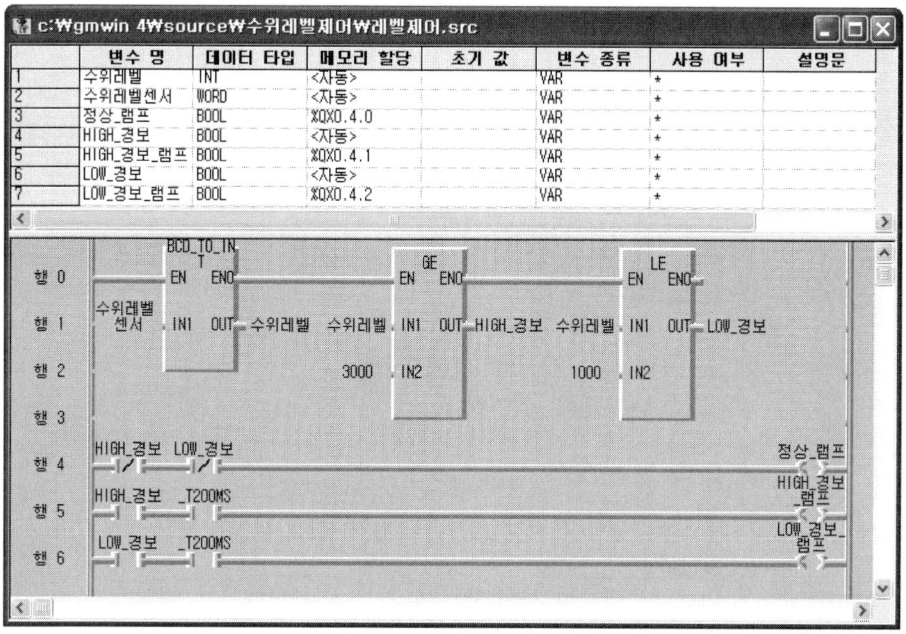

그림 7.22 펑션 GE, LE를 이용한 수위 레벨 제어 프로그램

"수위레벨센서"의 값을 변수 강제 입력 상자를 이용해 500, 2000, 3500 등을 입력하고 각각의 경우에 대해 "정상_램프", "HIGH_경보_램프", "LOW_경보_램프"의 상태를 살펴본다.

7.2.6 비트 시프트 펑션(ROL, ROR)

펑 션	설 명
ROL 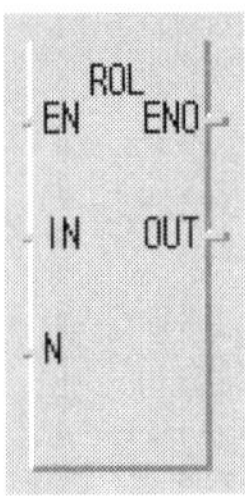 	입력 EN : BOOL, 1일 때 펑션 실행 IN : ANY_BIT, 회전될 값 N : 회전할 비트 수 출력 ENO : BOOL, EN값이 그대로 출력 OUT : ANY_BIT, 회전된 값 기능 입력 IN을 N 비트 수만큼 왼쪽으로 회전한다. 입력 IN의 맨 오른쪽에 있는 N개 비트는 맨 왼쪽에 있는 N개 비트로 채워진다.

펑 션	설 명
ROR 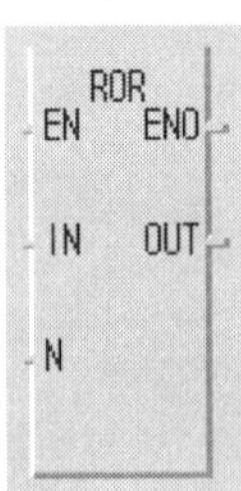 	입력 EN : BOOL, 1일 때 펑션 실행 IN : ANY_BIT, 회전될 값 N : 회전할 비트 수 출력 ENO : BOOL, EN값이 그대로 출력 OUT : ANY_BIT, 회전된 값 기능 입력 IN을 N 비트 수만큼 오른쪽으로 회전한다. 입력 IN의 맨 왼쪽에 있는 N개 비트는 맨 오른쪽에 있는 N개 비트로 채워진다.

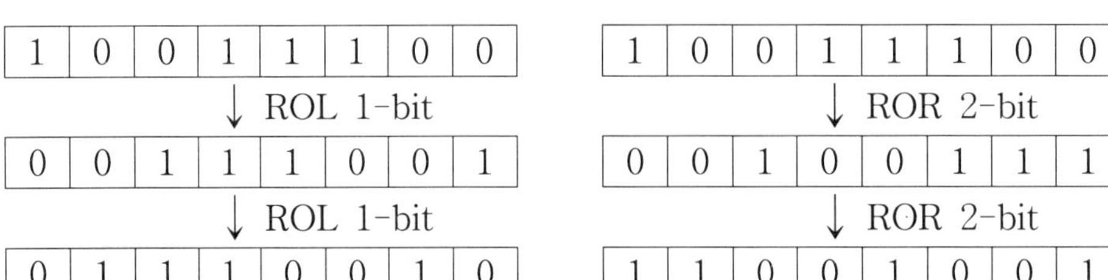

그림 7.23 펑션 ROL과 ROR

그림 7.25와 같이 프로그램을 작성한다. 그림 7.24와 같이 변수 "ROL"의 초기값으로 16#F000(2#1111000000000000)을 입력한다. 그리고 변수 "ROR"의 초기값도 동일한 방법으로 16#F0(2#11110000)을 입력한다.(데이터 타입에 유의)

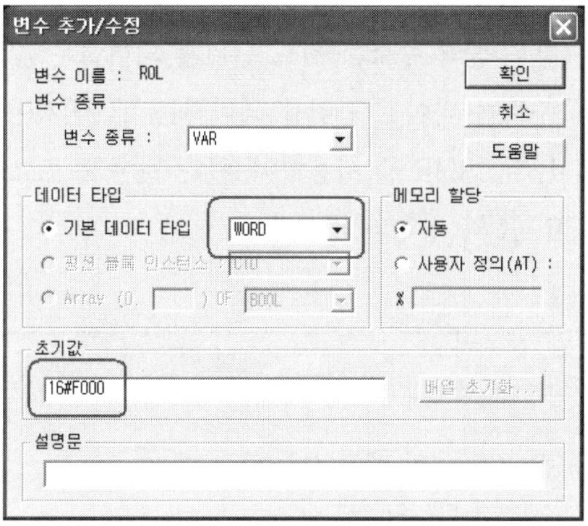

그림 7.24 변수 "ROL"의 초기값 입력

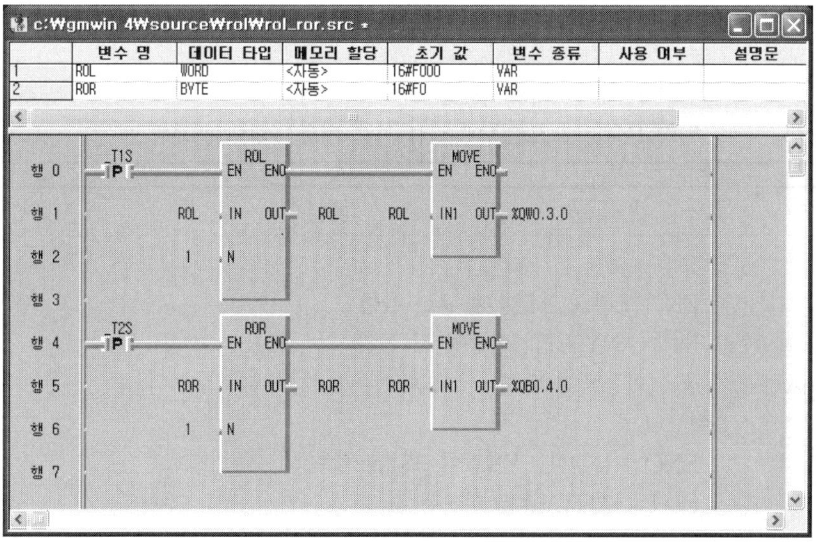

그림 7.25 펑션 ROL과 ROR을 이용한 프로그램

최초에 변수 "ROL"의 초기값으로 저장된 16#F000은 1초 주기로 1 비트 씩 왼쪽으로 회전되며, 이 값이 %QW0.3.0으로 출력된다. 또한 최초에 변수 "ROR"의 초기값으로 저장된 16#F0은 2초 주기로 1 비트 씩 오른쪽으로 회전되며, 이 값이 %QB0.4.0으로 출력된다.

%QW0.3.0과 %QB0.4.0으로 출력시키기 위해 펑션 "MOVE"를 사용하였으며, 회전시킬 값이 워드 단위인 경우 출력 주소는 워드 단위를 의미하는 "W"가 사용되었으며, 바이트 단위인 경우 출력 주소는 바이트 단위를 의미하는 "B"가 사용되었다.

추가적으로 펑션 "SHL"과 "SHR"을 사용하여 위와 같은 프로그램을 작성하고 수행된 결과를 펑션 "ROL"과 "ROR"의 경우와 비교한다.

펑 션	설 명
SHL 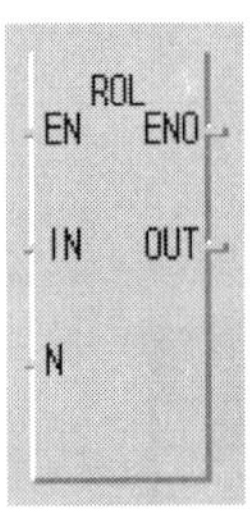 	입력 EN : BOOL, 1일 때 펑션 실행 IN : ANY_BIT, 이동될 값 N : 이동할 비트 수 출력 ENO : BOOL, EN값이 그대로 출력 OUT : ANY_BIT, 회전된 값 기능 입력 IN을 N 비트 수만큼 왼쪽으로 이동한다. 입력 IN의 맨 오른쪽에 있는 N개 비트는 0으로 채워진다.

펑 션	설 명
SHR 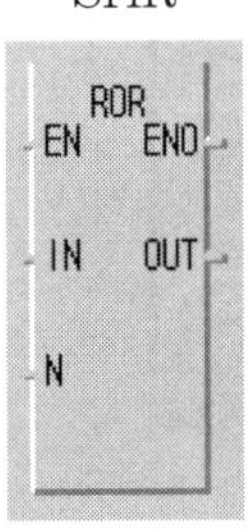 	입력 EN : BOOL, 1일 때 펑션 실행 IN : ANY_BIT, 이동될 값 N : 이동할 비트 수 출력 ENO : BOOL, EN값이 그대로 출력 OUT : ANY_BIT, 회전된 값 기능 입력 IN을 N 비트 수만큼 오른쪽으로 이동한다. 입력 IN의 맨 왼쪽에 있는 N개 비트는 맨 0으로 채워진다.

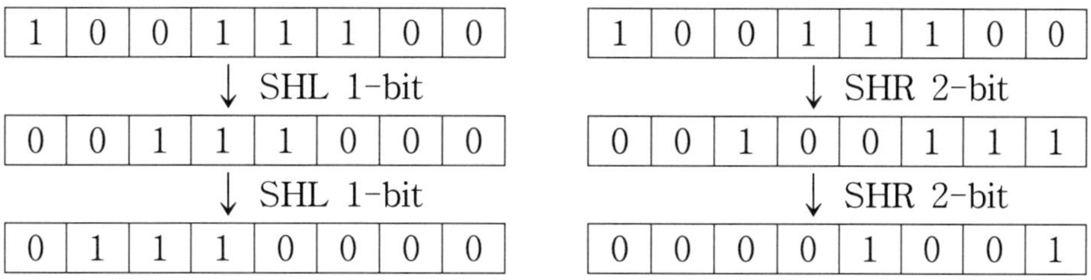

그림 7.26 펑션 SHL과 SHR

7.3 펑션 블록(function block)

7.3.1 기본 펑션 블록

기본 펑션 블록 중 가장 일반적인 것은 타이머와 카운터이다. 펑션 블록을 프로그램 편집에 이용할 경우 도구상자의 아이콘 을 클릭하고 편집 창의 해당 위치에서 클릭한다.

펑션 블록의 특징은 출력이 여러 개가 될 수 있으며, 내부에 데이터를 가질 수 있다. 펑션 블록은 사용하기 전에 변수 선언과 같이 인스턴스를 선언해야 한다. 인스턴스는 펑션 블록에서 사용하는 변수들의 집합이다. 즉 내부에서 사용하는 변수뿐 아니라 출력 값도 자체에서 보관해야 하므로 데이터 메모리를 가지고 있으며 이것이 인스턴스이다. 펑션 블록의 출력 값은 인스턴스의 뒤에 마침표를 붙이고 그 뒤에 출력 이름을 붙여 사용한다.

FB	FB 이름	기 능
타이머	TON	On 딜레이 타이머(on delay timer)
	TOF	Off 딜레이 타이머(off delay timer)
	TP	펄스 타이머(pulse timer)
카운터	CTU	가산 카운터(up counter)
	CTD	감산 카운터(down counter)
	CTUD	가감산 카운터(up-down counter)

7.3.2 On Delay Timer(TON)

펑션 블록	설 명
TON 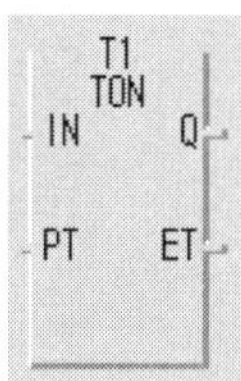	입력 IN : BOOL, 타이머 기동 조건 PT : TIME, 설정 시간(preset time) 출력 Q : BOOL, 타이머 출력 ET : TIME, 경과 시간(elapsed time) 기능 IN이 1이 된 후 PT에 의해 지정된 설정 시간이 경과된 후 Q가 1이 된다. IN이 1이 된 후 경과시간이 ET로 출력된다. 만일 경과 시간 ET가 설정 시간에 도달하기 전에 IN이 0이 되면 경과 시간은 0으로 된다. Q가 1이 된 후 IN이 0이 되면 Q는 0이 된다.

▶ 타임 차트

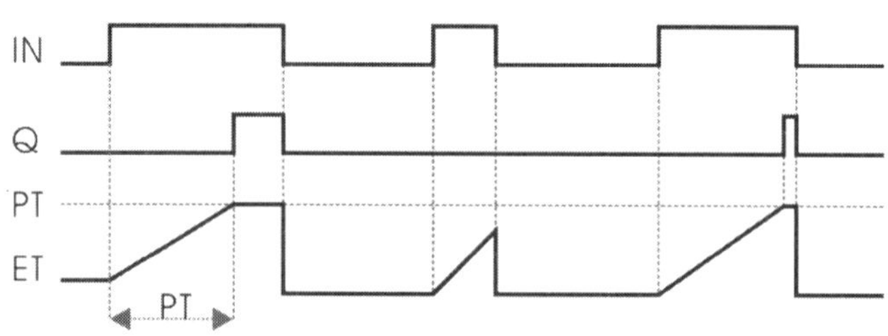

(1) TON을 이용한 램프 제어

On 딜레이 타이머를 이용하여 램프를 설정된 시간 경과 후 점등시키는 회로를 그림 7.27(a)와 같이 구성한다.

TON의 인스턴스 명을 "T1"으로 설정하면 그림 7.27(b)와 같이 출력 T1.Q와 경과 시간 T1.ET가 자동으로 생성됨을 알 수 있다.

"PB1"을 On하면(값을 1로 하면) "릴레이"가 On되고(값이 1로 되고), 타이머의 기동조건이 만족된다. 이후 타이머가 작동하여 시간이 진행되며 타이머의 설정 시간 10

sec(T#10S)가 경과된 후, 타이머의 출력 "Q"가 On(값이 1)이 되며 이에 따라 "램프"가 On(값이 1)이 된다. "램프"를 Off(값을 0)으로 하고자 한다면 "PB2"를 On시키면 된다. 즉 "릴레이"가 Off되므로 타이머의 기동조건이 만족되지 않으므로 타이머는 초기화(ET→0, Q→Off)되며 "램프"는 Off된다.

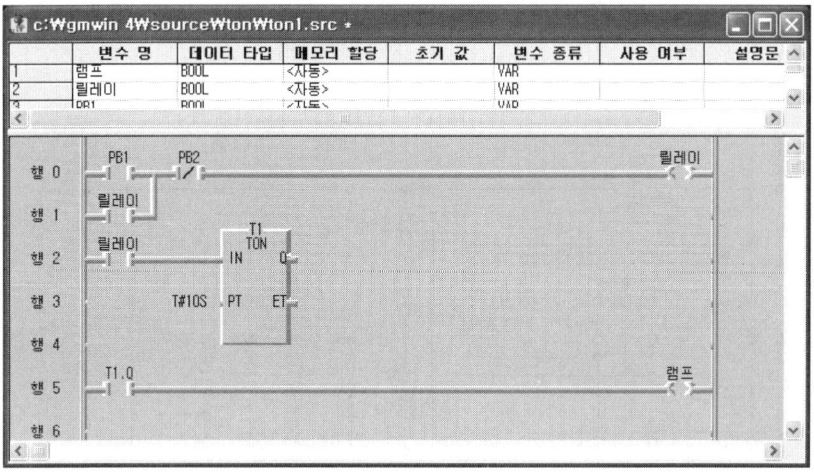

(a) 프로그램 작성 예

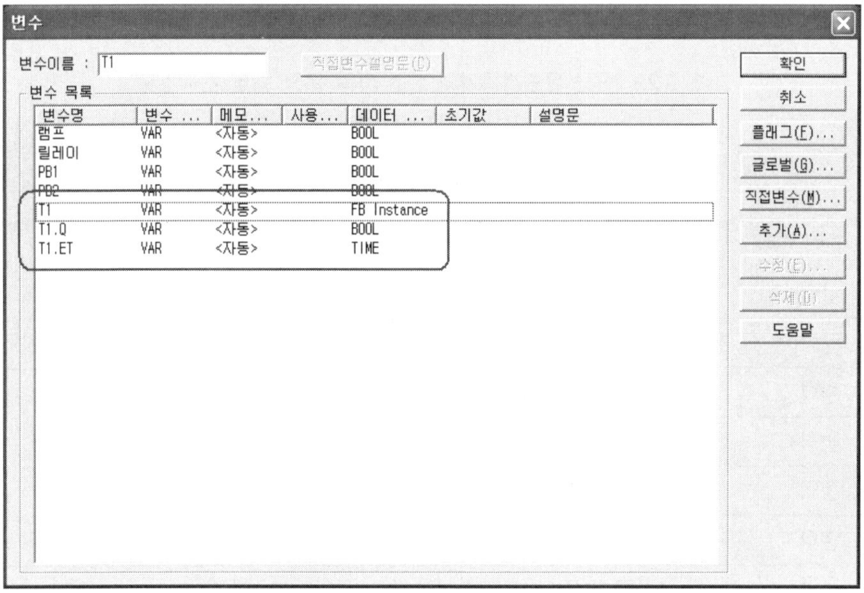

(b) 사용된 변수 목록

그림 7.27 펑션 블록 TON을 이용한 램프 제어

(2) TON을 이용한 3상 유도전동기의 Y-Δ 자동 운전 회로

On 딜레이 타이머를 이용하여 3상 유도전동기의 Y-Δ 자동 운전 회로를 구성한다. 3상 유도전동기의 Y-Δ 자동 운전 회로에 대한 스퀀스도는 다음과 같다.

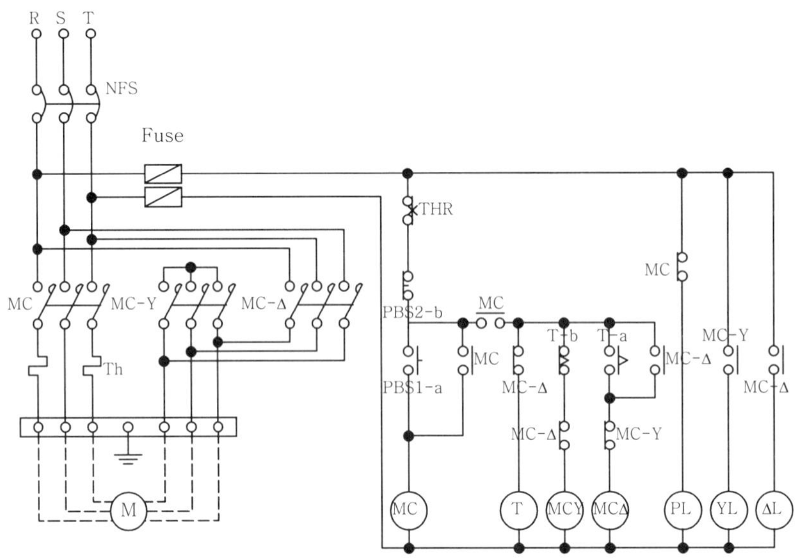

그림 7.28 3상 유도전동기의 Y-Δ 자동 운전 회로 스퀀스도

입 · 출력 할당표

입 · 출력 단자	주 소	변수명	용 도
입력	%IX0.0.0	PBS1	기동 스위치
입력	%IX0.0.1	PBS2	정지 스위치
출력	%QX0.4.0	MC	전원 공급 전자개폐기
출력	%QX0.4.2	MCD	Δ-운전용 전자개폐기
출력	%QX0.4.4	MCY	Y-운전용 전자개폐기
출력	%QX0.4.1	PL	정지 램프
출력	%QX0.4.3	YL	Y-운전 램프
출력	%QX0.4.5	DL	Δ-운전 램프

제어회로를 PLC를 이용하여 구성할 경우 다음과 같은 입·출력 변수가 필요하다. 즉 입·출력 변수에 대해 다음의 입·출력 할당표에 제시된 것과 같이 주소, 접속기기, 용도 등을 체계적으로 정리하여 프로그램 작성시 이용한다.

입력 기기는 2개의 푸시 버튼 스위치이며, 출력 기기는 3개의 전자 개폐기, 3개의 상태 표시 램프이다. 프로그램에 사용된 변수 "RELAY"는 PLC의 메모리에서 사용되는 변수이며, 이는 주소가 할당될 필요가 없다.

프로그램 작성 예는 그림 7.29에 제시되어 있으며, 입·출력 기기를 PLC와 배선한 개념도가 그림 7.30에 제시되어 있다. 이러한 배선방법은 PLC 기종에 따라 다소 차이가 존재하나, 본 교재에서 언급된 바 있는 GLOFA 시리즈 모델중 GM4 기종의 경우를 기준으로 작성되었다.

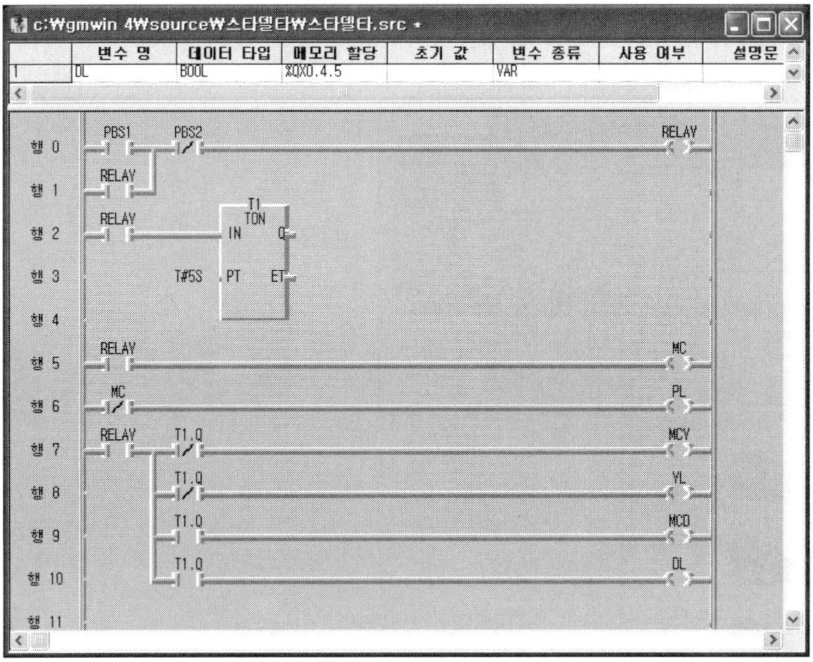

그림 7.29 3상 유도전동기의 Y-Δ 자동 운전 프로그램

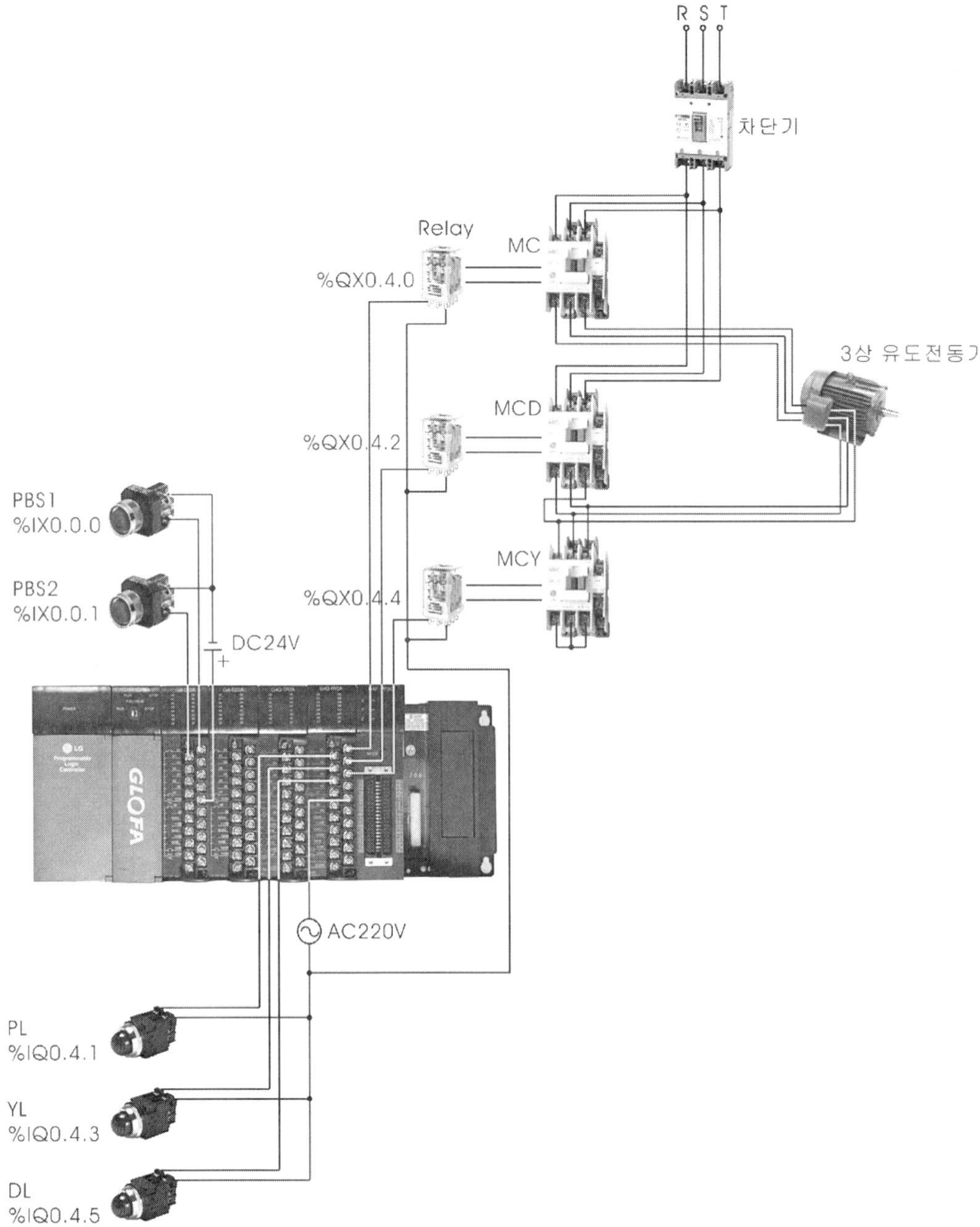

그림 7.30 PLC와 입·출력 기기와의 연결

7.3.3 Off Delay Timer(TOF)

펑션 블록	설 명
TOF 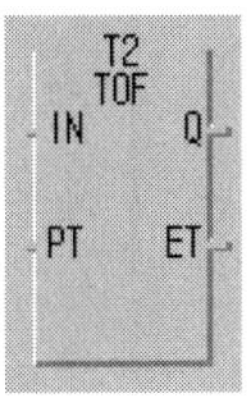 	입력 IN : BOOL, 타이머 기동 조건 PT : TIME, 설정 시간(preset time) 출력 Q : BOOL, 타이머 출력 ET : TIME, 경과 시간(elapsed time) 기능 IN이 1이 되면 Q가 1이 되고, IN이 0이 된 후부터 PT에 의해 지정된 설정 시간이 경과된 후 Q가 0이 된다. IN이 0이 된 후 경과시간이 ET로 출력된다. 만일 경과 시간 ET가 설정 시간에 도달하기 전에 IN이 1이 되면 경과 시간은 다시 0으로 된다.

▶ 타임 차트

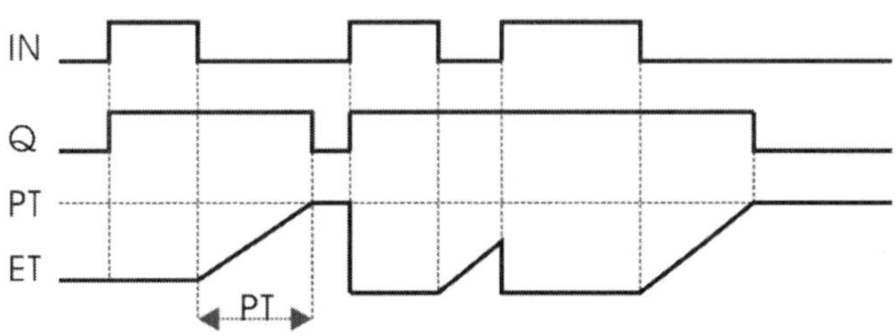

Off 딜레이 타이머를 이용하여 램프의 On/Off 제어를 실시한다.

"스위치"를 On하면 타이머의 출력 "T1.Q"가 On이 되고 동시에 "램프"는 On된다. 이후 "스위치"를 Off하면 타이머가 작동하기 시작한다. 설정된 타이머 시간 10 sec가 경과되면 (T#10S) 타이머의 출력 "T1.Q"가 Off되고 이에 따라 "램프"는 Off된다.

타이머 작동시 경과 시간 "T1.ET"는 펑션 "TIME_TO_UDINT"에 입력되고 Unsigned Double Integer 형으로 변환되어 "시간버퍼"의 값으로 출력된다. "시간버퍼"의 값은 펑션 "UDINT_TO_BCD"에 입력되고 BCD로 변환되어 "표시기"의 값으로 출력된다.

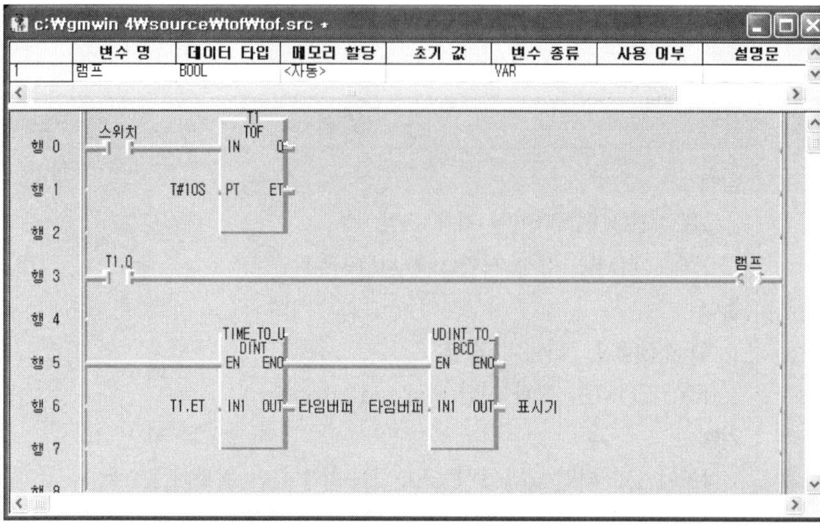

그림 7.31 펑션 블록 TOF를 이용한 램프 제어

7.3.4 Pulse Timer(TP)

펑션 블록	설 명
TP 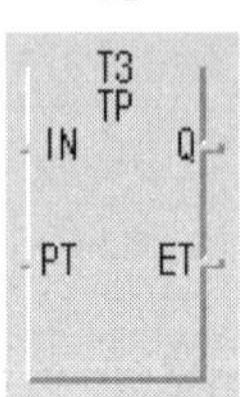	입력 IN : BOOL, 타이머 기동 조건 PT : TIME, 설정 시간(preset time) 출력 Q : BOOL, 타이머 출력 ET : TIME, 경과 시간(elapsed time) 기능 IN이 1이 되면 PT에 의해 지정된 설정 시간 동안만 Q가 1이 되고, ET가 PT에 도달하면 자동으로 0이 된다. 경과 시간 ET는 IN이 1이 되었을 때부터 증가하며, 설정 시간 PT에 도달하면 값을 유지하다가 IN이 0이 될 때 0이 된다. ET가 증가할 동안은 IN이 0이 되거나 다시 1이 되어도 영향은 없다.

▶ 타임 차트

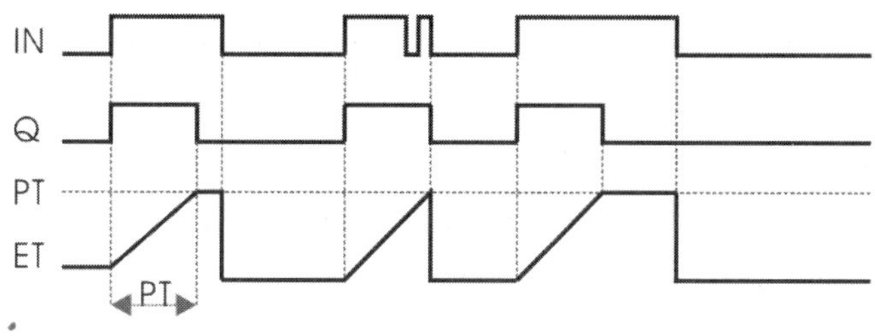

펄스 타이머를 이용하여 램프의 On/Off 제어를 실시한다.

"스위치"를 Off→On하면 타이머의 출력 "T1.Q"가 설정된 시간 5 sec 동안 On되었다가 Off된다. 이에 따라 "램프"도 On, Off 동작을 취한다.

타이머 작동시 경과 시간 "T1.ET"가 증가할 동안 "스위치"가 Off되거나 다시 On되어도 "램프"의 출력에는 변화가 없다. 즉 영향을 주지 않는다. "T1.ET"가 증가할 동안 경과 시간이 "표시기"에 출력된다.

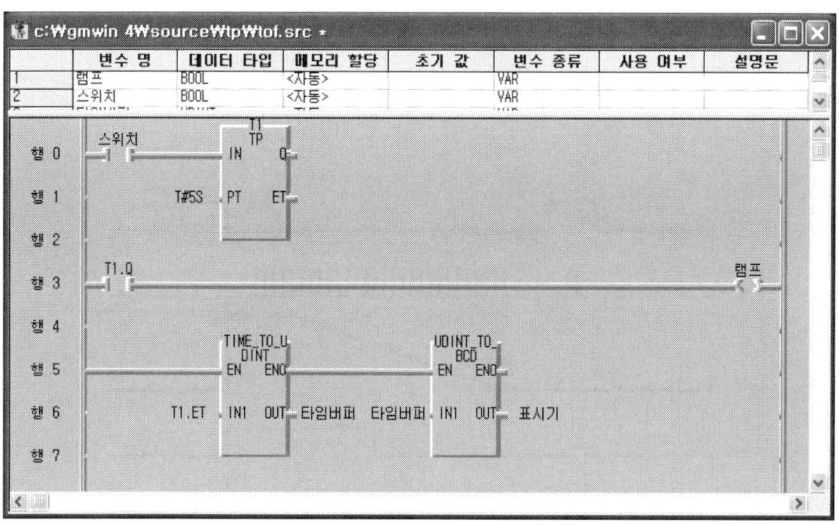

그림 7.32 펑션 블록 TP를 이용한 램프 제어

7.3.5 Up Counter(CTU)

펑션 블록	설 명
CTU 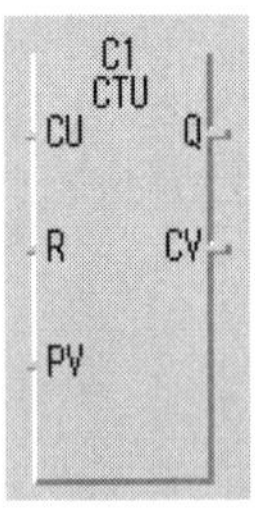	입력 CU : BOOL, 업 카운트(up count) 펄스 입력 R : BOOL, 리셋 입력(reset) PV : INT, 설정값 (preset value) 출력 Q : BOOL, 카운트 업(count up)출력 CV : INT, 현재값(current value) 기능 R이 0이고 CU가 0에서 1이 될 때 카운트되며 CV는 CV의 이전 값보다 1증가한다. (단 CV가 INT의 최대 값인 32767 이하일 때만 증가하고 32767이 되면 더 이상 증가하지 않는다) 출력 Q는 CV가 PV 이상이 될 때만 1이 된다. 리셋 입력 R이 1이 되면 현재값 CV는 언제나 0으로 클리어(clear) 된다. PV 값은 CTU 펑션 블록을 만날 때마다 설정값을 새롭게 가져와 연산한다.

▶ 타임 차트

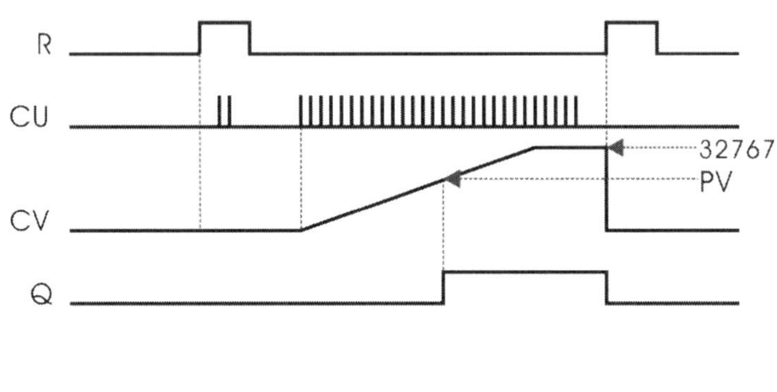

Up Counter를 이용하여 입력된 펄스의 개수가 "설정치"에 이르면 출력 "램프"를 On시키는 프로그램을 작성한다.

"설정값"의 초기값을 20으로 설정하고 %IX0.0.0의 스위치가 Off→On되는 경우 현재값 "CV"의 변화를 살펴본다. 카운터는 입력 신호의 Rising Edge를 감지하여 카운트된 값을 1 증가시킨다. 계속되는 입력 신호를 받으면 현재값은 계속 증가되는데 현재값이 "설정값" 20에 도달하면 카운터의 출력 "C1.Q"의 값이 1이 되고, "램프"는 On이 된다.

카운터의 출력 "C1.Q"의 값이 1일지라도 펄스가 계속 입력되면 현재값 "C1.CV"의 값은 그 값이 32767이 될 때까지 계속 증가한다.

카운터를 리셋시키기 위해서는 리셋 입력 %IX0.0.1의 스위치를 1회 눌러 그 값을 1로 만들어 준다.

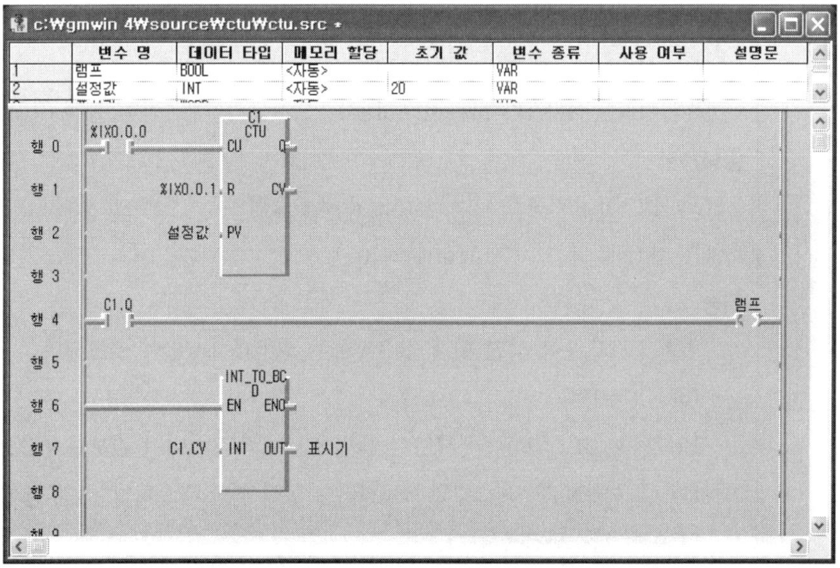

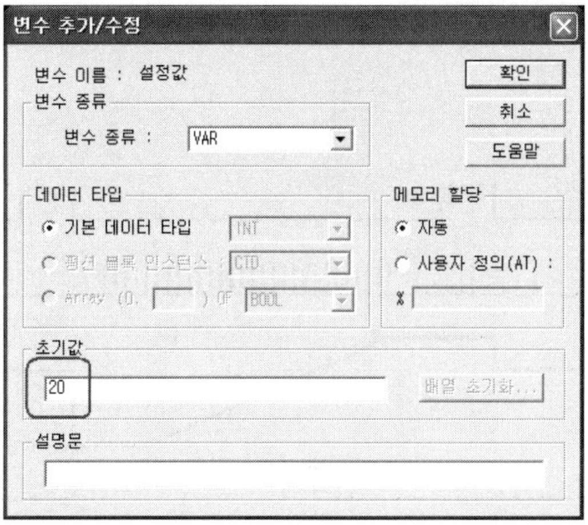

그림 7.33 펑션 블록 CTU를 이용한 프로그램 예

프로그램 수행 중 현재값 "C1.CV"는 펑션 INT_TO_BCD에 의해 BCD로 변환되어 표시기로 출력된다.

7.3.6 Down Counter(CTD)

펑션 블록	설 명
CTD 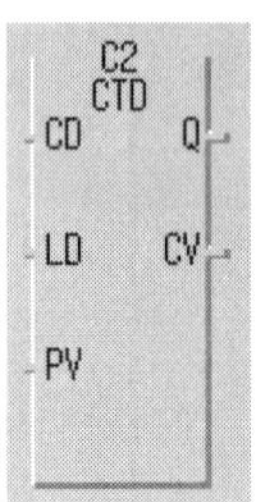 	입력 CD : BOOL, 다운 카운트(down count) 펄스 입력 LD : BOOL, 설정치 입력(load) PV : INT, 설정값 (preset value) 출력 Q : BOOL, 카운트 다운(count down)출력 CV : INT, 현재값(current value) 기능 입력 LD가 1이 되면 현재 값 CV에는 언제나 PV값이 로드된다. (즉 CV=PV) LD가 0이고 CU가 0에서 1이 되면 CV는 CV의 이전 값보다 1감소한다. (단 CV는 INT의 최소값인 -32768 이상일 때만 감소하고 -32768이 되면 더 이상 감소하지 않는다.) 출력 Q는 CV가 0이하 일 때만 1이 된다.

▶ 타임 차트

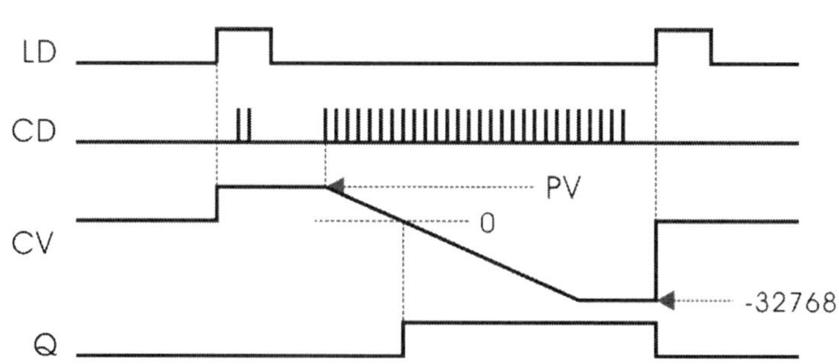

Down Counter를 이용하여 입력된 펄스의 개수가 "설정치"에 이르면 출력 "램프"를 On시키는 프로그램을 작성한다.

설정값 PV의 값을 값을 10으로 설정한다. 초기에 "_1ON"에 의해 변수 "설정값입력"이 1이 되어 설정값 10이 현재값 CV에 로드된다.(_1ON : 예약변수로서 첫 스캔 On)

스위치 %IX0.0.0이 Off→On되는 경우 현재값 CV의 변화를 살펴본다. 카운터는 입력신호의 Rising Edge를 감지하여 카운트된 값을 1 감소시킨다. 계속되는 입력 신호를 받아 CV는 계속 감소되는데 CV가 0에 도달하면 카운터의 출력 "C1.Q"의 값이 1이 된다. 따라서 "램프"는 On이 된다.

카운터를 리셋시키기 위해서는 %IX0.0.1의 스위치를 1회 눌러 그 값을 1로 만들어 준다. 이때 "설정값입력"이 1이 되어 10이 현재값 CV에 로드된다.

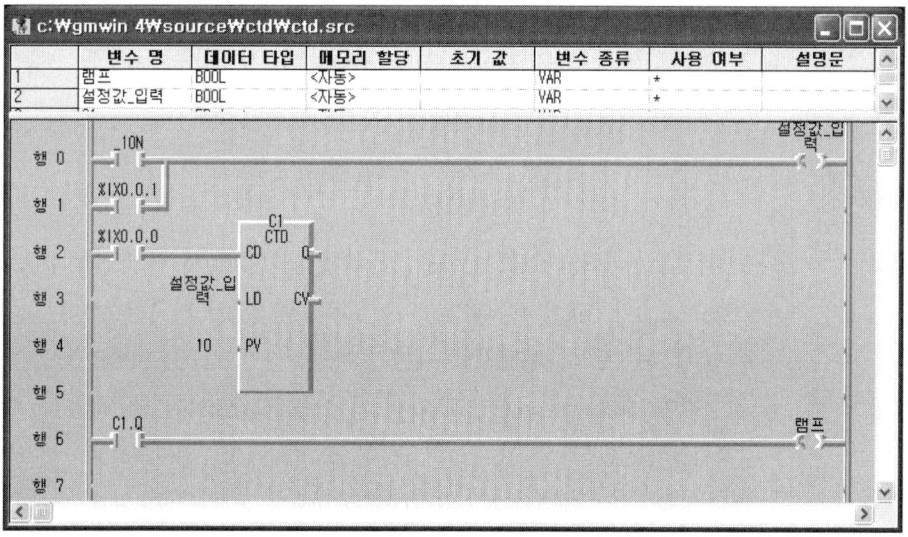

그림 7.34 펑션 블록 CTD를 이용한 프로그램 예

7.3.7 Up-Down Counter(CTUD)

<table>
<tr><th>펑션 블록</th><th>설 명</th></tr>
<tr><td>CTUD
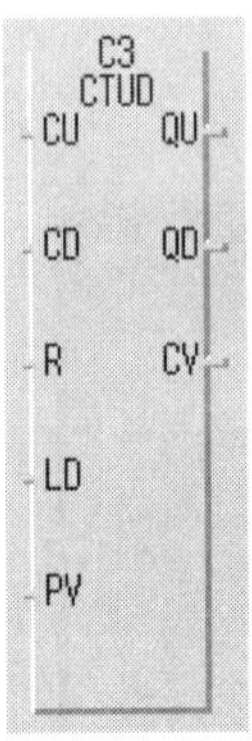
</td><td>입력
CU : BOOL, 업 카운트(up count) 펄스 입력
CD : BOOL, 다운 카운트(down count) 펄스 입력
R : BOOL, 리셋 입력(reset)
LD : BOOL, 설정치 입력(load)
PV : INT, 설정값 (preset value)
출력
QU : BOOL, 카운트 업(count up)출력
QD : BOOL, 카운트 다운(count down)출력
CV : INT, 현재값(current value)
기능
리셋 입력 R이 1이 되면 현재값 CV를 0으로 클리어한다.
입력 LD가 1이 되면 현재값 CV에는 언제나 PV값이 로드된다.
(즉 CV=PV)
R과 LD가 0이고 CU가 0에서 1이 되면 CV는 CV의 이전 값보다 1증가하고, CD가 0에서 1이 되면 CV는 CV의 이전 값보다 1감소한다.
(단 CV는 INT의 최소 값인 -32768과 최대값인 32767 사이의 값을 가지며 최대, 최소값에 이르면 각각 더 이상 증가, 감소하지 않는다.)
출력 QU는 CV가 PV보다 크면 1이 되고 QD는 CV가 0이하일 때 1이 된다.
각 입력신호에 대해서 R〉LD〉CU〉CD 순으로 동작 우선순위를 가지며 신호의 중복 발생 시 높은 순위의 동작 하나만 수행한다.</td></tr>
</table>

▶ 타임 차트

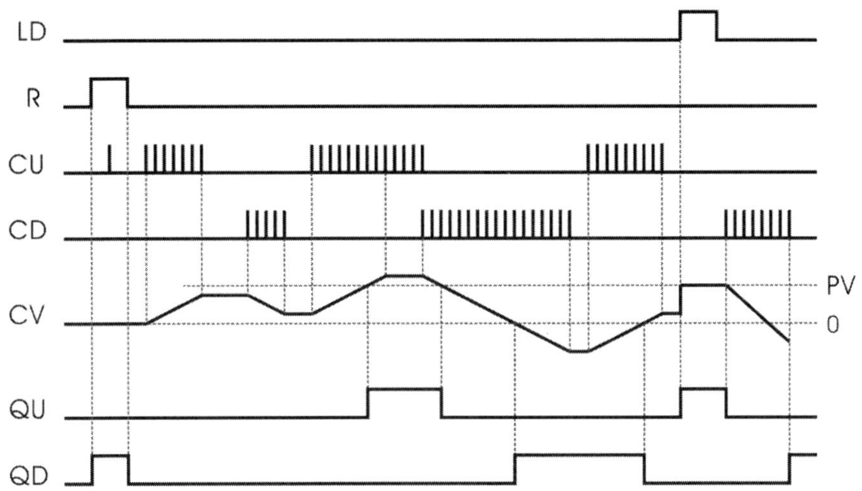

Up-Down Counter CTUD를 이용하여 그림 7.35와 같이 프로그램을 작성한다. 펑션 블록 CTUD의 인스턴스 변수 C1을 선언한다. 설정값 PV의 값은 10으로 설정한다. 프로그램이 실행되면 최초에 _1ON(첫 스캔 On)에 의해 5 가 C1.CV 에 전송되어 현재값 CV는 5가 된다.

%IX0.0.0을 On-Off하여 업 카운트 펄스를 CU에 입력하면 현재값 CV는 증가한다. 그리고 %IX0.0.1을 On-Off하여 다운 카운트 펄스를 CD에 입력하면 현재값 CV는 감소한다.

현재값 CV가 설정값인 10 이상이면 C1.QU가 On이 되어 U_LAMP가 On이 된다. 그리고 현재값 CV가 0 이하이면 C1.QD가 On이 되어 D_LAMP가 On이 된다.

리셋 입력 %IX0.0.2를 On하면 카운터가 리셋되어 현재값 CV는 0으로 클리어(Clear)된다. 설정치 입력 %IX0.0.3을 On 하면 LD가 On이 되어 설정값 10이 현재값에 로드된다.

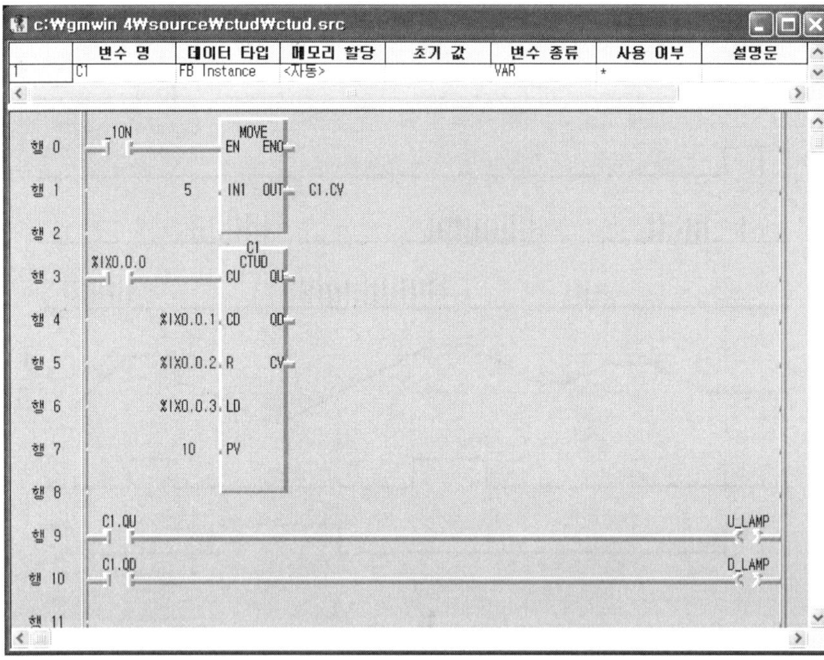

그림 7.35 펑션 블록 CTUD를 이용한 프로그램 예

7.4 연습 과제

7.4.1 2개의 실린더 순차 제어

2개의 복동실린더를 순차제어 하기 위한 프로그램을 작성한다. 시작 버튼을 누르면 양 솔레노이드 밸브 A의 솔레노이드 1이 On되면서 실린더 A는 전진한다.

실린더 A가 전진 완료되면 편 솔레노이드 밸브 B의 솔레노이드가 On되어 실린더 B가 전진한다. 실린더 B가 전진하기 위한 조건은 리밋스위치 LS2와 LS3가 On인 상태이다.

실린더 B가 전진 완료되면(LS4가 On) 실린더 A가 후진한다. 후진이 완료되어 LS1이 On되면 실린더 B도 후진한다.

이와 같은 동작을 구현하는 2개의 실린더 순차 제어 프로그램을 작성하시오.

입·출력 할당표

입·출력	주 소	변수명	용 도
입력	%IX0.0.0	START	시작 스위치
입력	%IX0.0.1	LS1	실린더 A의 후진 위치 검출
입력	%IX0.0.2	LS2	실린더 A의 전진 위치 검출
입력	%IX0.0.3	LS3	실린더 B의 후진 위치 검출
입력	%IX0.0.4	LS4	실린더 B의 전진 위치 검출
출력	%QX0.4.0	SOL1	솔레노이드 밸브 A의 솔레노이드 1
출력	%QX0.4.1	SOL2	솔레노이드 밸브 A의 솔레노이드 2
출력	%QX0.4.2	SOL3	솔레노이드 밸브 B의 솔레노이드

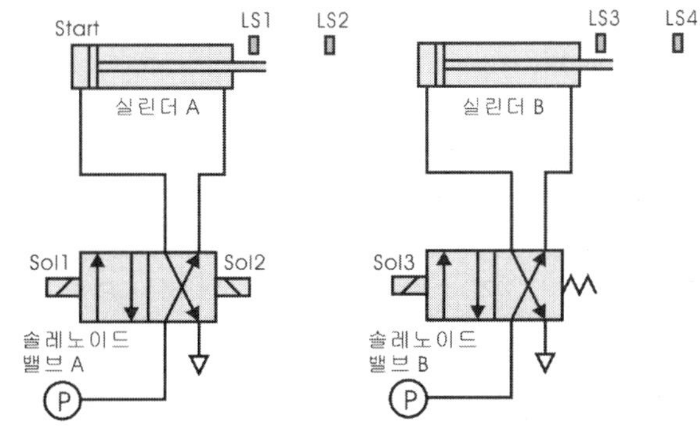

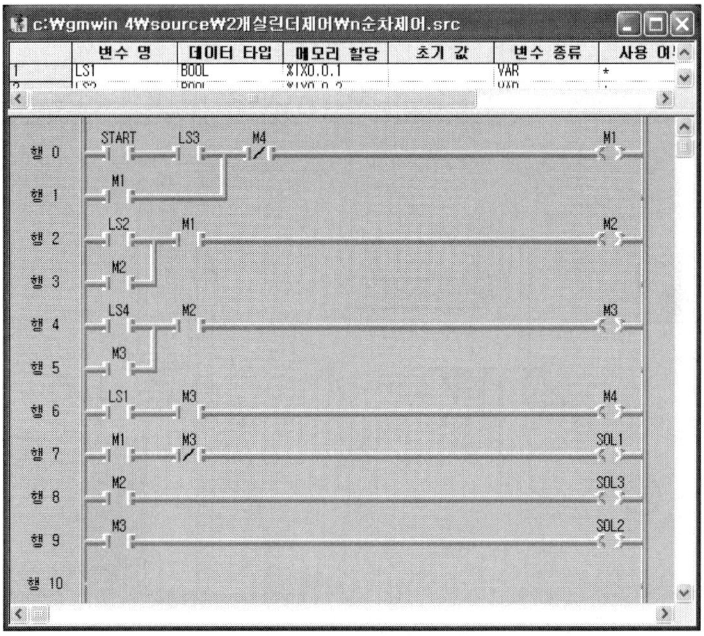

그림 7.36 2개의 실린더 순차 제어 프로그램 예

7.4.2 상하 왕복운동식 세척기

가공된 제품을 세척하기 위해서 20 리터 용기에 세척액을 채우고 공압 밸브와 실린더를 이용하여 세척액 내에서 제품을 왕복운동시켜 세척을 실시한다.

타이머를 이용하여 실린더가 하강하는 시간을 3초, 상승하는 시간을 2초로 설정한다. 세척하는데 걸리는 시간은 총 30초로 설정한다.

초기에 정지램프가 On인 상태이고, 시작 버튼을 누르면 세척이 실시되면서 정지램프는 Off로 되고 운전램프는 Off에서 On으로 된다.

솔레노이드 밸브의 초기 상태(Off)에서 실린더는 상승 위치에 있으며, 솔레노이드 밸브가 On되면 실린더는 하강한다.

입·출력 할당표

입·출력	주소	변수명	용 도
입력	%IX0.0.0	시작	세척작업을 시작하는 명령
입력	%IX0.0.1	정지	세척작업을 중지하는 명령
출력	%QX0.3.0	정지램프	세척작업 정지 상태 표시
출력	%QX0.3.1	운전램프	세척작업 상태 표시
출력	%QX0.3.2	솔레노이드	에어 실린더 동작용 솔레노이드 밸브

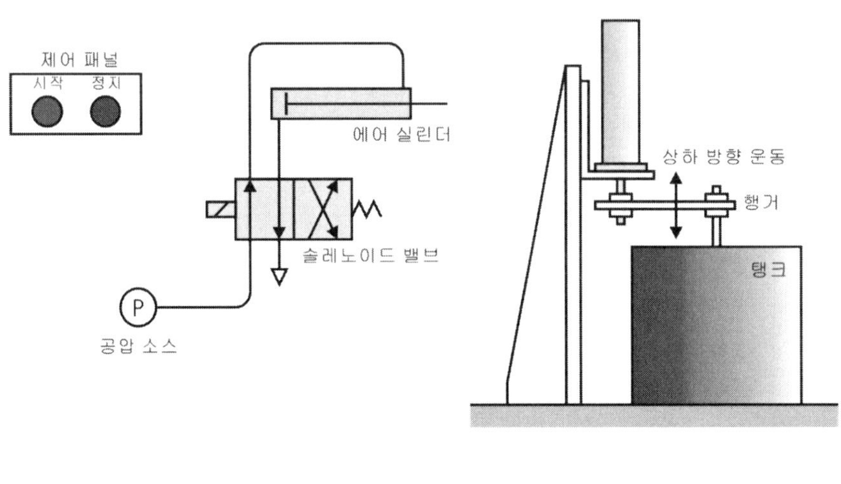

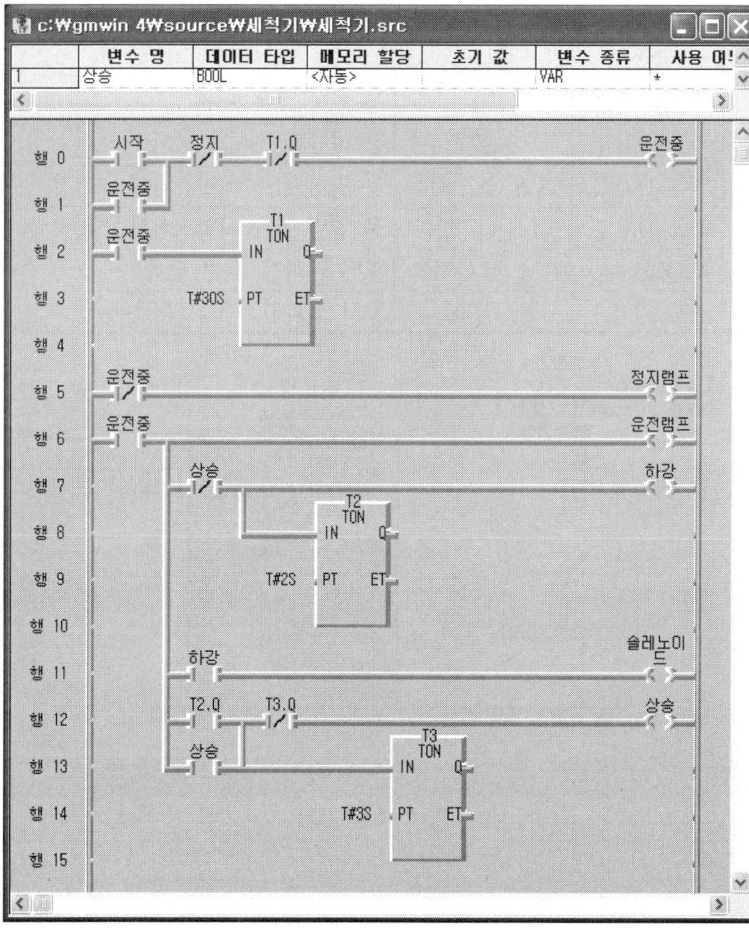

그림 7.37 상하 왕복운동식 세척기 프로그램 예

7.4.3 자동문 개폐 제어

문의 안쪽과 바깥쪽에 설치된 초음파 센서(S1, S2)에 의해서 사람이 감지되면 모터가 정회전하여 닫혀 있던 문이 열린다. 문이 완전히 열리면 리밋스위치 LS_OPEN에 의해서 이를 검출하고 모터를 정지시킨다.

문이 완전히 열려 있고 초음파 센서로부터 사람이 감지되지 않으면, 이때부터 3초가 경과된 후 모터가 역회전하여 문을 닫는다.

이와 같은 동작을 구현하는 자동문 개폐 제어 프로그램을 작성한다.

입 · 출력 할당표

입 · 출력	주소	변수명	용 도
입력	%IX0.0.0	S1	문 안쪽 초음파 센서
입력	%IX0.0.1	S2	문 바깥쪽 초음파 센서
입력	%IX0.0.2	LS_CLOSE	문 닫힘 검출 리밋스위치, b접점
입력	%IX0.0.3	LS_OPEN	문 열림 검출 리밋스위치, b접점
출력	%QX0.4.0	M_CLOSE	모터 역회전, 문을 닫음
출력	%QX0.4.1	M_OPEN	모터 정회전, 문을 열음

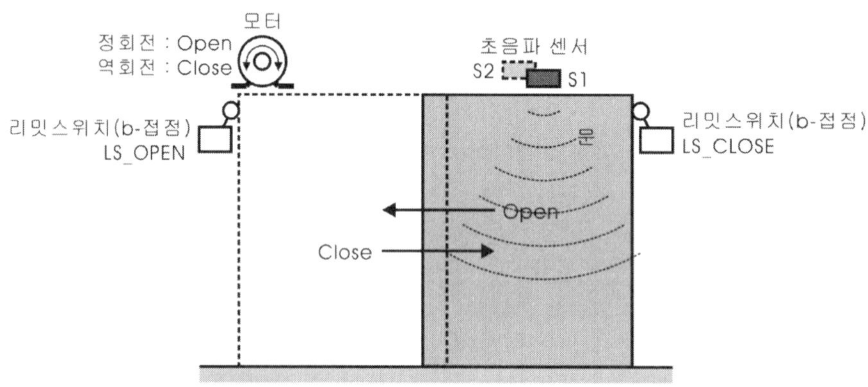

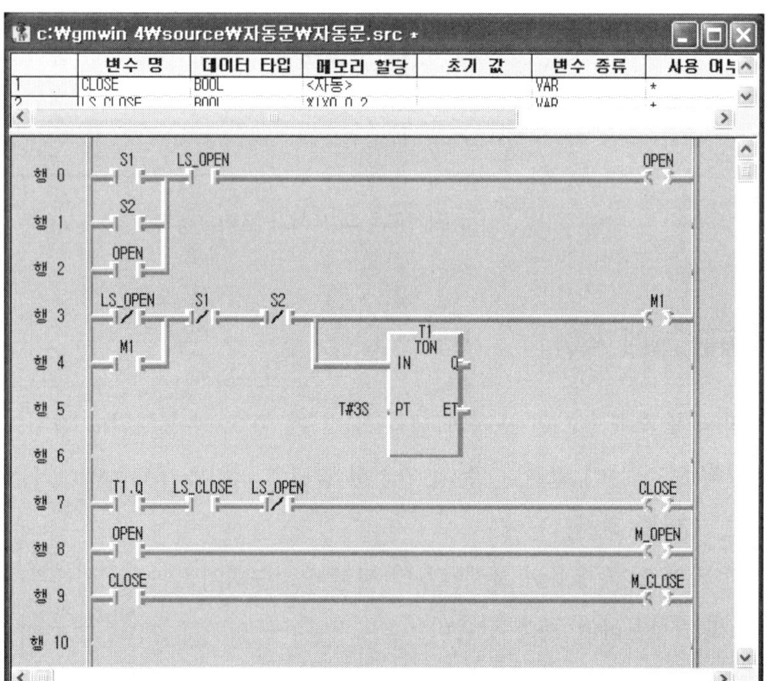

그림 7.38 자동문 개폐 제어 세척기 프로그램 예

7.4.4 자동차 진입 자동문 제어

자동차가 문을 통과해 들어가려고 하면 먼저 초음파 센서가 차량의 유무를 감지한다. 초음파 센서가 차량의 존재를 확인하면 모터가 정회전하여 자동문이 위로 올라가기 시작한다.

문이 최대로 열리면 이를 검출하는 상한 검출용 리밋스위치가 On되고 모터는 정지한다. 이때 자동차는 문으로 진입하게 되는데 차량의 진입 여부를 포토 센서를 이용하여 검출한다. 차량이 문을 지나는 동안 포토 센서는 자동차를 감지하여 포토 출력은 On이고 완전히 지나가면 포토 출력은 Off로 된다.

이와 동시에 모터가 역회전하여 자동문이 아래로 내려가기 시작하는데, 문이 완전히 아래로 내려가면 하한 검출용 리밋스위치가 On되고 모터는 정지한다.

이와 같은 동작을 구현하는 자동차 진입 자동문 제어 프로그램을 작성한다.

입·출력 할당표

입·출력	주소	변수명	용 도
입력	%IX0.0.0	초음파센서	문 근처에 존재하는 자동차 검출
입력	%IX0.0.1	포토센서	자동차의 문 통과 여부를 검출
입력	%IX0.0.2	상한리밋스위치	문의 상한위치(열림) 검출, a-접점
입력	%IX0.0.3	하한리밋스위치	문의 하한위치(닫힘) 검출, a-접점
출력	%QX0.4.0	모터상승	모터 정회전, 문을 올림
출력	%QX0.4.1	모터하강	모터 역회전, 문을 내림

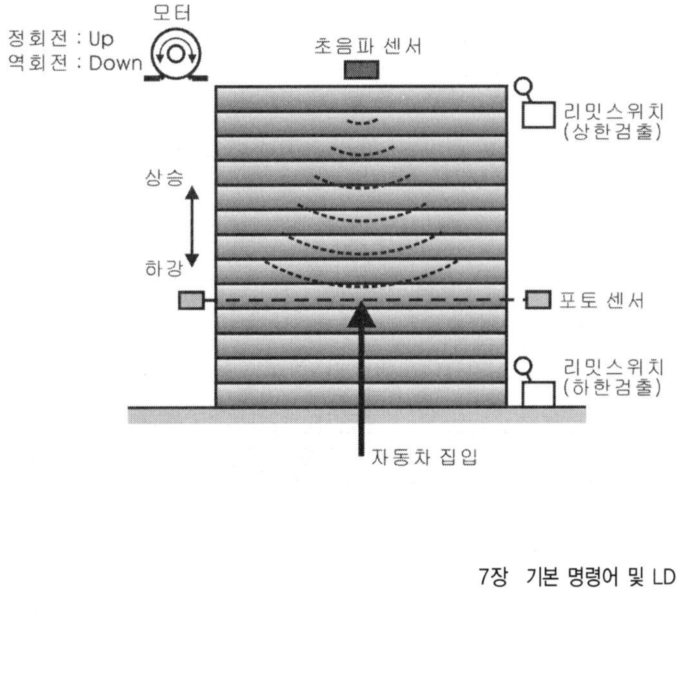

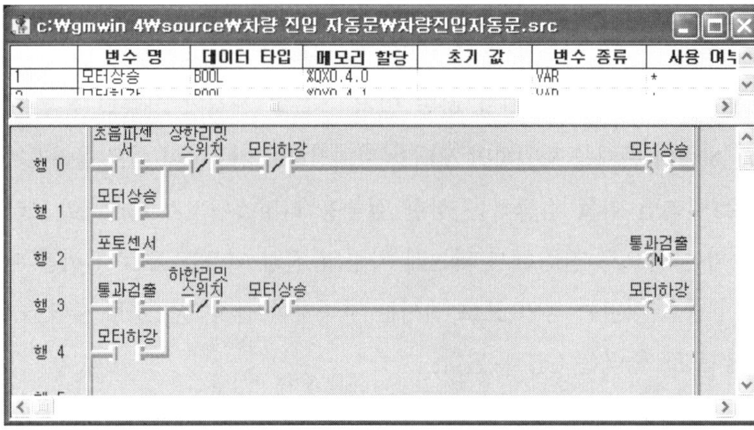

그림 7.39 자동차 진입 자동문 제어 프로그램 예

7.4.5 주차관리 시스템

주차장을 관리하기 위해 PLC를 이용한 시스템을 구성하도록 한다. 그림과 같은 주차장에 최대 100대의 차량이 주차할 수 있다. 주차장 입구로 들어오는 차량은 "입구센서"를 이용하여 감지할 수 있으며, 주차장 출구로 나가는 차량은 "출구센서"를 이용하여 감지할 수 있다. 각각의 센서 출력은 PLC로 입력되어 현재 주차장에 남아있는 차량의 숫자를 계산하게 된다.

(1) 만일 주차장에 주차된 차량이 100대 이상이 되면 "적색등"을 1초 주기로 점멸시키고, 그 미만이면 "녹색등"을 점등시킨다.
(2) 프로그램이 실행되는 초기에 카운터의 값을 0으로 자동 설정되게 한다.
(3) 리셋 버튼에 의해 현재값을 0으로 초기화 할 수 있어야 한다.
(4) 카운터는 CTUD를 사용한다.

이러한 기본적인 동작을 취할 수 있는 제어 시스템을 PLC로 구현하기 위한 프로그램을 작성한다.

입·출력 할당표

입·출력	주소	변수명	용 도
입력	%IX0.0.0	입구센서	주차장 입구로 들어오는 차량 감지
입력	%IX0.0.1	출구센서	주차장 출구로 나가는 차량 감지
입력	%IX0.0.2	리셋	카운터 리셋
출력	%QX0.3.0	녹색등	주차된 차량이 100대 이상인 경우
출력	%QX0.3.1	적색등	주차된 차량이 100대 미만인 경우

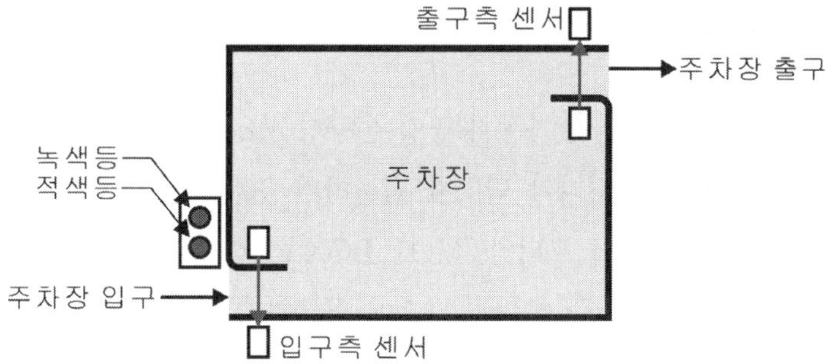

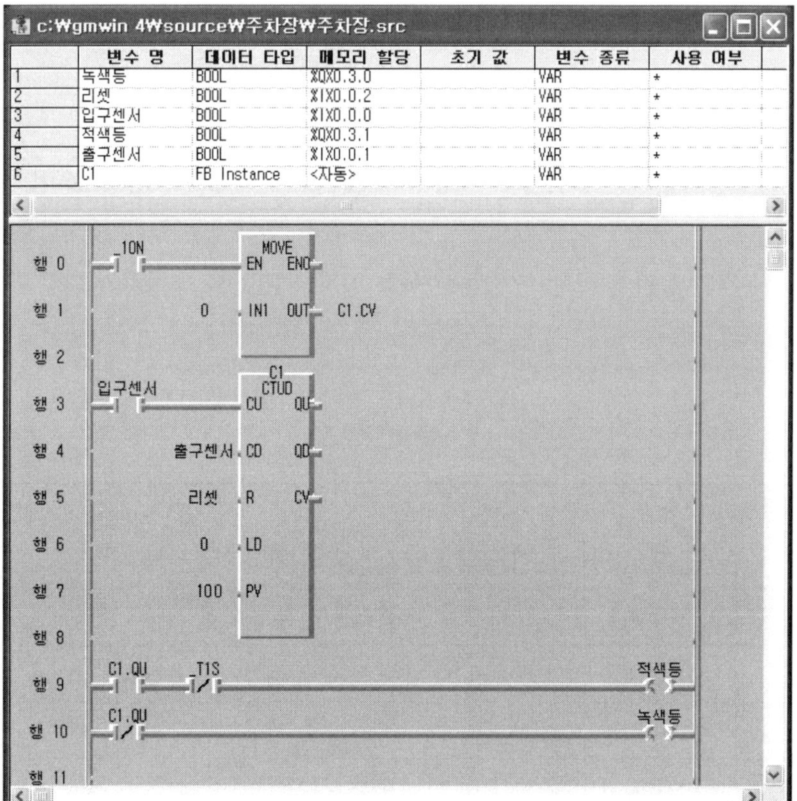

그림 7.40 주차관리 시스템 프로그램 예

7.4.6 제품 패키징

제품을 포장하기 위한 기본적인 자동화 공정을 구성하도록 한다. 제품을 적재하기 위한 박스가 컨베이어에 의해 이동되다가 박스를 검출하기 위한 센서인 "SEN_BOX"에 의해 감지되면 박스 운반용 컨베이어 모터인 "MOT_BOX"는 정지한다.

"MOT_BOX"가 정지하면(Off) 제품을 박스에 공급하기 위한 컨베이어가 동작하기 시작하여 제품을 박스에 공급한다. 이는 제품 공급 컨베이어 모터인 "MOT_PROD"가 회전함으로써(On) 구현된다. 제품 5개가 박스에 공급되는데 제품의 공급 수량은 제품 검출 센서인 "SEN_PROD"에 의해 검출되고 업 카운터 C1에 의해 카운트된다. 카운트된 값이 5이면 제품 공급 컨베이어 모터는 정지하고, 박스 운반용 컨베이어 모터는 회전하기 시작한다.

제어는 시작을 의미하는 "START" 버튼을 누르면 시작되고 "STOP" 버튼을 누르면 종료된다.

이러한 기본적인 동작을 취할 수 있는 자동화 공정을 PLC로 구현하기 위한 프로그램을 작성한다.

입·출력 할당표

입·출력	주소	변수명	용 도
입력	%IX0.0.0	START	시스템 시작 스위치
입력	%IX0.0.1	STOP	시스템 정지 스위치
입력	%IX0.0.2	SEN_BOX	박스 검출 센서
입력	%IX0.0.3	SEN_PROD	제품 검출 센서
출력	%QX0.4.0	MOT_PROD	제품 공급용 컨베이어 구동 모터
출력	%QX0.4.1	MOT_BOX	박스 운반용 컨베이어 구동 모터

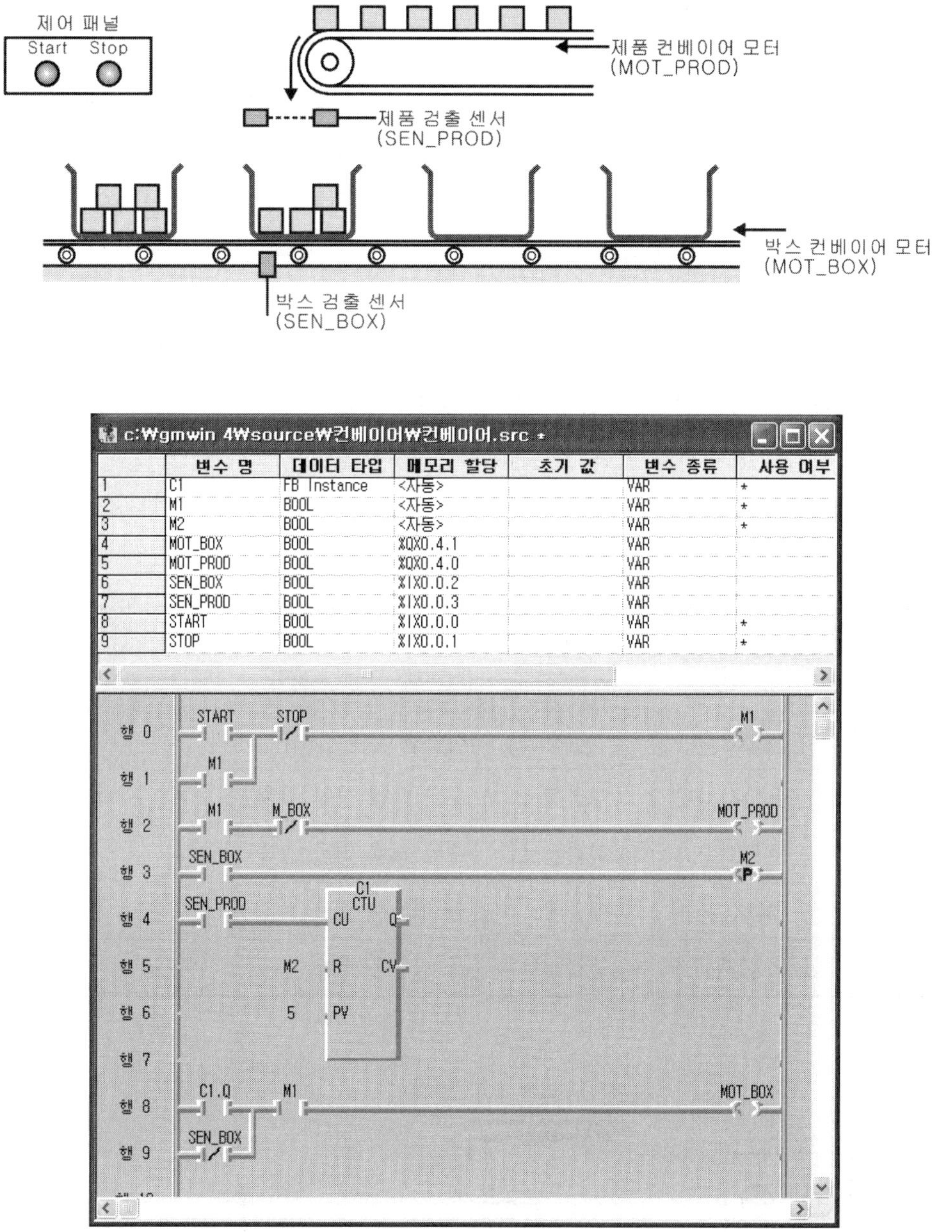

그림 7.41 제품 패키징 프로그램 예

7.4.7 탱크 수위 제어

물을 저장하는 탱크의 수위를 제어하는 공정에 대한 프로그램을 작성한다. 탱크의 수위 제어는 전자밸브에 의해 실시된다. 즉, 수위가 상한에 도달하면 공급밸브를 닫고 배출밸브를 연다. 마찬가지로 수위가 하한에 도달하면 공급밸브를 열고 배출밸브를 닫는다. 여기서 밸브를 연다는 것은 밸브의 상태값이 On, 밸브를 닫는다는 것은 밸브의 상태값이 Off이다.

탱크의 수위 제어 시스템은 기동 스위치를 On함으로써 제어가 시작되며, 정지 스위치를 On하면 운전은 정지된다. 공급밸브와 배출밸브가 동시에 On되는 경우는 없다고 할 때, 탱크의 수위를 제어하기 위한 프로그램을 작성한다.

입·출력 할당표

입·출력	주소	변수명	용 도
입력	%IX0.0.0	기동	시스템 기동 스위치
입력	%IX0.0.1	정지	시스템 정지 스위치
입력	%IX0.0.2	상한센서	수위 레벨 상한 검출
입력	%IX0.0.3	하한센서	수위 레벨 하한 검출
출력	%QX0.4.0	배출밸브	물 배출용 밸브
출력	%QX0.4.1	공급밸브	물 공급용 밸브

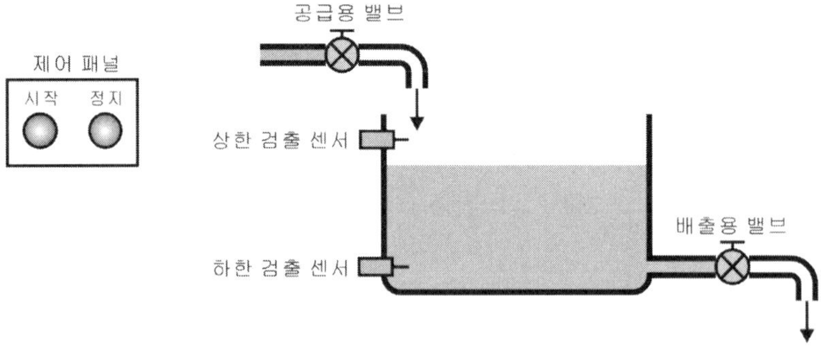

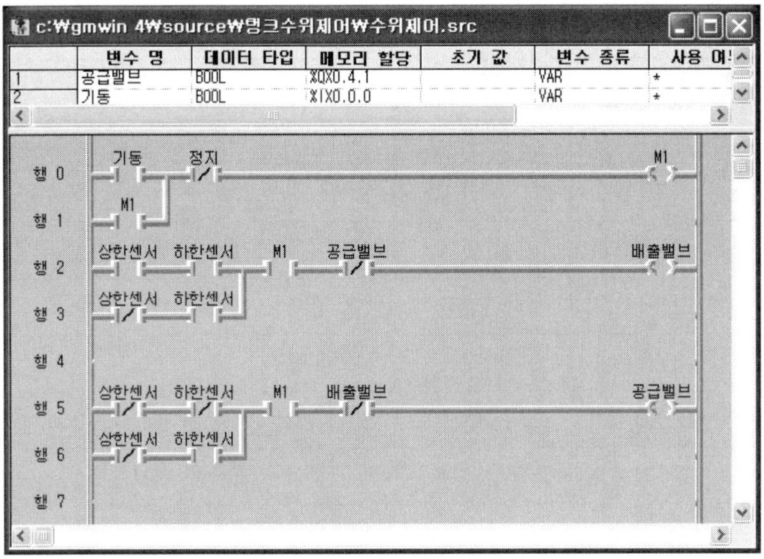

그림 7.42 탱크 수위 제어 프로그램 예

7.4.8 탱크의 액체 혼합물 공급 제어

탱크에 저장된 액체 혼합물을 공급하는 시스템을 제어하는 공정에 대한 프로그램을 작성한다. 초기에 "기동" 버튼을 On하면 "공급밸브"가 On되어 밸브가 열리면서 탱크에 액체 혼합물이 공급된다. 그리고 이와 동시에 "모터"가 On되어 혼합물을 믹스하는 동작을 취한다. 물론 이러한 경우 "배출밸브"는 Off 상태이며 밸브는 닫혀있다.

액체 혼합물이 계속 공급되어 "상한센서"에 의해 감지가 되면 "상한센서"의 상태는 On이 된다. 물론 이러한 상황에서 "하한센서"의 상태는 당연히 On이다. 이와 동시에 "공급밸브"는 닫히고 "모터"는 정지하고, "배출밸브"는 열린다.

"배출밸브"가 열리면 액체 혼합물은 배출되는데 "하한센서"의 값이 Off가 되면 "배출밸브"는 닫히고 "공급밸브"와 "모터"는 다시 On되어 액체 혼합물의 공급과 믹싱동작이 이루어진다.

이와 같은 동작을 3회 반복한 다음 공급의 완료를 알리는 "램프"가 켜지게 되고 이와 동시에 "부저"가 3초 동안 울린 다음 꺼진다.

다시 동일한 동작을 시작하고자 한다면 먼저 "리셋" 버튼을 눌러 카운터를 초기화시키고 "램프"를 꺼 초기상태로 만들고, "기동" 버튼을 누르면 된다.

입 · 출력 할당표

입 · 출력	주소	변수명	용 도
입력	%IX0.0.0	기동	시스템 기동 스위치
입력	%IX0.0.1	정지	시스템 정지 스위치
입력	%IX0.0.2	상한센서	액체 혼합물 레벨의 상한 검출
입력	%IX0.0.3	하한센서	액체 혼합물 레벨의 하한 검출
입력	%IX0.0.4	리셋	초기화 동작
출력	%QX0.4.0	배출밸브	액체 혼합물 배출용 밸브
출력	%QX0.4.1	공급밸브	액체 혼합물 공급용 밸브
출력	%QX0.4.2	램프	작업 종료 지시용 램프
출력	%QX0.4.3	부저	작업 종료 알림용 부저

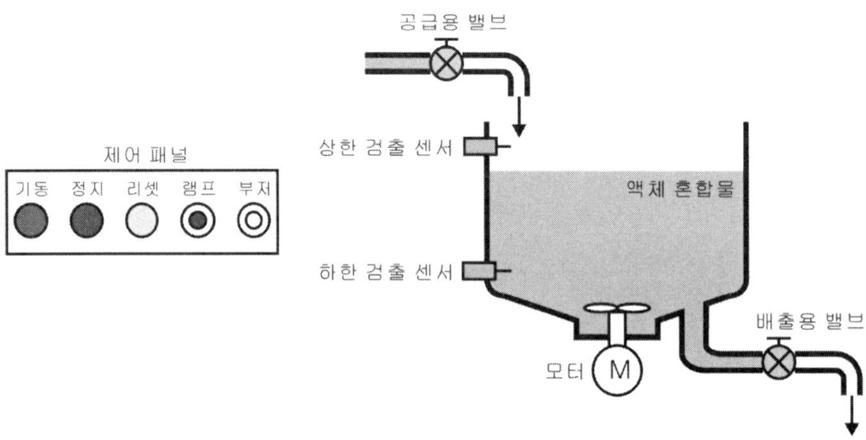

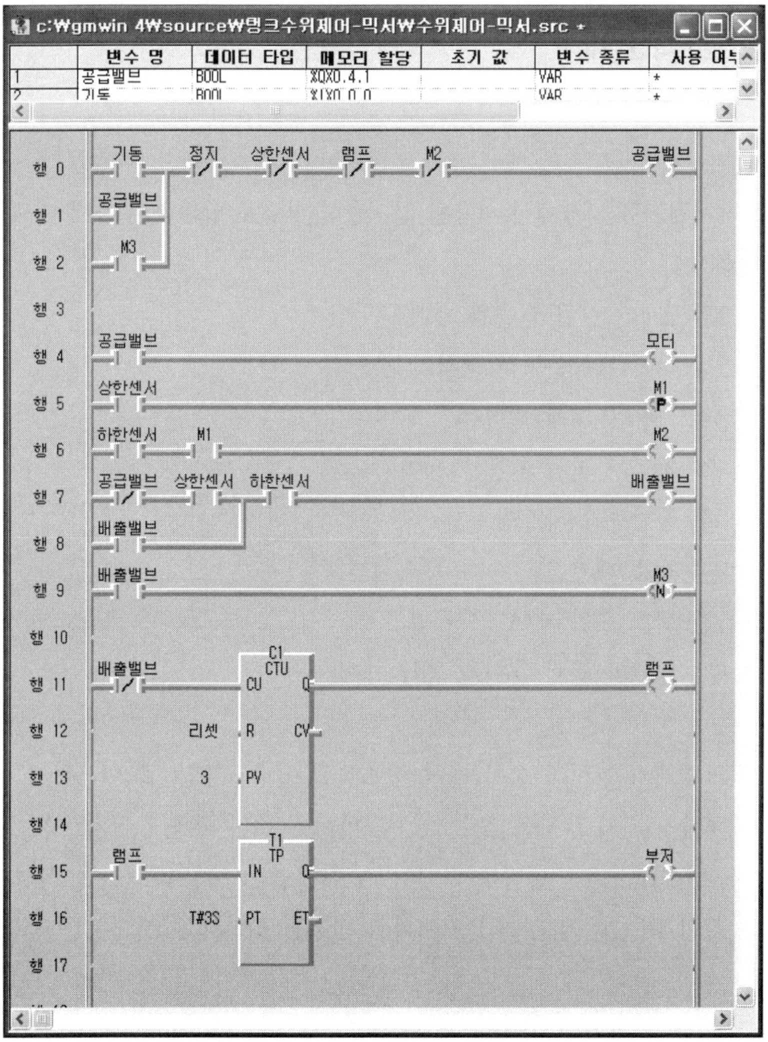

그림 7.43 혼합물 공급 제어 프로그램 예

연습문제

1. 다음에 제시된 연습과제에서 사용된 입·출력 할당표 상의 변수들에 대해 타임 차트를 작성하시오.
   (1) 7.4.1절 2개의 실린더 순차 제어
   (2) 7.4.2절 상하 왕복운동식 세척기
   (3) 7.4.3절 자동문 개폐 제어
   (4) 7.4.4절 자동차 진입 자동문 제어
   (5) 7.4.5절 주차관리 시스템
   (6) 7.4.6절 제품 패키징
   (7) 7.4.7절 탱크 수위 제어
   (8) 7.4.8절 탱크의 액체 혼합물 공급 제어

2. 7.4.1절의 2개의 실린더 순차 제어 시스템을 실제로 PLC를 이용하여 구현하고자 한다. 입·출력 기기로 사용할 수 있는 디바이스(푸쉬 버튼 스위치, 리밋 스위치, 솔레노이드 밸브), PLC, 공압부품(에어 실린더)을 선정하여 목록을 작성하고, 그림 7.30과 같이 PLC와 입·출력 기기와의 연결을 나타내는 접속도를 작성하시오.

3. 7.4.6절의 제품 패키징 자동화 공정을 실제로 PLC를 이용하여 구현하고자 한다. 입·출력 기기로 사용할 수 있는 디바이스(푸쉬 버튼 스위치, 센서, 모터)와 PLC를 선정하여 목록을 작성하고, 그림 7.30과 같이 PLC와 입·출력 기기와의 연결을 나타내는 접속도를 작성하시오.

4. 다음을 Ladder Diagram으로 작성하고 시뮬레이션 하시오.
   (1) 8.4.1절의 램프 제어
   (2) 8.4.2절의 선반 가공 제어
   (3) 8.4.4절의 믹서에 의한 혼합공정 제어

8장

SFC 프로그램

SFC(sequential function chart)는 도식 지향의 프로그램 방법(graphic-oriented programming method)으로서 제어 분야에 있어서 공정의 순차적인 스텝들을 간단하게 표현하기 위해 개발되었다. SFC는 실제의 공정순서를 나타내기 위해 배치된 도식적 기호를 사용한다. 따라서 해당 공정의 스텝들과 이들 스텝 사이의 트랜지션 조건을 간단히 표현함으로써 프로그램을 작성하게 된다.

프로그램 작성은 LD와 같은 PLC 언어를 이용하여 프로그램을 실행처리 순서에 따라 플로우 차트 형식으로 작성한다. 프로그램은 스텝과 트랜지션으로 분리되며, 이들이 서로 연결되는 구조를 취한다. 각 스텝은 액션과 연관되며 각 트랜지션은 트랜지션 조건과 연관된다. SFC는 상태 정보를 가지고 있어야 하므로 프로그램 종류 중 프로그램 블록과 사용자 정의 펑션 블록으로 작성된다.

그림 8.1은 SFC에서 사용되는 몇 가지의 기호를 나타내고 있다. 기호가 S인 박스는 공정의 스텝을 나타내며, 스텝들을 연결하는 선은 공정의 흐름을 나타내며, 수평 방향의 짧은 선은 공정의 흐름을 제어하는 트랜지션 조건을 나타낸다.

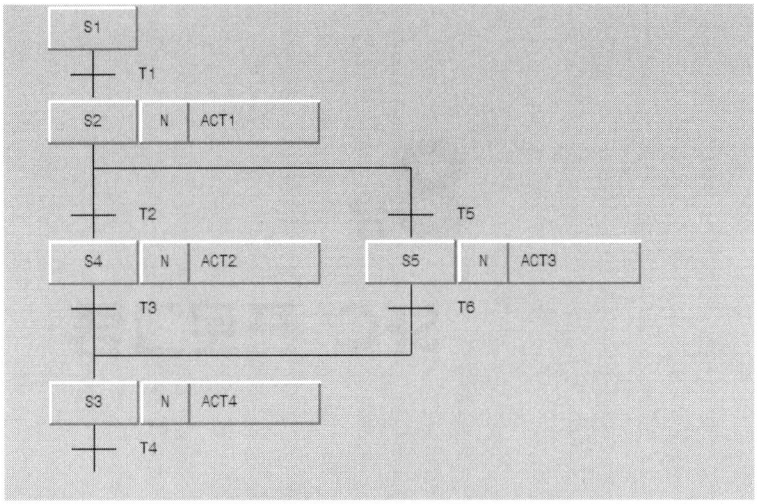

그림 8.1 SFC 프로그램 예

8.1 적용 사례

SFC는 순차적인 공정을 제어하는데 적합하다. 그림 8.2의 간단한 응용 예에서 SFC 프로그램과 전형적인 LD 프로그램을 비교하도록 하자. 로봇 핸드는 공작물을 A점에서 집어 B점으로 이동시키는 역할을 한다. 로봇 핸드의 동작은 다음과 같다.

(1) 제어가 시작되면 로봇 암이 원점에 위치해 있는지의 여부와 핸드가 열려 있는지의 여부를 체크한다.
(2) 원점 위치의 조건이 만족되면 로봇 암은 A점으로 하강한다.
(3) 로봇 암이 정위치로 하강되었다면 핸드는 닫혀지면서 공작물을 잡는다.
(4) 공작물이 확실하게 잡혀졌다면 암은 상승한다.
(5) 암이 상승된 후 암은 오른쪽으로 회전한다.
(6) 회전이 완료되면 암은 B점으로 하강한다.
(7) 암이 적정 위치로 하강된 후, 핸드는 열려지고 공작물을 B점에 놓는다.
(8) 암이 다시 상승된다.
(9) 암이 상승된 후, 왼쪽으로 회전되고 원점으로 복귀된다.

이상에 대한 플로우 차트가 그림 8.3에 제시되어 있다.

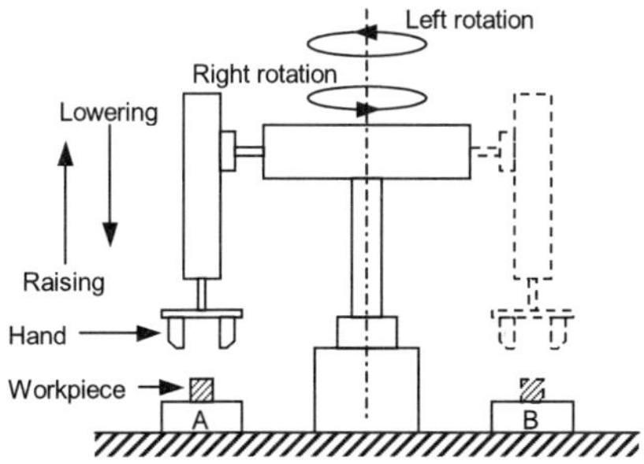

그림 8.2 로봇 제어 시스템

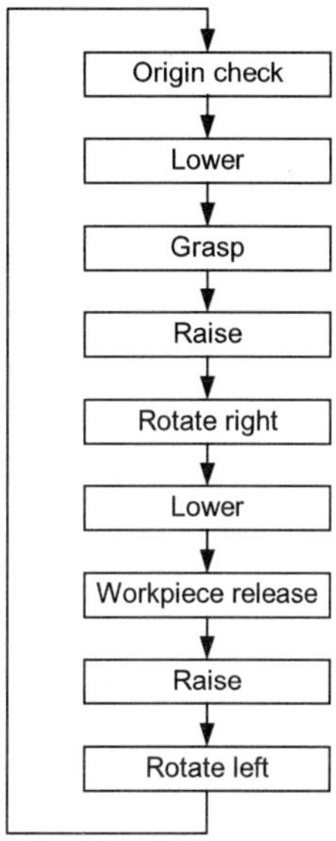

그림 8.3 플로우 차트

공정의 흐름을 나타내는 SFC 프로그램이 그림 8.4에 제시되어 있다. 각 공정은 분리된 스텝으로 작성된다. 각 스텝에서 실행되어야 하는 "액션"들이 작성되어 있으며, 스텝들은 하나의 스텝에서 다른 스텝으로 이동하기 위한 조건들에 의해 분리되어 있다. 트랜지션 INI_STATE에서는 Origin check, Start switch On, Left limit, Upper limit, Hand open 등을 체크한다.

SFC 프로그램이 실행되면, 프로그램이 하나의 스텝에서 다른 스텝으로 이동함에 따라 이전 스텝의 출력은 자동적으로 리셋된다. 이러한 동작 특성 때문에 SFC는 그림 8.2의 예와 같이 순차적으로 처리되는 공정들을 제어하는데 이상적이다.

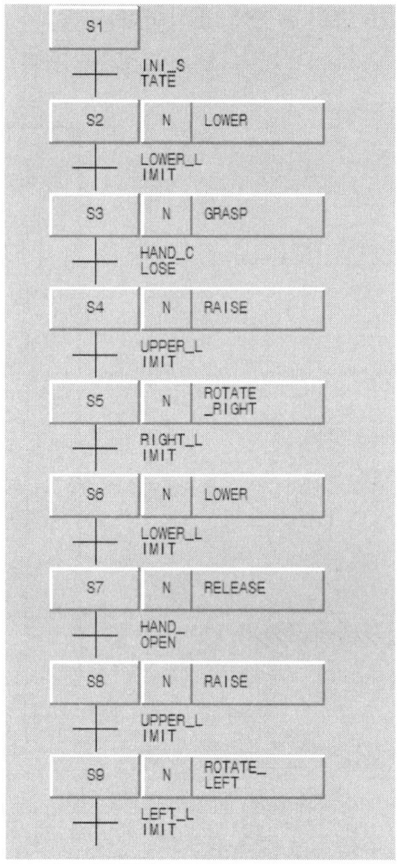

그림 8.4 FC 프로그램 예

8.2 SFC 프로그래밍 요소

8.2.1 스텝(steps)

SFC의 스텝은 실제 공정을 나타내며, 각 스텝은 액션과 연결되어 있다. 그리고 실제의 제어동작은 액션에 작성되어 있는 프로그램이 실행됨으로써 이루어진다. 스텝은 프로그램에서 박스로 표현되며 그림 8.5에 제시된 것과 같다.

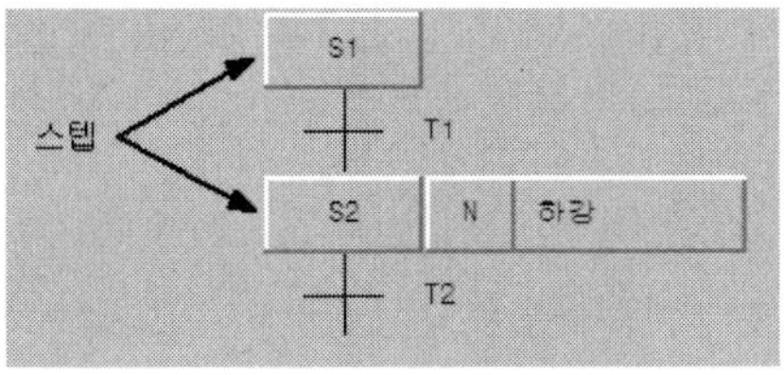

그림 8.5 스텝의 예

초기 스텝은 최초로 활성화되는 스텝이며, 이 초기 스텝(S1)의 다음 트랜지션 조건(T1)이 만족되면 현재 활성화 상태인 스텝은 비활성화 상태로 되고, 다음 단계에 연결된 스텝(S2)이 활성화 상태로 된다. 스텝 S2가 활성화되면 여기에 연결된 액션 "하강"이 실행된다.

각 스텝은 고유한 스텝 번호로 구별된다. 위의 예에서 S1, S2의 1, 2는 스텝 번호를 나타낸다. 각 스텝은 스텝 번호를 반드시 가져야 하며, 각 스텝 번호는 중복되어 사용할 수 없다.

초기 스텝은 프로그램이 시작되면 자동적으로 활성화 상태로 된다는 점을 제외하면 다른 스텝들과 정확히 동일하다. 초기 스텝을 제외한 나머지 스텝들은 초기에 비활성화 상태이다. 따라서 초기 스텝은 시스템 기동시 항상 수행되는 과정을 프로그램하는데 사용된다.

8.2.2 트랜지션(transitions)

트랜지션은 하나의 스텝에서 다음 스텝으로 활성화 상태를 이동시키는 조건이다. 한 쌍의 스텝 사이에는 하나의 트랜지션만이 허용된다.

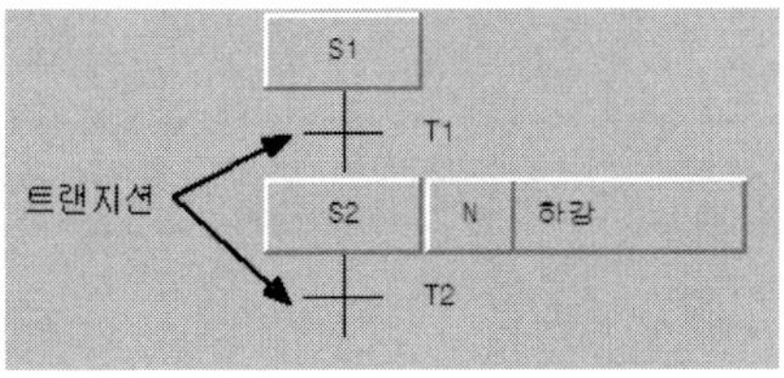

그림 8.6 트랜지션 예

활성화 상태를 이동시키기 위한 트랜지션 조건은 2개의 방법으로 정의될 수 있다. 하나는 직접 변수이고, 다른 하나는 LD 또는 IL로 작성된 트랜지션 프로그램이다. 그림 8.7과 같이 직접 변수로 정의되었을 경우 직접 변수의 On/Off 상태에 따라 트랜지션 조건은 On 또는 Off로 된다. 그리고 트랜지션 프로그램으로 정의되었을 경우 프로그램의 논리적 상태 출력(TRANS)에 따라 트랜지션 조건은 On 또는 Off로 된다.

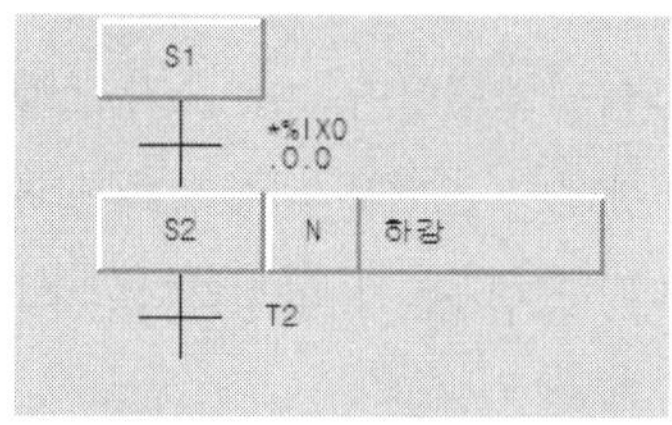

그림 8.7 직접 변수에 의한 트랜지션 조건

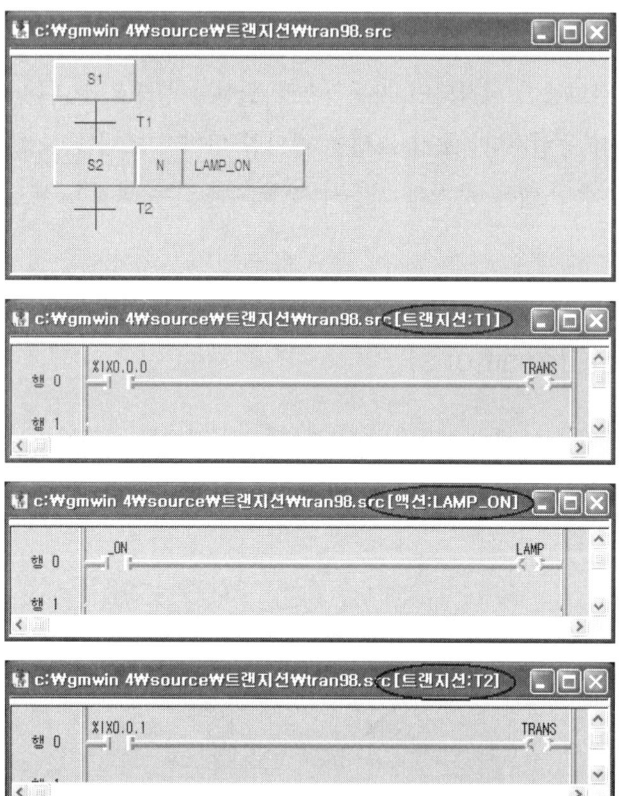

그림 8.8 트랜지션 프로그램에 의한 트랜지션 조건

트랜지션 조건의 결과가 On 또는 1일 경우 현재의 스텝은 비활성화되고 다음 스텝이 활성화된다. 그림 8.8에서 트랜지션 T1에 대한 LD 프로그램에서 "TRANS"가 On되면 S1은 비활성화 상태가 되고 S2는 활성화 상태가 된다. 변수 TRANS는 내부적으로 선언된 변수이며, 모든 트랜지션에서 트랜지션 조건의 출력은 변수 TRANS로 출력시켜야 한다.

8.2.3 액션(actions)

SFC 프로그램에서 각 스텝은 그 스텝에서 실행되는 동작들을 갖는다. 이를 액션 블록이라 하며, 각 동작을 액션이라 한다. 어떤 스텝에서의 액션은 스텝 번호의 오른쪽에 나타나며, 각 스텝에는 액션을 2개 까지 연결할 수 있다.(연결되는 액션의 수는 PLC 기종에 따라 차이가 있음)

액션이 없는 스텝은 대기 액션(또는 더미 액션)으로 간주되며 다음의 트랜지션 조건이 1이 될 때까지 대기상태로 된다. 액션은 IL 또는 LD에 의해 프로그램되며 해당 스텝이 활성화 상태인 동안 그 내용이 실행된다.

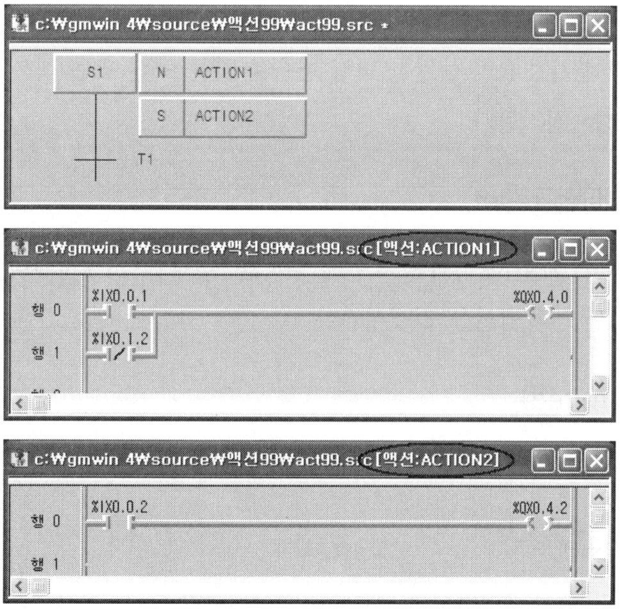

그림 8.9 액션의 사용 예

액션의 실행이 종료되면 액션에서 실행된 접점 출력은 0으로 된다. 단 Set출력, 펑션 출력, 펑션 블록 출력 등은 비활성화되기 전의 상태를 유지한다.

그림 8.9는 액션의 사용 예를 나타낸다. ACTION1은 액션 제한자가 N이므로 S1이 활성화된 경우만 실행된다. S1이 비활성화되면 출력은 리셋된다. 그러나 ACTION2는 액션 제한자가 S이므로 S1이 비활성화되더라도 R 제한자를 만날 때까지 계속 실행된다.

8.2.4 액션 제한자(action qualifiers)

액션 제한자는 액션이 실행되는 방법을 정의한다. 하나의 제한자는 반드시 하나의 액션에 지정된다. 스텝이 활성화되면 스텝에 있는 액션은 액션 제한자의 특성에 따라 실행된다. 그림 8.10은 액션의 실행 타이밍과 리셋 타이밍에 대해 제시하고 있다.

(1) N(non-stored)

스텝이 활성화된 동안만 액션이 실행된다.

(2) S(set)

스텝이 활성화되면 액션이 실행되며, 스텝이 비활성화 되더라도 액션의 실행은 계속된다. 그러나 액션 제한자가 R인 동일한 직접 변수를 갖는 액션 또는 액션 프로그램이 실행되면, 액션의 실행은 정지된다.

(3) R(overriding reset)

S, SD, DS, SL의 제한자를 갖는 액션의 실행을 중지 및 리셋시킨다. 액션이 실행 중이지 않으면 R은 단순히 액션을 리셋시킨다.

(4) L(time limited)

스텝이 활성화된 후 L은 설정된 시간 또는 스텝이 비활성화될 때까지 액션을 실행시킨다.

(5) D(time delayed)

스텝이 활성화된 후 D는 설정된 시간이 경과된 후부터 액션을 실행시킨다. 설정 시간 경과 전에 스텝이 비활성화 되면 액션은 실행되지 않는다.

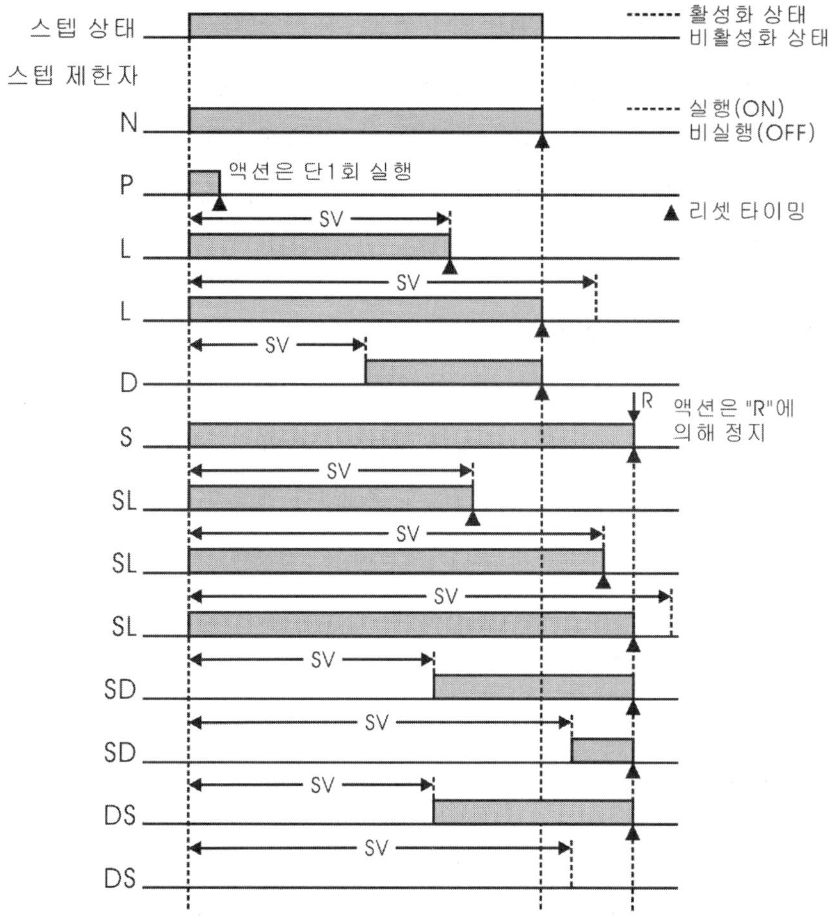

그림 8.10 액션 제한자의 특성

(6) P(pulse)

스텝이 활성화되었을 때 액션은 1회 실행된다.

(7) SD(stored and time delayed)

스텝이 활성화된 후 SD는 설정된 시간이 경과된 후부터 액션을 실행시킨다. 그러나 D와는 다르게 SD는 스텝이 비활성화 되더라도 액션의 실행을 계속시킨다. 액션 제한자가 R인 동일한 직접 변수를 갖는 액션 또는 액션 프로그램이 실행되면 액션의 실행은 정지된다.

(8) DS(delayed and stored)

SD와는 다르게 DS는 설정된 시간 경과 전에 스텝이 비활성화되면 액션을 실행시키지 않는다. 그러나 일단 액션이 실행되면 DS는 스텝이 비활성화 되더라도 액션의 실행을 계속시킨다. 액션 제한자가 R인 동일한 직접 변수를 갖는 액션 또는 액션 프로그램이 실행되면 액션의 실행은 정지된다.

(9) SL(stored and time limited)

스텝이 활성화된 후 SL은 설정된 시간 동안 액션을 실행시킨다. 그러나 D와는 다르게 스텝이 비활성화 되더라도 설정된 시간 동안 액션은 실행된다. 액션 제한자가 R인 동일한 직접 변수를 갖는 액션 또는 액션 프로그램이 실행되면 액션의 실행은 정지된다.

8.3 SFC 전개 규칙

8.3.1 직렬연결

2개의 스텝은 직접 연결되지 않고 항상 트랜지션에 의해 분리된다. 그리고 2개의 트랜지션 또한 직접 연결되지 않고 항상 스텝에 의해 분리된다. 직렬로 연결되어 있는 스텝 사이의 트랜지션은 상위 스텝이 활성화된 상태에서 다음에 연결된 트랜지션 조건이 1로 되면 하위 스텝이 활성화 된다.

8.3.2 선택 분기

선택 분기는 현재 스텝이 활성화되어 있는 상태에서 연결된 2개 이상의 트랜지션중 트랜지션 조건이 1인 곳에 있는 스텝을 활성화시킨다. 따라서 여러 트랜지션중 먼저 트랜지션 조건이 1로 된 곳에 연결된 스텝과 관련된 액션만 실행되고 나머지 다른 스텝에 연결된 액션은 실행되지 않는다.

그림 8.11에 선택 분기의 예가 제시되어 있다. T1의 트랜지션 조건이 1이 되었을 때 S1→S2→S3의 순서로 활성화 상태가 진행되며, T4의 트랜지션 조건이 1이 되었을 때

S1→S4→S3의 순서로 활성화 상태가 진행되며, T5의 트랜지션 조건이 1이 되었을 때 S1→S5→S3의 순서로 활성화 상태가 진행된다.

트랜지션 조건들이 동시에 1이 되었을 경우, 가장 왼쪽에 있는 트랜지션과 연관된 스텝이 활성화된다. T1, T4의 트랜지션 조건이 동시에 1이 되었을 경우 S1→S2→S3의 순서로 활성화 상태가 진행되며, T4, T5의 트랜지션 조건이 동시에 1이 되었을 경우 S1→S4→S3의 순서로 활성화 상태가 진행된다.

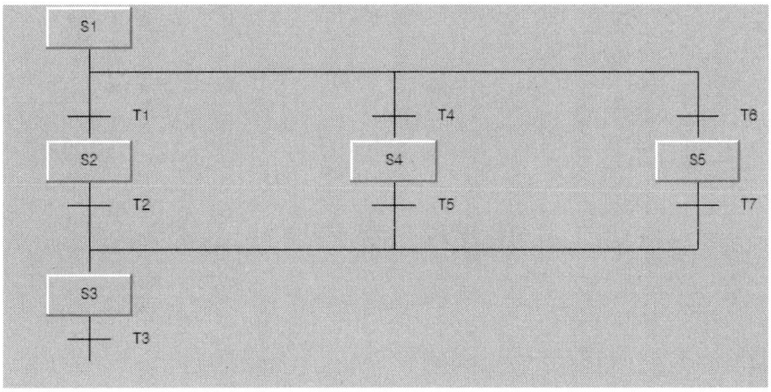

그림 8.11 선택 분기의 예

8.3.3 병렬 분기

병렬 분기로 연결되어 있는 경우, 활성화된 스텝 다음에 연결되어 있는 트랜지션의 트랜지션 조건이 1로 되면, 이 트랜지션 밑에 연결되어 있는 모든 스텝들이 활성화 상태로 된다. 병렬 분기된 스텝들이 합쳐질 경우 각 분기의 마지막 스텝이 모두 활성화 상태에서 트랜지션 조건이 1로 되면 다음에 연결된 스텝이 활성화 상태로 된다. 따라서 병렬 분기에 의해 2가지 이상의 동작이 동시에 실행될 수 있다.

그림 8.12에 병렬 분기의 예가 제시되어 있다. S1이 활성화된 상태에서 T1의 트랜지션 조건이 1이 되면 S2, S6, S8이 동시에 활성화되고 S1은 비활성화 된다. S4, S7, S8이 활성화된 상태에서 T4의 트랜지션 조건이 1이 되면 S5가 활성화되고 S4, S7, S8은 비활성화 상태로 된다.

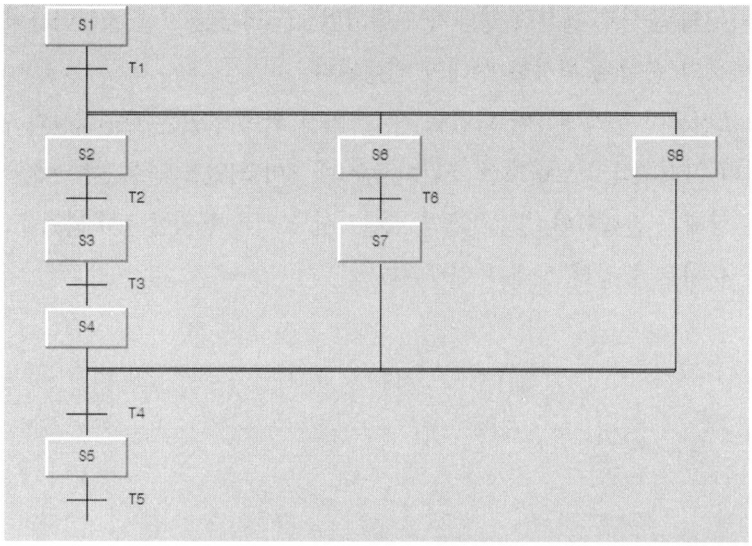

그림 8.12 병렬 분기의 예

8.3.4 점프

SFC 점프는 SFC 프로그램의 실행을 다른 위치에 있는 스텝으로 이동시키는데 사용된다. 점프는 트랜지션 바로 다음 위치에서 시작되며 점프되는 스텝 바로 앞으로 들어간다.

점프는 SFC 프로그램 끝 또는 선택 분기 끝에만 올 수 있다. 병렬 분기 안으로 또는 밖으로 점프할 수 없으나 병렬 분기 안에서의 점프는 가능하다.

SFC 마지막 스텝이 활성화 상태로 된 후 다음에 연결된 트랜지션의 조건이 1로 되면 프로그램의 실행 단계는 자동적으로 SFC 초기 스텝으로 점프되며 초기 스텝은 활성화된다.

그림 8.13에는 SFC의 점프의 예가 제시되어 있다. (a)는 S3가 활성화된 상태에서 T3의 조건이 On(또는 1)이 되면 현재 스텝 S3는 비활성화되고 초기 스텝 S1이 활성화된다. (b)는 S5가 활성화된 상태에서 T6의 조건이 On이 되면 레이블 ABC로 점프하여 현재 스텝 S5는 비활성화되고 S2가 활성화된다. 만일 S2 다음에 T2가 On이 되어 S3가 활성화되고 T3가 On이 되면 당연히 다음 단계로 S4가 활성화된다. 따라서 S5가 활성화된 다음 S4가 활성화될 수는 없다. (c) S5가 활성화된 상태에서 T6의 조건이 On이 되면 레이블 LABEL1으로 점프한다. 즉 S5는 비활성화되고 S2가 활성화된다.

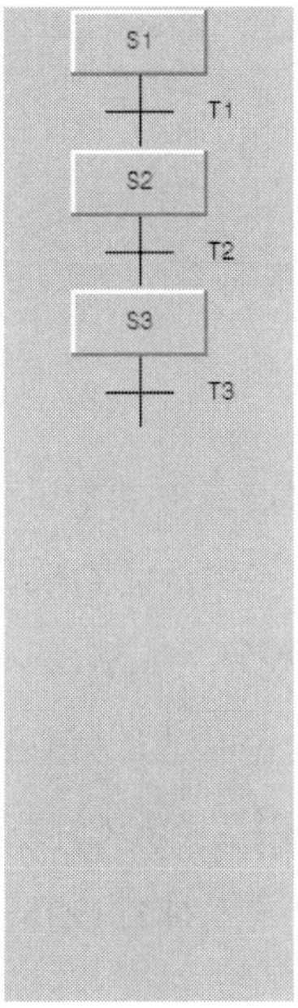

(a)

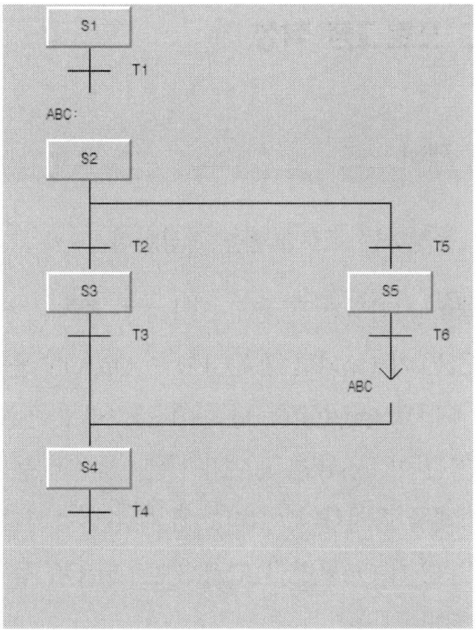

(b)

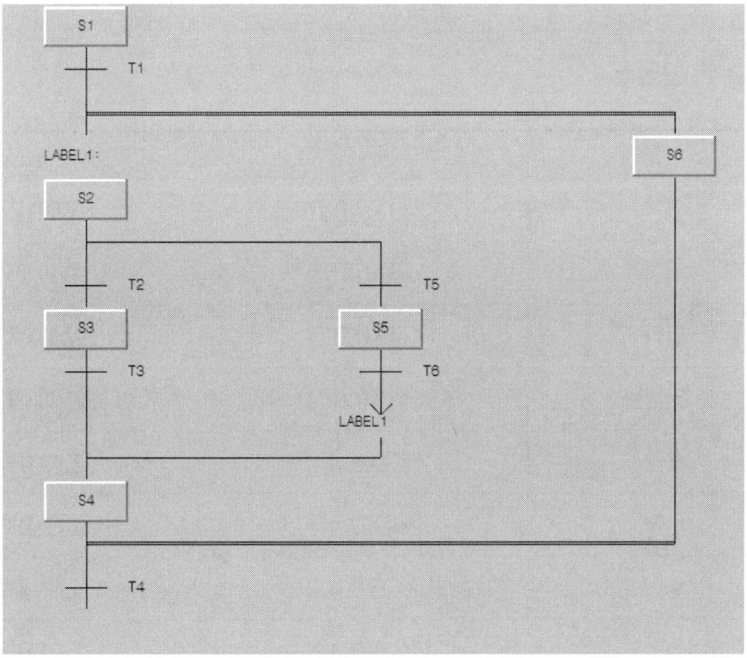

(c)

그림 8.13 점프의 예, (a) T3가 1이 되면 S1이 활성화된다,
(b) S5 다음에 S2가 활성화된다, (c) T6가 1이 되면 S2가 활성화된다.

8.4 SFC 프로그램 작성

8.4.1 램프 제어

다음과 같이 동작하는 프로그램을 작성한다.

(1) 프로그램이 시작되면 "LAMP0"가 1초 주기로 On/Off를 반복한다.
(2) "SWITCH0"가 On되면 "LAMP0"는 On/Off 동작을 중지하고 Off되며, "LAMP1"이 1초 주기로 On/Off를 반복한다. 그리고 "LAMP2"가 On된다.
(3) "SWITCH1"이 On되면 "LAMP1"은 On/Off 동작을 중지하고 Off되며, "LAMP2"는 On상태를 유지한다. 그리고 "LAMP3"는 1초 주기로 On/Off를 반복한다.
(4) "SWITCH2"가 On되면 "LAMP3"는 On/Off 동작을 중지하고 Off되며, "LAMP2"는 Off 된다.
(5) "SWITCH3"가 On되면 다시 (1)의 과정서부터 반복된다.

▶ 입·출력 할당표

입·출력	주 소	변수명
입력	%IX0.0.0	SWITCH0
입력	%IX0.0.1	SWITCH1
입력	%IX0.0.2	SWITCH2
입력	%IX0.0.3	SWITCH3
출력	%QX0.4.0	LAMP0
출력	%QX0.4.1	LAMP1
출력	%QX0.4.2	LAMP2
출력	%QX0.4.3	LAMP3

▶ 타임 차트

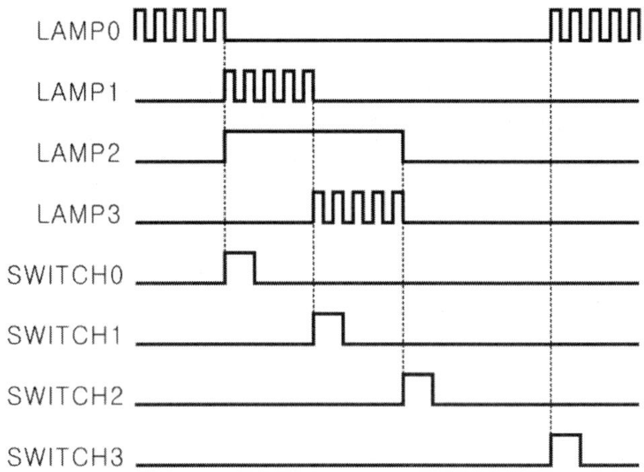

▶ SFC 프로그램

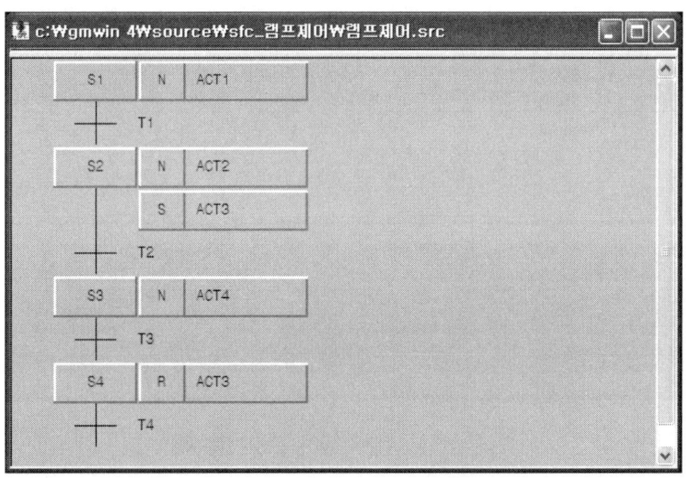

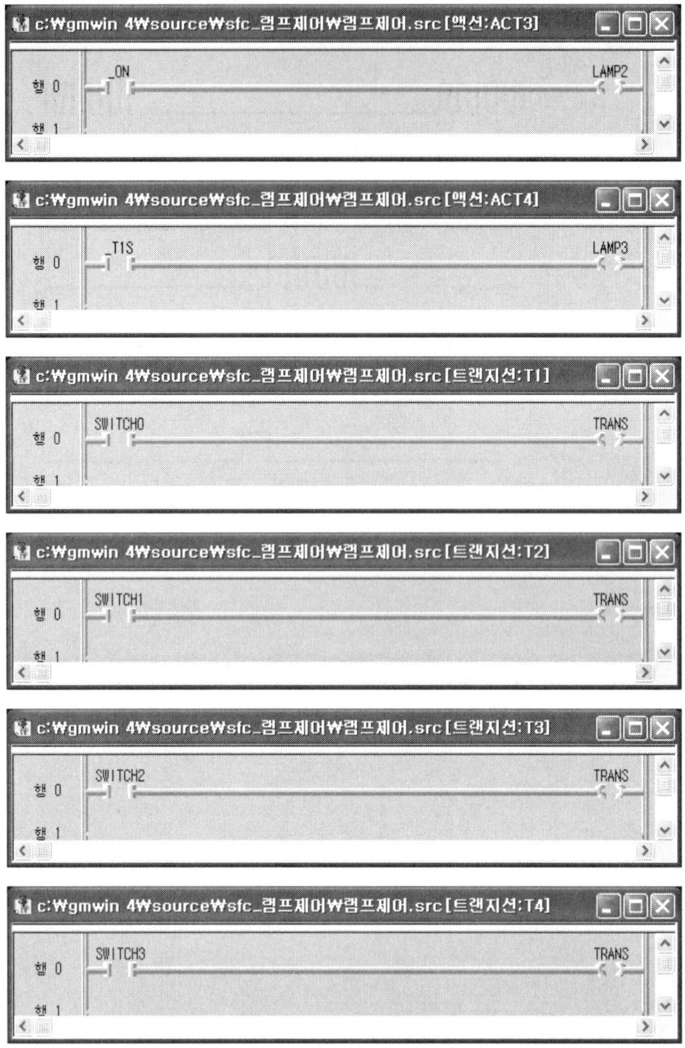

그림 8.14 램프 제어 프로그램 예

▷ 스텝

S1 : LAMP0가 1초 주기로 점멸(On/Off 동작 반복)

S2 : LAMP1이 1초 주기로 점멸, LAMP2가 On

S3 : LAMP3가 1초 주기로 점멸

S4 : LAMP2가 Off, S2에서 액션 제한자 S에 의해 Set된 상태를 액션 제한자 R에 의해 Reset

▶ 트랜지션

T1 : SWITCH0가 On이면 다음 스텝으로 이동

T2 : SWITCH1아 On이면 다음 스텝으로 이동

T3 : SWITCH2가 On이면 다음 스텝으로 이동

T4 : SWITCH3가 On이면 다음 스텝으로 이동

8.4.2 선반 가공 제어

그림 8.15와 같이 공작물을 가공하는 선반의 가공 제어를 고려한다.

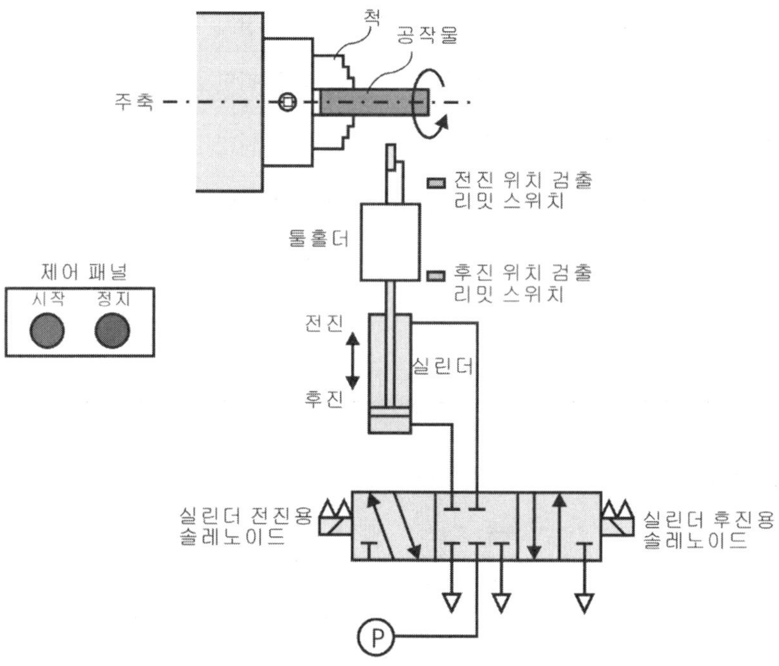

그림 8.15 선반 가공 제어

(1) 시작 버튼이 On되면, 프로그램은 툴홀더가 후진위치에 있는지를 체크한다.(후진 위치 검출 리밋 스위치 이용).

(2) 시작 버튼이 On이고 툴홀더가 후진위치에 있으면, 선반의 주축을 회전시킨다. 그리고 2초 후 툴홀더를 전진방향으로 이동시킨다. 툴홀더의 전진과 후진은 이에 연

결된 복동 실린더를 이용한다. 즉 2개의 솔레노이드 밸브(전진, 후진)를 조작하여 전진, 후진동작을 하도록 한다.

(3) 툴홀더가 전진위치에 도달되었을 때(전진 리밋 스위치로 체크), 1초 동안 정지한 후 후진방향으로 후진한다.

(4) 툴홀더가 후진위치에 도달되었을 때(후진 리밋 스위치로 체크), 툴홀더의 이송은 정지되고, 주축의 회전은 정지된다.

▶ 입 · 출력 할당표

입 · 출력	주소	변수명	용 도
입력	%IX0.0.0	시작	가공 시작 스위치
입력	%IX0.0.1	정지	가공 공정 정지 스위치
입력	%IX0.0.2	전진LS	전진 방향 리밋 스위치
입력	%IX0.0.3	후진LS	후진 방향 리밋 스위치
출력	%QX0.4.1	주축모터	주축 회전 모터
출력	%QX0.4.2	전진	툴홀더 전진용 실린더를 구동하기 위한 솔레노이드
출력	%QX0.4.3	후진	툴홀더 후진용 실린더를 구동하기 위한 솔레노이드

▶ 타임 차트

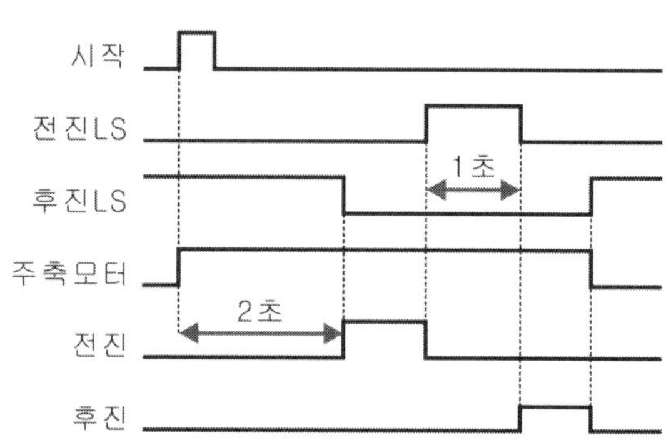

▷ SFC 프로그램

트랜지션 "가공시작"은 "시작"과 "후진LS"가 동시에 On일 경우 TRANS의 상태가 On이 되어, 현재 스텝 S1은 비활성화되고 다음 스텝 S2가 활성화된다. S2의 액션에 의해 "주축모터"가 On되고, 툴홀더 전진용 실린더의 솔레노이드인 "전진"은 On 상태로 된다. "전진"은 액션 제한자 "SD"에 의해 2초 후 On 상태가 된다.

트랜지션 "전진검출"은 툴홀더의 위치가 전진방향에 있는 지를 "전진LS"를 이용해 체크하는데, 전진방향에 있다면 변수 "전진LS"의 상태가 On이므로, 현재 스텝 S2는 비활성화되고 다음 스텝 S3가 활성화된다.

스텝 S3가 활성화되면, "전진"은 리셋되어 Off 상태로, "후진"은 On 상태로 된다. 즉 툴홀더는 후진방향으로 이동된다.

트랜지션 "후진검출"에서 툴홀더의 위치가 후진방향으로 이동되어 "후진LS"의 상태가 On이 되면, 스텝 S3는 비활성화되고 다음 스텝 S4가 활성화된다. S4가 활성화되면 "주축모터"와 툴홀더 후진용 실린더의 솔레노이드인 "후진"은 Off 상태로 된다.

트랜지션 "종료"의 TRANS는 항상 On의 상태이므로 스텝 S1이 활성화되며, 초기상태로 된다. 만일 제어 진행 중에 "정지" 버튼을 누르면 초기상태로 복귀된다.

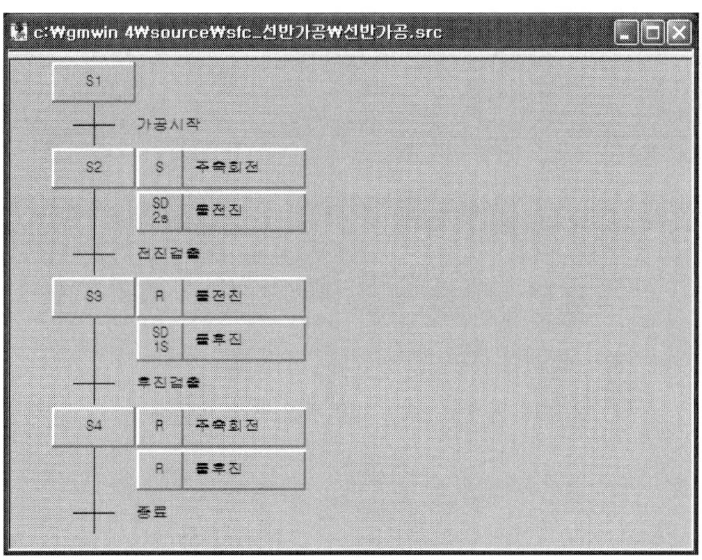

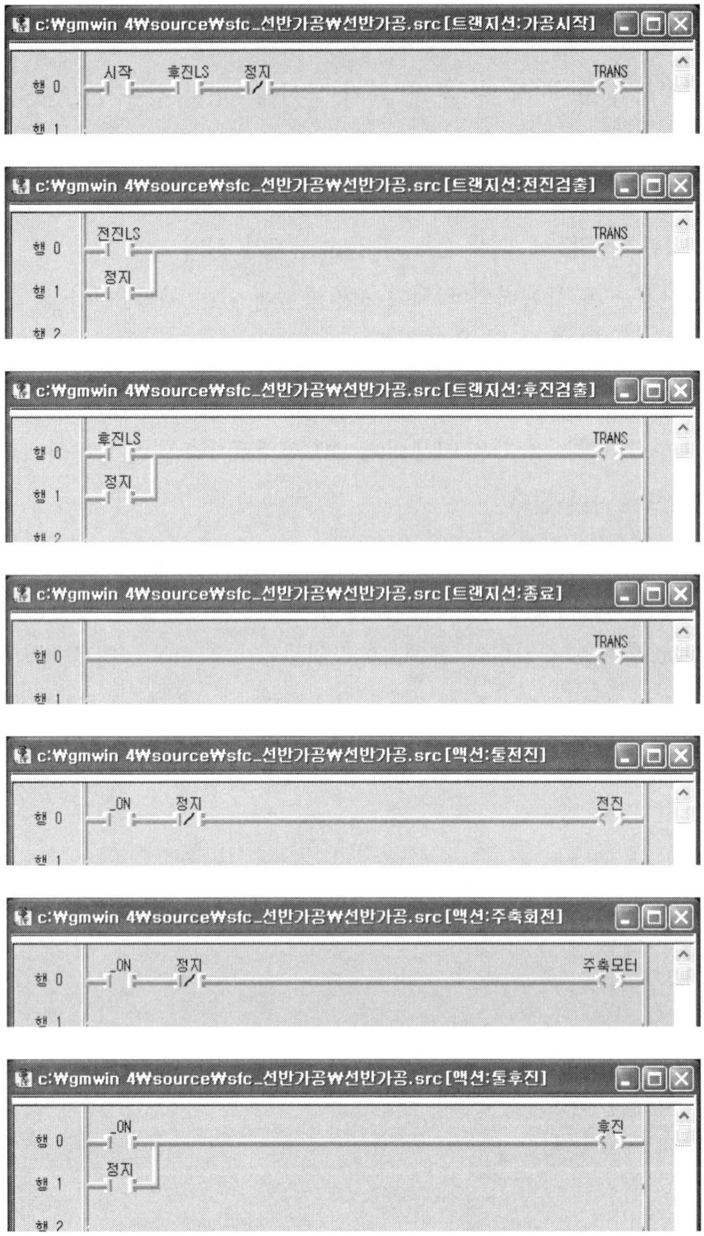

그림 8.16 선반 가공 제어 프로그램 예

▶ 스텝

S1 : 초기 스텝
S2 : 주축 모터 On, 2초 후 툴홀더 전진용 실린더 솔레노이드 On
S3 : 툴홀더 전진용 실린더 솔레노이드 Off, 1초 후 툴홀더 후진용 실린더 솔레노이드 On
S4 : 주축 모터 Off, 후진용 실린더 솔레노이드 Off

▶ 트랜지션

가공시작 : 시작 버튼 On, 툴홀더 후진 검출 리밋 스위치 On
전진검출 : 툴홀더 전진 검출 리밋 스위치 On
후진검출 : 툴홀더 후진 검출 리밋 스위치 On

8.4.3 자동차 진입 자동문 제어

7장의 7.4.4에 제시된 자동차 진입 자동문 제어를 SFC를 이용하여 프로그램을 작성한다.

▶ SFC 프로그램

트랜지션 "자동차_감지"는 "초음파센서"가 On이 되면 TRANS의 상태가 On이 되어 스텝 S2가 활성화 된다. 액션 "자동문_상승"에 의해 모터가 회전하여 문은 상승하는데, "상한리밋스위치"가 On이 되면 정지한다.

문이 열리면 자동차는 문을 통해 들어가게 되는데, 초음파 센서와 포토 센서에 의해 자동차의 통과여부를 감지한다. 즉, 초음파 센서가 On이고 포토 센서가 On인 경우 또는 초음파 센서가 Off이고 포토 센서가 On인 경우 현재 자동차가 문을 통과하고 있는 경우이고, 초음파 센서가 Off이고 포토 센서가 Off인 경우 자동차가 문을 완전히 통과한 경우이다.

따라서 트랜지션 "자동차_통과"는 "초음파센서"가 Off이고 "포토센서"가 Off이면 TRANS의 상태가 On이 되어 스텝 S3가 활성화 된다. 액션 "자동문_하강"에 의해 모터가 회전하여 문은 하강한다. 하강동작은 트랜지션 "하강검출"의 "하한리밋스위치"가 On이 되면 정지하며, 다시 처음의 스텝 S1이 활성화 된다.

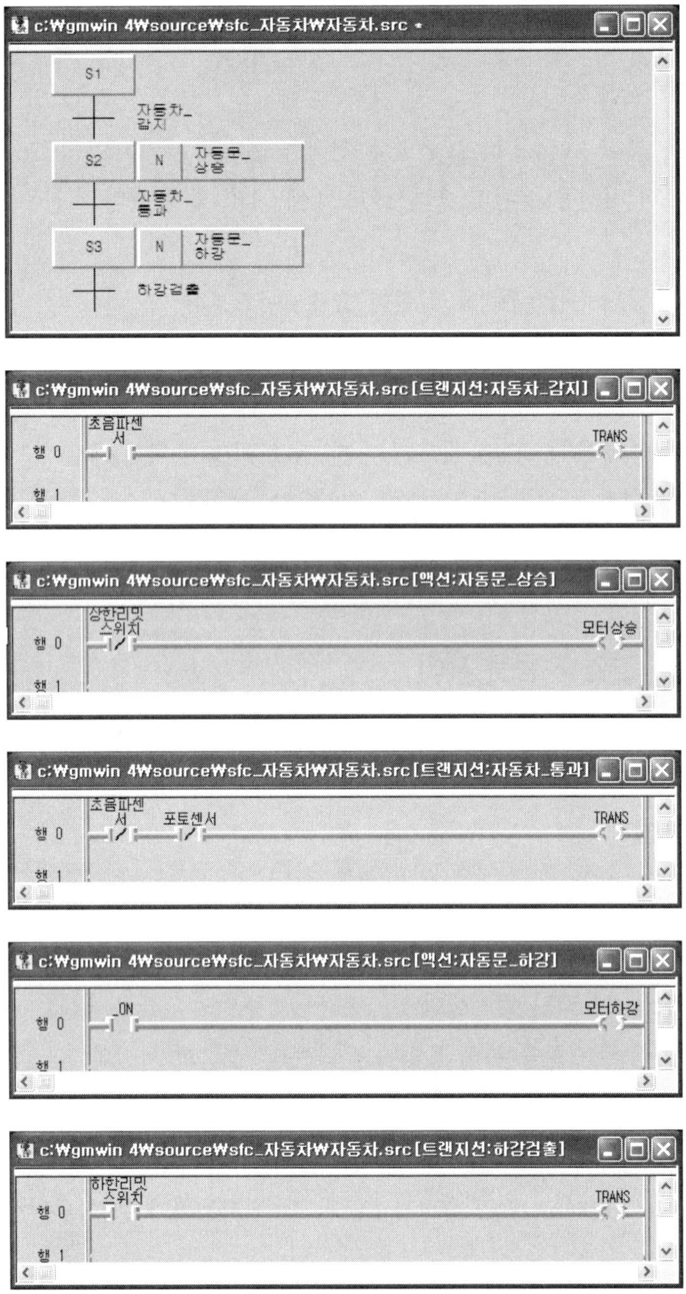

그림 8.17 자동차 진입 자동문 제어 프로그램 예

▶ 스텝

S1 : 초기 스텝
S2 : 모터가 회전하여 자동문이 상승하다가 상한 리밋 스위치가 On되면 모터 정지
S3 : 모터가 회전하여 자동문이 하강

▶ 트랜지션

자동차_감지 : 초음파 센서 On(자동차를 감지)
자동차_통과 : 초음파 센서 Off, 포토 센서 Off(자동차가 문을 완전히 통과)
하강검출 : 하한 리밋 스위치 On

8.4.4 믹서에 의한 혼합공정 제어

그림 8.18과 같이 액체 A와 액체 B 그리고 재료 2개를 혼합하는 공정 제어를 고려한다.

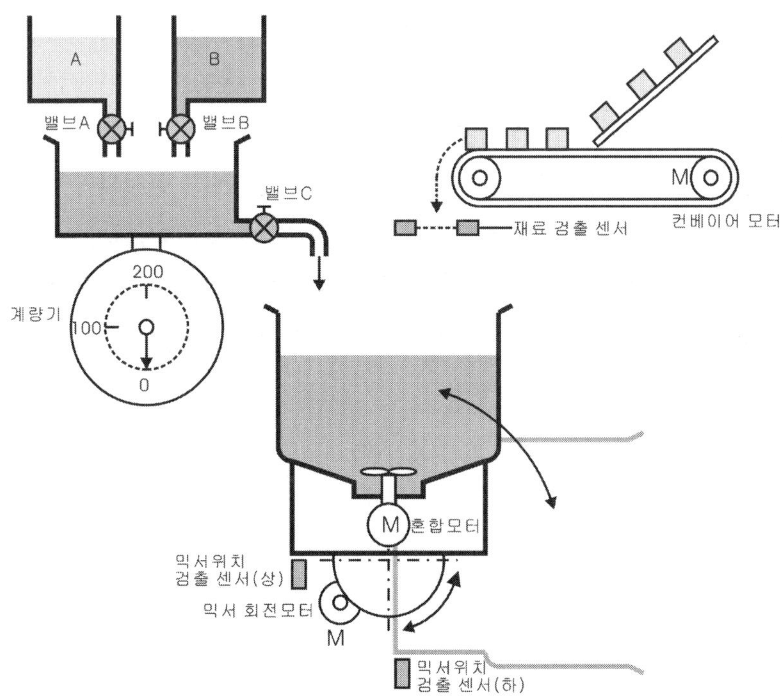

그림 8.18 믹서에 의한 혼합공정 제어

(1) 믹서가 수직상태로 놓여 있는(믹서 위치 검출 센서(상)으로 검출) 상태에서 시작 버튼을 누르면, 계량기는 액체 A를 100까지, 액체 B를 200까지 계량하고, 액체A와 B의 혼합액체를 밸브 C를 통해 믹서에 공급한다. 각 액체 A, B의 공급과 차단은 2개의 솔레노이드 밸브 A, B에 의해 제어된다.

(2) 이와 동시에 컨베이어로부터 5개의 재료가 믹서에 공급된다. 5개의 재료는 컨베이어의 공급부에 설치된 포토 센서와 같은 재료 검출 센서에 의해 검출되어 카운트된다.

(3) 밸브 C가 열려 액체가 믹서에 공급되어 계량기의 계량값이 0이 되고, 재료 검출 센서로부터 검출된 재료의 수량이 5이면, 믹서는 공급된 2종류의 액체와 5개의 재료를 일정시간 동안 혼합한다. 혼합은 믹서 혼합 모터가 On이 되어 실시된다. 믹서 혼합 모터의 동작시간은 프로그램 상에서 설정한다. 예를 들어 30초 동안 가동시킬 경우 "T#30S"의 시간 상수를 사용한다.

(4) 혼합이 완료되면 믹서 구조 전체가 시계방향으로 회전하여 혼합물을 배출하는데 믹서위치 검출센서(하)에 의해 검출되면 모터는 정지한다. 이때부터 5초가 경과한 후 다시 모터가 반시계방향으로 회전하여 원위치로 복귀하는데 믹서위치 검출센서(상)에 의해 믹서의 위치가 검출되면 모터는 정지한다.

믹서 구조의 회전은 믹서 회전 모터가 On이 됨으로써 실시되며, 위치는 2개의 믹서 위치 검출 센서에 의해 체크된다. 즉, 리밋 스위치 "믹서위치상"의 상태가 On이면 믹서는 수직방향으로 놓여 있는 상태이고, 리밋 스위치 "믹서위치하"의 상태가 On이면 믹서는 수평방향으로 놓여 있는 상태이다.

▶ 입 · 출력 할당표

입 · 출력	주 소	변수명	용 도
입력	%I0.0.1	기동스위치	시작 버튼
입력	%I0.0.2	재료검출	재료를 검출하기 위한 포토 센서
입력	%I0.0.3	믹서위치상	믹서 위치 검출용 리미트 스위치(상)
입력	%I0.0.4	믹서위치하	믹서 위치 검출용 리미트 스위치(하)
입력	%IW0.1.0	액체량	계량된 액체량, BCD입력
출력	%QX0.3.0	밸브A	유체A 공급용 밸브
출력	%QX0.3.1	밸브B	유체B 공급용 밸브
출력	%QX0.3.2	밸브C	혼합 유체(A+B) 공급용 밸브
출력	%QX0.3.5	컨베이어	컨베이어 구동 모터
출력	%QX0.3.6	믹서혼합	믹서 혼합 동작 모터
출력	%QX0.3.7	믹서회전	믹서 시계방향 회전(혼합물 배출)
출력	%QX0.3.8	믹서원위치	믹서 반시계방향 회전(원위치)

▶ SFC 프로그램

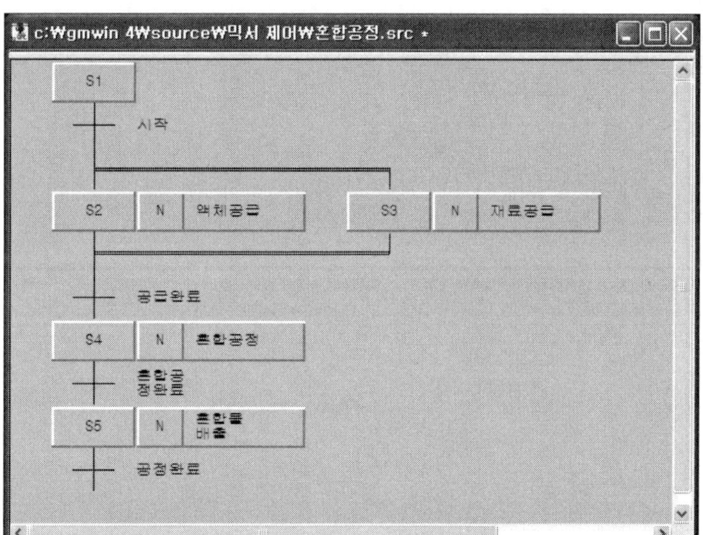

c:₩gmwin 4₩source₩믹서 제어₩혼합공정.src[트랜지션:시작]
기동
믹서위치 상
TRANS

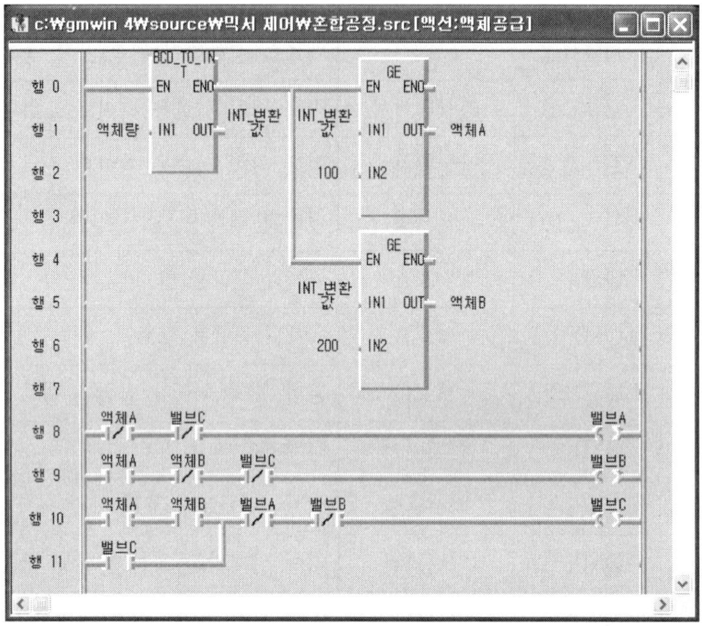
c:₩gmwin 4₩source₩믹서 제어₩혼합공정.src[액션:액체공급]
BCD_TO_INT
액체량
INT_변환값
GE
100
액체A
200
액체B
벨브C
벨브A
벨브B

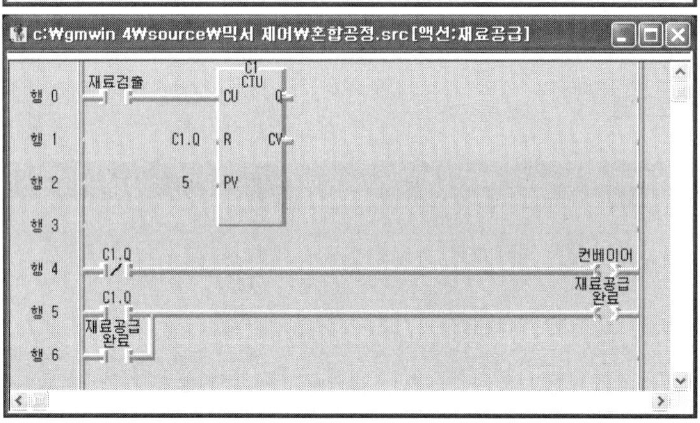
c:₩gmwin 4₩source₩믹서 제어₩혼합공정.src[액션:재료공급]
재료검출
C1
CTU
C1.Q
5
컨베이어
재료공급 완료

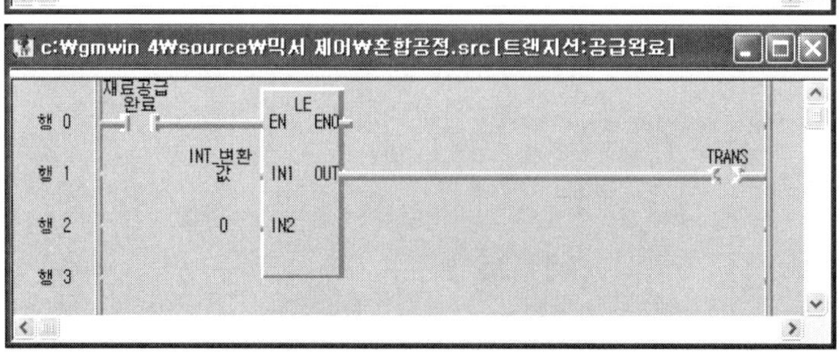
c:₩gmwin 4₩source₩믹서 제어₩혼합공정.src[트랜지션:공급완료]
재료공급 완료
LE
INT_변환값
0
TRANS

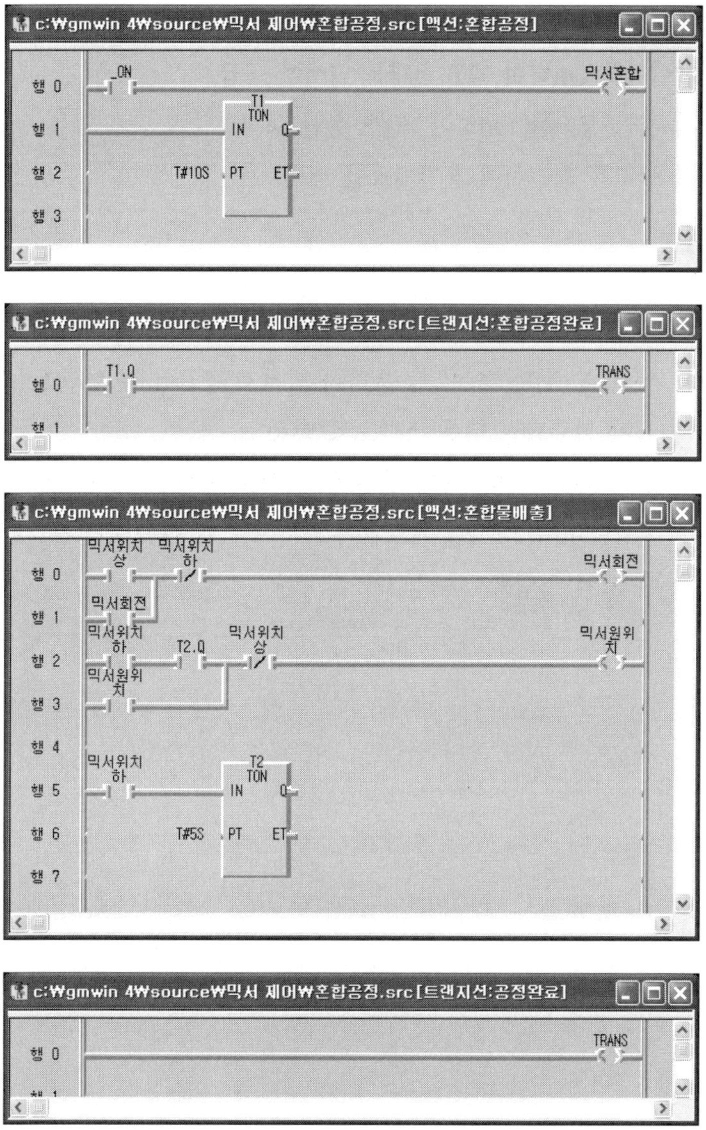

그림 8.19 믹서에 의한 혼합 공정 제어 프로그램 예

▶ 스텝

S1 : 초기 스텝

S2 : 액체 A 공급용 밸브 On, 계량값이 100이면 밸브 Off
액체 B 공급용 밸브 On, 계량값이 200이면 밸브 Off

액체 A+B를 밸브C를 On하여 믹서로 공급

S3 : 컨베이어를 On하여 재료 5개를 믹서에 공급

S4 : 믹서 혼합 모터를 On하여 30초 동안 동작

S5 : 믹서 구조를 회전하여 혼합재료를 배출

▶ 트랜지션

시작 : 기동과 믹서위치상이 동시에 On이면 다음 스텝으로 이동

공급완료 : 액체 A+B가 밸브C를 통하여 믹서로 공급이 완료되고, 재료 5개가 공급이 완료되면 다음 스텝으로 이동

혼합공정완료 : 30초 동안 혼합모터가 On되었으면 다음 스텝으로 이동

공정완료 : 혼합물 배출 공정이 완료되어 믹서 구조가 다시 수직위치로 되돌아 왔을 때 초기 스텝으로 이동

연습문제

1. Ladder Diagram으로 작성된 다음의 예들을 SFC로 작성하고 시뮬레이션 하시오.
   (1) 그림 7.22의 수위 레벨 제어
   (2) 그림 7.29의 3상 유도전동기의 Y-Δ 자동 운전

2. Ladder Diagram으로 작성된 다음의 연습과제들을 SFC로 작성하고 시뮬레이션 하시오.
   (1) 7.4.1절 2개의 실린더 순차 제어
   (2) 7.4.2절 상하 왕복운동식 세척기
   (3) 7.4.3절 자동문 개폐 제어
   (4) 7.4.5절 주차관리 시스템
   (5) 7.4.6절 제품 패키징
   (6) 7.4.7절 탱크 수위 제어
   (7) 7.4.8절 탱크의 액체 혼합물 공급 제어

부록

부록A. 예약 변수
부록B. 표준 펑션 목록(GLOFA GM4 기준)
부록C. 표준 펑션 블록 목록
부록D. 확장 펑션 라이브러리(Master-K 펑션 라이브러리)

부록 A. 예약 변수

(1) 사용자 플래그

예약 변수	데이터 형	내 용
_ERR	BOOL	연산 에러 접점
_LER	BOOL	연산 에러 래치 접점
_T20MS	BOOL	20 ms 클럭 접점
_T100MS	BOOL	100 ms 클럭 접점
_T200MS	BOOL	200 ms 클럭 접점
_T1S	BOOL	1 s 클럭 접점
_T2S	BOOL	2 s 클럭 접점
_T10S	BOOL	10 s 클럭 접점
_T20S	BOOL	20 s 클럭 접점
_T60S	BOOL	60 s 클럭 접점
_ON	BOOL	항시 On 접점
_OFF	BOOL	항시 Off 접점
_1ON	BOOL	1 스캔 On 접점
_1OFF	BOOL	1 스캔 Off 접점
_STOG	BOOL	스캔마다 반전
_INIT_DONE	BOOL	초기화 프로그램 완료
_RTC_DATE	DATE	RTC의 현재 날짜
_RTC_TOD	TOD	RTC의 현재 시간
_RTC_WEEK	UNIT	RTC의 현재 요일

(2) 시스템 에러 대표 플래그

예약 변수	데이터 형	내 용
_CNF_ER	WORD	시스템의 에러(중고장)
_CPU_ER	BOOL	CPU 구성 에러
_IO_TYER	BOOL	모듈 타입 불일치 에러
_IO_DEER	BOOL	모듈 착탈 에러
_FUSE_ER	BOOL	Fuse 단선 에러
_IO_RWER	BOOL	입·출력 모듈 읽기/쓰기 에러(고장)

예약 변수	데이터 형	내 용
_SP_IFER	BOOL	특수/통신 모듈 인터페이스 에러(고장)
_ANNUN_ER	BOOL	외부기기의 중고장 검출 에러
_WD_ER	BOOL	Scan Watch-Dog 에러
_CODE_ER	BOOL	프로그램 코드 에러
_STACK_ER	BOOL	Stack Overflow 에러
_P_BCK_ER	BOOL	프로그램 에러

(3) 시스템 에러 해제 플래그

예약 변수	데이터 형	내 용
_CNF_ER_M	BYTE	시스템 에러(중고장) 해제
_IO_DEER_M	BOOL	모듈 착탈 에러 해제
_FUSE_ER_M	BOOL	퓨즈 단선 에러 해제
_IO_RWER_M	BOOL	입·출력 모듈 읽기/쓰기 에러 해제
_SP_IFER_M	BOOL	특수/통신 모듈 인터페이스 에러 해제
_ANNUN_ER_M	BOOL	외부기기의 중고장 검출 에러 해제

(4) 시스템 경고 대표 플래그

예약 변수	데이터 형	내 용
_CNF_WAR	WORD	시스템의 경고(경고장)
_RTC_ERR	BOOL	RTC 데이터 이상
_D_BCK_ER	BOOL	데이터 백업 에러
_H_BCK_ER	BOOL	핫 리스타트 수행 불가 에러
_AB_SD_ER	BOOL	비정상 전원 차단(Abnormal Shutdown)
_TASK_ERR	BOOL	태스크(Task) 충돌(정주기, 외부 태스크)
_BAT_ERR	BOOL	배터리 이상
_ANNUN_WR	BOOL	외부기기의 경고장 검출
_HSPMT1_ER	BOOL	고속 링크 파라미터1 이상
_HSPMT2_ER	BOOL	고속 링크 파라미터2 이상
_HSPMT3_ER	BOOL	고속 링크 파라미터3 이상
_HSPMT4_ER	BOOL	고속 링크 파라미터4 이상

(5) 시스템 에러 상세 플래그

예약 변수	데이터 형	내 용
_IO_TYER_N	UINT	모듈 타입 불일치 슬롯 넘버
_IO_TYERR	ARRAY OF BYTE	모듈 타입 불일치 위치
_IO_DEER_N	UINT	모듈 착탈 슬롯 넘버
_IO_DEERR	ARRAY OF BYTE	모듈 착탈 위치
_FUSE_ER_N	UINT	Fuse 단선 슬롯 넘버
_FUSE_ERR	ARRAY OF BYTE	Fuse 단선 슬롯 위치
_IO_RWER_N	UINT	입·출력 모듈 읽기/쓰기 에러 슬롯 넘버
_IO_RWERR	ARRAY OF BYTE	입·출력 모듈 읽기/쓰기 에러 슬롯 위치
_IP_IFER_N	UINT	특수/링크 모듈 인터페이스 에러 슬롯 넘버
_IP_IFERR	ARRAY OF BYTE	특수/링크 모듈 인터페이스 에러 슬롯 위치
_ANC_ERR	ARRAY OF UINT	외부기기의 중고장 검출
_ANC_WAR	ARRAY OF UINT	외부기기의 경고장 검출
_ANC_WB	ARRAY OF UINT	외부기기의 경고장 검출 비트 Map
_TC_BMAP	ARRAY OF BYTE	태스크 충돌 표시
_TC_CNT	UINT	태스크 충돌 카운터
_BAT_ER_TM	DT	배터리 전압 저하 시각
_AC_F_CNT	UINT	전원 차단 카운터
_AC_F_TM	ARRAY OF DT	순시정전 이력

(6) 시스템 운전 상태 정보

예약 변수	데이터 형	내 용
_CPU_TYPE	UINT	시스템의 형태
_VER_NUM	UINT	PLC O/S 버전 번호
_MEM_TYPE	UINT	메모리 모듈의 타입
_SYS_STATE	WORD	PLC 모드 및 상태
_GMWIN_CNF	BYTE	PADT연결 상태
_RST_TY	BYTE	리스타트 모드 정보
_INIT_RUN	BIT	초기화 수행 중
_SCAN_MAX	UINT	최장 스캔 시간(ms)
_SCAN_MIN	UINT	최단 스캔 시간(ms)
_SCAN_CUR	UINT	현재 스캔 시간(ms)
_STSK_NUM	UINT	실행시간 확인을 요하는 태스크 넘버
_STSK_MAX	UINT	최장 태스크 실행 시간(ms)
_STSK_MIN	UINT	최단 태스크 실행 시간(ms)
_STSK_CUR	UINT	현재 태스크 실행 시간(ms)
_RTC_TIME	ARRAY OF BYTE	현재 시각
_SYS_ERR	UINT	이상 종류

(7) 통신 모듈 정보 플래그(n은 통신 모듈이 장착된 슬롯 번호; n = 0 ~ 7)

예약 변수	데이터 형	내 용
_CnVERNO	UINT	통신 모듈의 버젼 No.
_CnSTNOH _CnSTNOL	UINT	통신 모듈의 국번
_CnTXECNT	UINT	통신 프레임 전송 에러
_CnRXECNT	UINT	통신 프레임 수신 에러
_CnSVCFCNT	UINT	통신 서비스 처리 에러
_CnSCANMX	UINT	통신 스캔 타임 최대(1ms 단위)
_CnSCANAV	UINT	통신 스캔 타임 평균(1ms 단위)
_CnSCANMN	UINT	통신 스캔 타임 최소(1ms 단위)
_CnLINF	UINT	통신 모듈 시스템 정보
_CnCRDER	BOOL	통신 모듈의 시스템 에러(에러 = 1)
_CnSVBSY	BOOL	공용 RAM 자원 부족(부족=1)
_CnIFERR	BOOL	인터페이스 에러(에러 = 1)
_CnINRING	BOOL	통신 참여(IN_RING = 1)
_CnLNKMOD	BOOL	동작 모드(Run=1,Test=0)

(8) 리모트 I/O 제어 플래그(m은 통신 모듈이 장착된 슬롯 번호; m = 0 ~ 7)

예약 변수	데이터 형	내 용
_FSMm_reset	BOOL(Write 가능)	리모트 I/O국 리셋 제어(리셋=1)
_FSMm_io_reset	BOOL(Write 가능)	리모트 I/O국의 출력 접점 리셋 제어(리셋=1)
_FSMm_st_no	USINT(Write 가능)	해당 리모트 I/O국의 국번호

(9) 고속 링크 정보 상세 플래그(m은 고속 링크 파라미터 번호; m=1, 2, 3, 4)

예약 변수	데이터 형	내 용
_HSmRLINK	BIT	고속 링크의 RUN_LINK 정보
_HSmLTRBL	BIT	고속 링크의 비정상 정보(Link Trouble)
_HSmSTATE	ARRAY OF BIT	고속 링크의 파라미터에서 k 데이터 블록의 종합적 통신 상태 정보
_HSmMOD	ARRAY OF BIT	고속 링크의 파라미터에서 k 데이터 블록에 설정된 국의 모드 정보 (Run = 1, 이외 = 0)
_HSmTRX	ARRAY OF BIT	고속 링크의 파라미터에서 k 데이터 블록의 통신 상태 정보 (정상 = 1, 비 정상 = 0)
_HSmERR	ARRAY OF BIT	고속 링크의 파라미터에서 k 데이터 블록에 설정된 국의 상태 정보 (정상 = 0, 에러 = 1)

부록 B. 표준 펑션 목록(GLOFA GM4 기준)

구 분	명령어	기 호	기 능
전송 펑션	MOVE	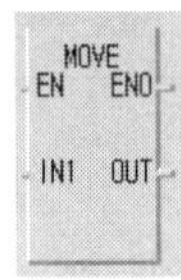	데이터 전송 IN1 : 전송원(모든 형식) OUT : 전송선(모든 형식)
변환 펑션	***_TO_***	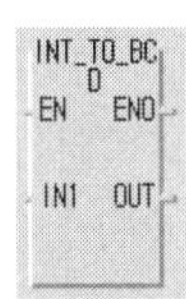	데이터 형식 변환 펑션 IN1 : 전송원, OUT : 전송선 변환 명령 펑션의 종류 SINT_TO_INT외 14종, INT_TO_SINT 외 14종, DINT_TO_SINT 외 14종, LINT_TO_SINT 외 14종, USINT_TO_SINT 외 14종, UINT_TO_SINT 외 14종, UDINT_TO_SINT 외 14종, ULINT_TO_SINT 외 14종, BYTE_TO_SINT 외 14종, WORD_TO_SINT 외 14종, DWORD_TO_SINT 외 14종, LWORD_TO_SINT 외 14종, BCD_TO_SINT 외 7종, REAL_TO_SINT 외 7종, LREAL_TO_SINT 외 7종, STRING_TO_SINT 외18종, NUM_TO_STRING, TIME_TO_UDINT 외 2종, DATE_TO_UINT 외 2종, TOD_TO_UDINT 외 2종, DT_TO_DATE 외 2종 * LINT, ULINT, LWORD, REAL, LREAL, 관련 펑션 제외(GM1, GM2만 가능)

구 분	명령어	기 호	기 능
수치 연산 펑션	ADD	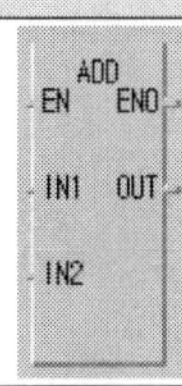	덧셈 펑션 IN1 ~ IN8 : 더할 값(ANY_INT) OUT : 결과값(ANY_INT)
	SUB	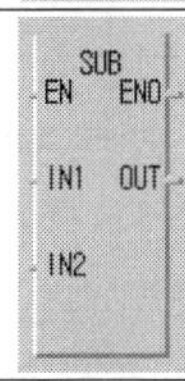	뺄셈 펑션 IN1 : 연산원(ANY_INT) IN2 : 뺄 값(ANY_INT) OUT : 결과값(ANY_INT)
	MUL	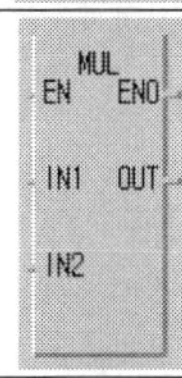	곱셈 펑션 IN1 ~ IN8 : 곱할 값(ANY_INT) OUT : 결과값(ANY_INT)
	DIV	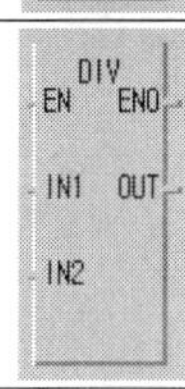	나눗셈(몫) IN1 : 연산원(ANY_INT) IN2 : 나눌 값(ANY_INT) OUT : 몫(ANY_INT)
	MOD	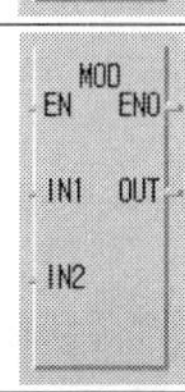	나눗셈(나머지) IN1 : 연산원(ANY_INT) IN2 : 나눌 값(ANY_INT) OUT : 나머지 값(ANY_INT)
	ABS	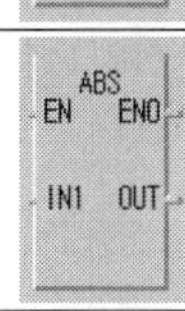	절대값 IN1 : 정수(ANY_INT) OUT : 결과값(ANY_INT)
이동 펑션	SHL	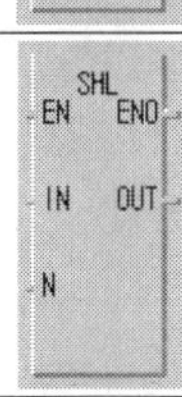	비트열 왼쪽으로 이동 IN : 전송원(ANY_BIT) N : 이동할 비트 수(INT) OUT : 전송선(ANY_BIT)
	SHR	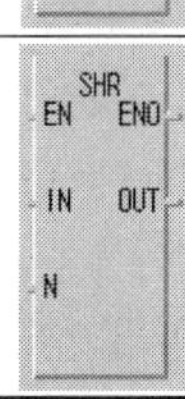	비트열 오른쪽으로 이동 IN : 전송원(ANY_BIT) N : 이동할 비트 수(INT) OUT : 전송선(ANY_BIT)

구 분	명령어	기 호	기 능
회전 펑션	ROL	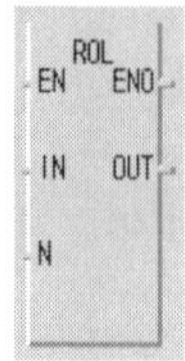	비트열 왼쪽으로 회전 IN : 전송원(ANY_BIT) N : 회전할 비트 수(INT) OUT : 전송선(ANY_BIT)
	ROR	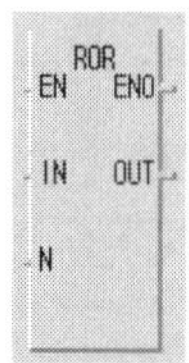	비트열 오른쪽으로 회전 IN : 전송원(ANY_BIT) N : 회전할 비트 수(INT) OUT : 전송선(ANY_BIT)
논리 연산 펑션	AND	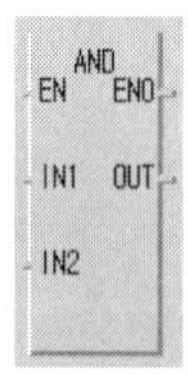	논리곱 IN1 ~ IN8 : 연산원(ANY_BIT) OUT : 결과값(ANY_BIT)
	OR	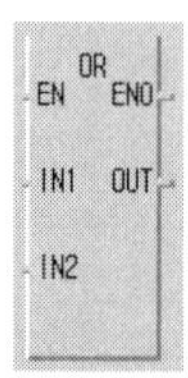	논리합 IN1 ~ IN8 : 연산원(ANY_BIT) OUT : 결과값(ANY_BIT)
	XOR	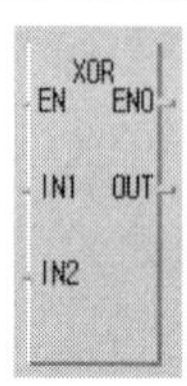	배타적 논리합 IN1 ~ IN8 : 연산원(ANY_BIT) OUT : 결과값(ANY_BIT)
	NOT	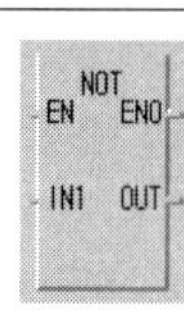	논리 반전 IN1, IN2 : 연산원(ANY_BIT) OUT : 결과값(ANY_BIT)
선택 펑션	SEL	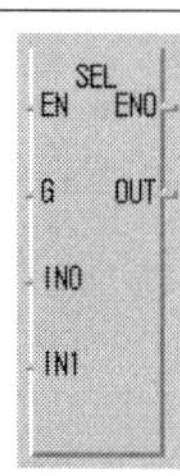	2개중 선택 G : 출력 선택(BOOL) IN0 : G가 Off일 경우 선택 값(Any) IN1 : G가 On일 경우 선택 값(Any) OUT : 출력값(Any)

구 분	명령어	기 호	기 능
선택 펑션	MAX	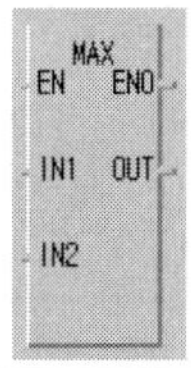	최대값 구하기 IN1 ~ IN8 : 선택값(Any_INT) OUT : 최대 출력값(Any_INT)
	MIN	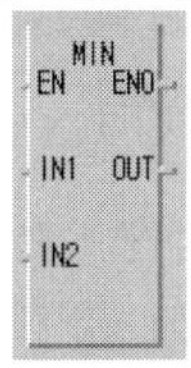	최소값 구하기 IN1 ~ IN8 : 선택값(Any_INT) OUT : 최소 출력값(Any_INT)
	LIMIT	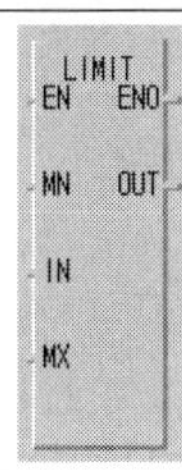	상하한 제한값 MN : 하한값(Any_INT) IN : 전송원(Any_INT) MX : 상한값(Any_INT) OUT : 출력값(Any_INT)
	MUX	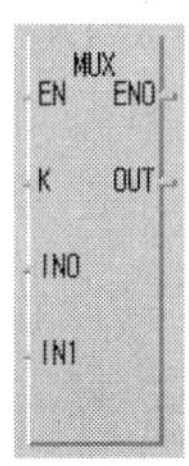	최대7개중 선택 K : 선택 입력 번호 IN0 : 전송원 0번(Any) IN1 : 전송원 1번(Any) IN2 : 전송원 2번(Any) IN3 : 전송원 3번(Any) IN4 : 전송원 4번(Any) IN5 : 전송원 5번(Any) IN6 : 전송원 6번(Any) OUT : 출력값(Any)
비교 펑션	GT	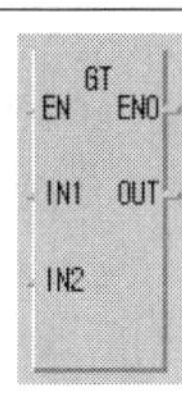	비교 펑션 IN1 ~ IN8 : 비교 데이터(Any) OUT : 출력(BOOL) IN1 〉 IN2 〉 .... 〉 IN7 〉 IN8의 조건 성립시 OUT 출력 On
	GE	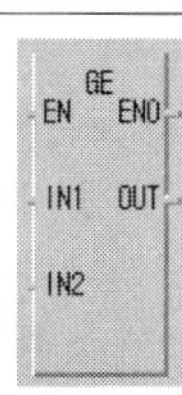	비교 펑션 IN1 ~ IN8 : 비교 데이터(Any) OUT : 출력(BOOL) IN1 ≥ IN2 ≥ .... ≥ IN7 ≥ IN8의 조건 성립시 OUT 출력 On

구 분	명령어	기 호	기 능
비교 펑션	EQ	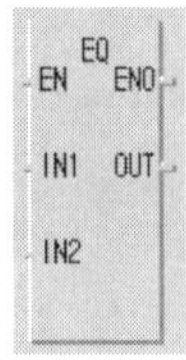	비교 펑션 IN1 ~ IN8 : 비교 데이터(Any) OUT : 출력(BOOL) IN1 = IN2 = ... = IN7 = IN8의 조건 성립시 OUT 출력 On
	LE	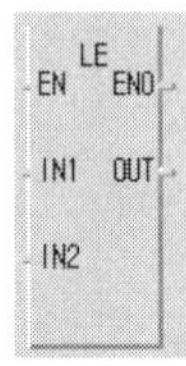	비교 펑션 IN1 ~ IN8 : 비교 데이터(Any) OUT : 출력(BOOL) IN1 ≤ IN2 ≤ .... ≤ IN7 ≤ IN8의 조건 성립시 OUT 출력 On
	LT	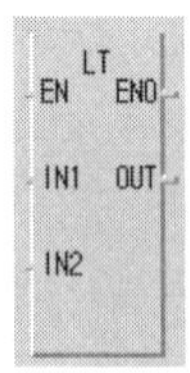	비교 펑션 IN1 ~ IN8 : 비교 데이터(Any) OUT : 출력(BOOL) IN1 〈 IN2 〈 .... 〈 IN7 〈 IN8의 조건 성립시 OUT 출력 On
	NE	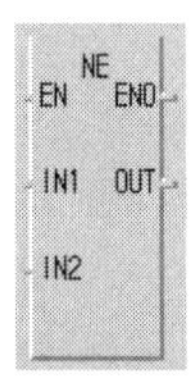	비교 펑션 IN1, IN2 : 비교 데이터(Any) OUT : 출력(BOOL) IN1 ≠ IN2의 조건 성립시 OUT 출력 On
문자열 펑션	LEN	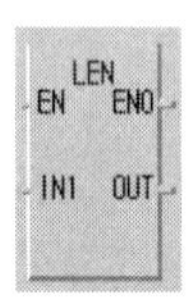	문자열 길이 IN1 : 문자열 입력(STRING) OUT : 문자열 길이(INT)
	LEFT	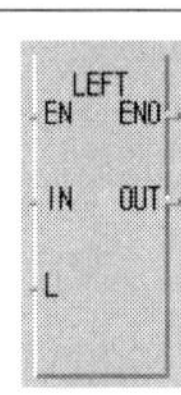	문자열 왼쪽 부분 전송 IN : 문자열 입력(STRING) L : 문자열 길이(INT) OUT : 문자열 출력(STRING)
	RIGHT	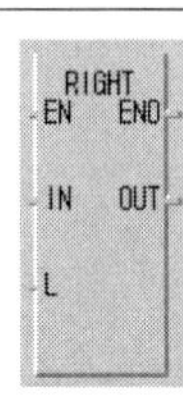	문자열 오른쪽 부분 전송 IN : 문자열 입력(STRING) L : 문자열 길이(INT) OUT : 문자열 출력(STRING)

구 분	명령어	기 호	기 능
문자열펑션	MID	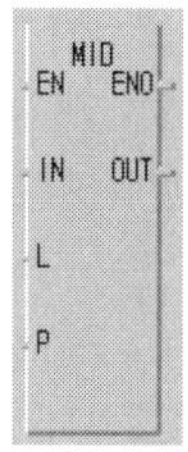	문자열 중간 부분 전송 IN : 문자열 입력(STRING) L : 문자열 길이(INT) P : 문자열 선두 위치(INT) OUT : 문자열 출력(STRING)
	INSERT	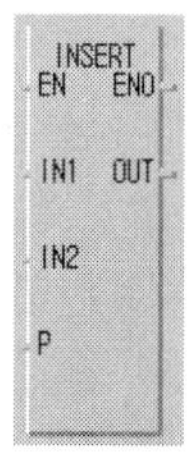	문자열 삽입 IN1 : 문자열 입력(STRING) IN2 : 삽입할 문자열(STRING) P : 문자열 선두 위치(INT) OUT : 문자열 출력(STRING)
	CONTACT	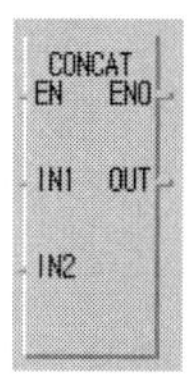	문자열 연결 입력 문자열을 순서대로 연결 IN1 ~ IN8 : 문자열(STRING) OUT : 문자열 출력(STRING)
	DELETE	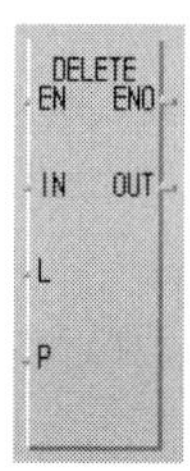	문자열 삭제 IN1 : 문자열 입력(STRING) L : 삭제할 문자열 길이(INT) P : 문자열 선두 위치(INT) OUT : 문자열 출력(STRING)
	REPLACE	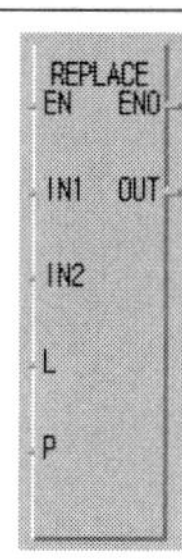	문자열 대체 IN1 : 문자열 입력(STRING) IN2 : 대체할 문자열(STRING) P : 문자열 선두 위치(INT) OUT : 문자열 출력(STRING)
	FIND	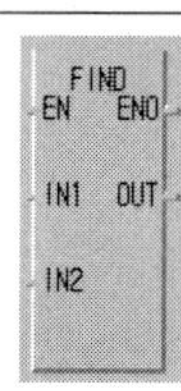	문자열 찾기 IN1 : 문자열 입력(STRING) IN2 : 검색할 문자열(STRING) OUT : 문자열 선두 위치(INT)

구 분	명령어	기 호	기 능
날짜 시간 펑션	ADD_TIME	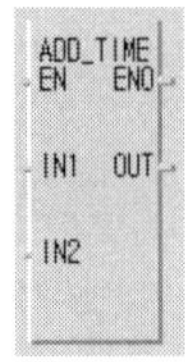	시간 더하기 IN1 : 시각 또는 시간(TIME, TOD, TD) IN2 : 더할 시간(TIME) OUT : 결과 시각 또는 시간(TIME, TOD, TD)
	SUB_TIME	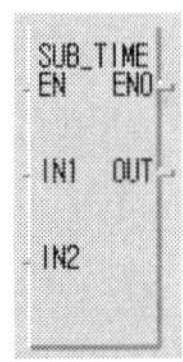	시간 빼기 IN1 : 시각 또는 시간(TIME, TOD, TD) IN2 : 뺄 시간(TIME) OUT : 결과 시각 또는 시간(TIME, TOD, TD)
	SUB_DATE	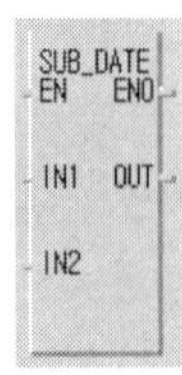	날짜 빼기 IN1 : 날짜(DATE) IN2 : 뺄 날짜(DATE) OUT : 결과 시간(TIME)
	SUB_TOD	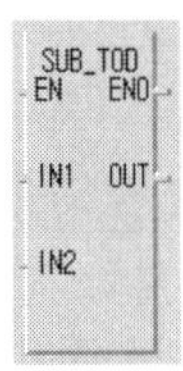	시각 빼기 IN1 : 시각(TIME OF DAY) IN2 : 뺄 시각(TIME OF DAY) OUT : 결과 시간(TIME)
	SUB_DT	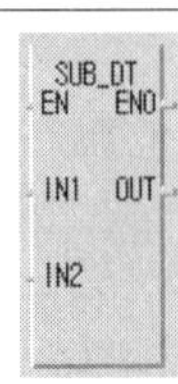	날짜 시각 빼기 IN1 : 시각(DATE&TIME) IN2 : 뺄 시각(DATE&TIME) OUT : 결과 시간(TIME)
	MUL_TIME	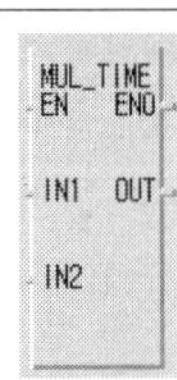	시간 곱하기 IN1 : 입력 시간(TIME) IN2 : 곱할 값(INT) OUT : 결과 시간(TIME)
	DIV_TIME	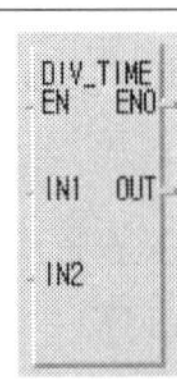	시간 나누기 IN1 : 입력 시간(TIME) IN2 : 나눌 값(INT) OUT : 결과 시간(TIME)

구 분	명령어	기 호	기 능
날짜 시간 펑션	CONTACT_ TIME	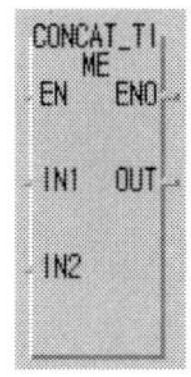	날짜와 시각 연결 IN1 : 입력 날짜(DATE) IN2 : 입력 시각(TOD) OUT : 결과 날짜 시각(DT)
시스템제어펑션	DI	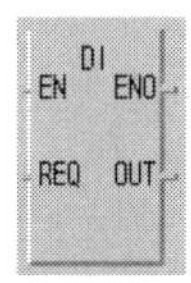	인터럽트 금지 REQ : 금지 요구(BOOL) OUT : 금지 확인(BOOL)
	EI	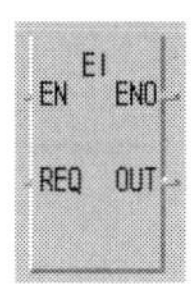	인터럽트 허가 REQ : 허가 요구(BOOL) OUT : 허가 확인(BOOL)
	STOP	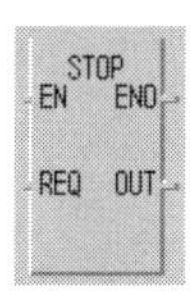	PLC 정지 요구 REQ : 정지 요구(BOOL) OUT : 정지 확인(BOOL)
	ESTOP	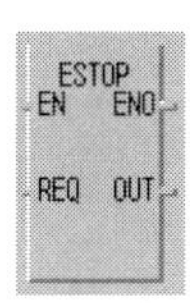	PLC 비상 정지 요구 REQ : 정지 요구(BOOL) OUT : 정지 확인(BOOL)
	DIREC_IN	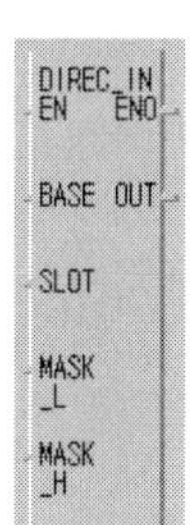	입력 데이터 즉시 갱신 BASE : 베이스 모듈 번호 SLOT : 입력 모듈 슬롯 위치 MASK_L : 하위 32Bit중 갱신하지 않을 Bit 지정(DWORD) MASK_H : 상위 32Bit중 갱신하지 않을 Bit 지정(DWORD) OUT : 실행 완료(BOOL)

구 분	명령어	기 호	기 능
시스템제어펑션	DIREC_0		출력 데이터 즉시 갱신 BASE : 베이스 모듈 번호 SLOT : 출력 모듈 슬롯 위치 MASK_L : 하위 32Bit중 갱신하지 않을 Bit 지정(DWORD) MASK_H : 상위 32Bit중 갱신하지 않을 Bit 지정(DWORD) OUT : 실행 완료(BOOL)
	WDT_RST	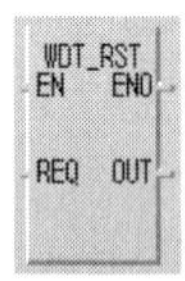	워치 독 타이머 리셋 REQ : 리셋 요구(BOOL) OUT : 실행 완료(BOOL)

부록 C. 표준 펑션 블록 목록

구 분	명령어	기 호	기 능
타이머펑션블록	TON	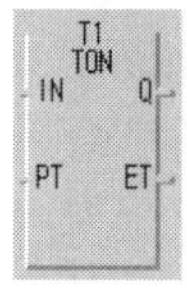	On 딜레이 타이머 IN : 동작 개시 신호(BOOL) PT : 설정 시간(TIME) Q : 출력(BOOL) ET : 현재값
	TOF	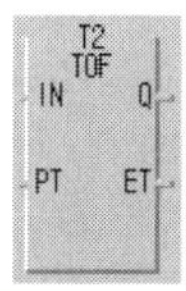	Off 딜레이 타이머 IN : 동작 개시 신호(BOOL) PT : 설정 시간(TIME) Q : 출력(BOOL) ET : 현재값
	TP	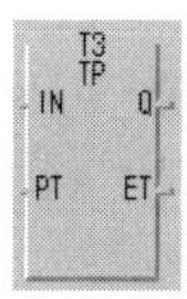	펄스 타이머 IN : 동작 개시 신호(BOOL) PT : 설정 시간(TIME) Q : 출력(BOOL) ET : 현재값(TIME)
카운터펑션블록	CTU	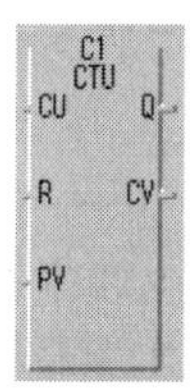	가산 카운터 CU : 펄스 입력(BOOL) R : 현재 값 리셋(BOOL) PV : 설정 값(INT) Q : 출력(BOOL)
	CTD	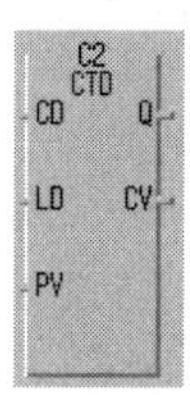	감산 카운터 CD : 펄스 입력(BOOL) LD : 설정 값 Read(BOOL) PV : 설정 값(INT) Q : 출력(BOOL) CV : 현재 값(INT)
	CTUD	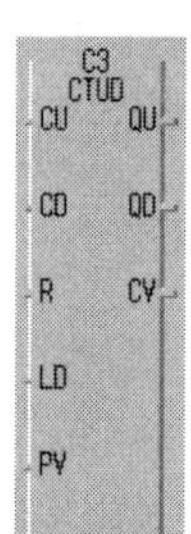	가감산 카운터 CU : 가산 펄스 입력(BOOL) CD : 감산 펄스 입력(BOOL) R : 현재 값 리셋(BOOL) LD : 설정 값 Read(BOOL) PV : 설정 값(INT) QU : 가산 카운트 출력(BOOL) QD : 감산 카운트 출력(BOOL) CV : 현재 값(INT)

구 분	명령어	기 호	기 능
펑션 블록	SEMA		시스템 자원 제어(Semaphore) CLAIM : 자원 독점 요구(BOOL) RELEASE : 자원 해방(BOOL) BUSY : 자원 취득 불가(BOOL)
	SR	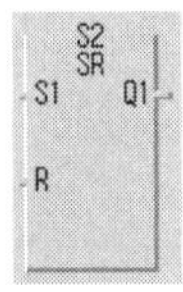	Set 우선 쌍안정(Bistable) S1 : Set신호(BOOL) R : Reset신호(BOOL) Q1 : 출력(BOOL)
	RS	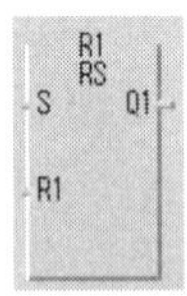	Reset 우선 쌍안정(Bistable) S : Set신호(BOOL) R1 : Reset신호(BOOL) Q1 : 출력(BOOL)
	R_TRG		상승 에지 검출 CLK : 입력(BOOL) Q : 출력(BOOL)
	F_TRG	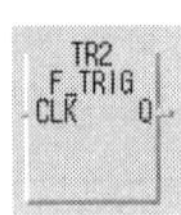	하강 에지 검출 CLK : 입력(BOOL) Q : 출력(BOOL)

부록 D. 확장 펑션 라이브러리(Master-K 펑션 라이브러리)

라이브러리 파일을 삽입하기 위해서는 다음과 같은 방법을 따른다.

「프로젝트 창 〉 라이브러리 탭 〉 라이브러리 오른쪽 마우스 버튼 클릭 〉 프로젝트 항목 추가 〉 라이브러리 〉 해당 라이브러리 파일 선택(예를 들어 "mkstdlib.4fu" 선택) 〉 열기」를 클릭한다.

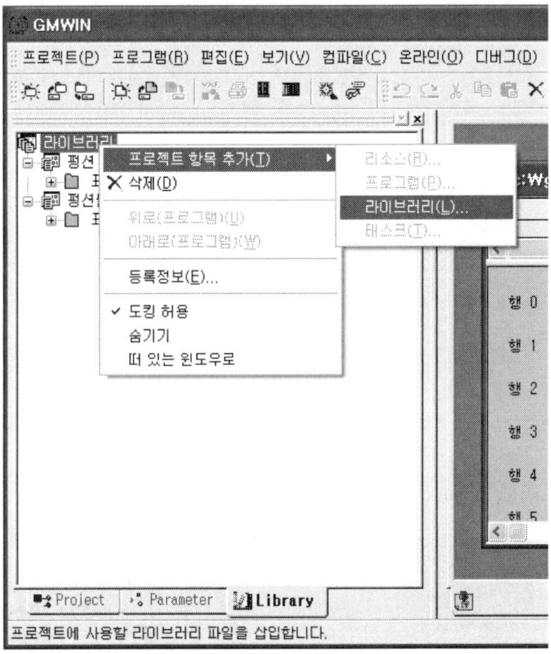

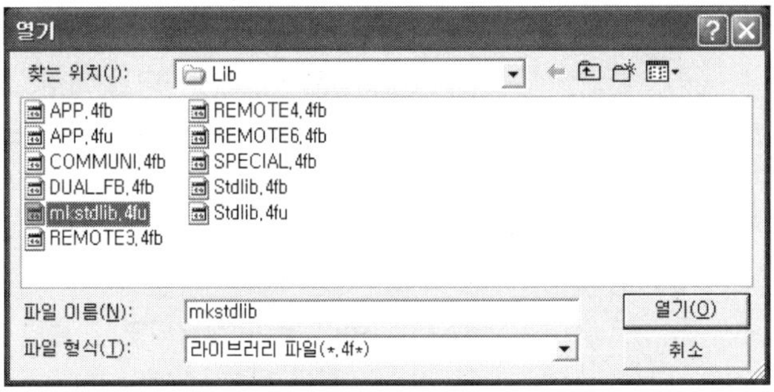

구 분	명령어	기 호	기 능
확장 펑션	ENCO_ B,W,D,L	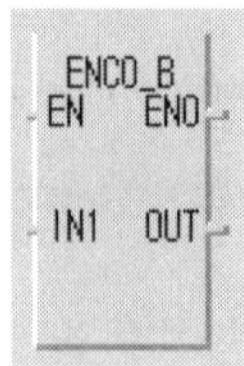	On된 비트 위치를 숫자로 출력 EN : 1일 때 펑션 실행 IN : Encoding할 데이터 입력 ENO : 에러 없이 실행되면 1 출력 OUT : Encoding한 결과 데이터
	DECO_ B,W,D,L	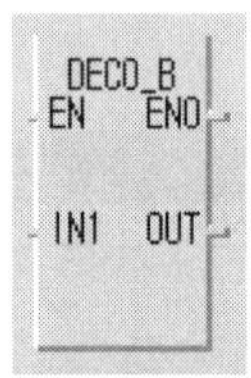	지정된 비트 위치를 On EN : 1일 때 펑션 실행 IN : Decoding할 데이터 입력 ENO : 에러 없이 실행되면 1 출력 OUT : Decoding한 결과 데이터
	BSUM_ B,W,D,L		On된 비트 개수를 숫자로 출력 EN : 1일 때 펑션 실행 IN : On 비트를 검색할 입력 데이터 ENO : EN값이 그대로 출력 OUT : On된 비트 개수를 합한 결과 데이터
	SEG	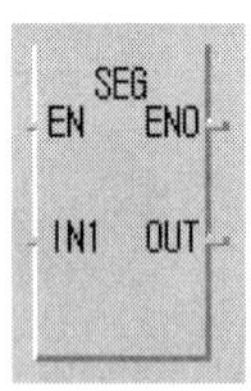	BCD 또는 HEX 값을 7-Segment 디스플레이 코드로 변환 EN : 1일 때 펑션 실행 IN : 7-Segment 코드로 변환될 데이터 ENO : EN값이 그대로 출력 OUT : 7-Segment 코드로 변환된 결과 데이터
	BMOV_ B,W,D,L	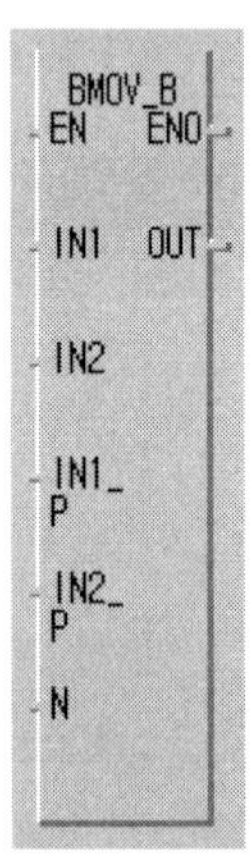	비트 스트링의 일부분을 복사, 이동 EN : 1일 때 펑션 실행 IN1 : 조합할 비트 데이터를 가진 스트링 데이터 IN2 : 조합할 비트 데이터를 가진 스트링 데이터 EN1_P : IN1 지정 데이터상의 시작 비트 위치 EN2_P : IN2 지정 데이터상의 시작 비트 위치 N : 조합할 비트 수 ENO : 에러 없이 실행되면 1 출력 OUT : 조합된 비트 스트링 데이터 출력

참고 문헌

1. GM 명령어집, LS산전.
2. GLOFA GM4 사용설명서, LS산전.
3. GLOFA GM7 사용설명서, LS산전.
4. GMWIN V4 사용설명서, LS산전.
5. 김호동, IEC-1131 규격에 의한 Programmable Logic Controller - 원리와 응용, 기한재, 2000.
6. 김종오, 이준호, PLC제어 이론과 프로그래밍, 일진사, 1999.
7. 생산자동화 실험실습장치 사용설명서, (주)ED, 2004.
8. SYSMATIC CV-series CV500/CV1000/CV2000 Programmable Controllers Operation Manual : SFC, OMRON, 1993.
9. 김원회, PLC를 중심으로 한 종합 시퀀스 제어, 성안당, 2000.

찾아보기

저자소개
김영흡
서울대학교 기계설계학과 졸업
서울대학교 대학원 기계설계학과 졸업(석사)
서울대학교 대학원 기계설계학과 졸업(박사)
현대자동차 중앙연구소 선임연구원
UC Berkeley 교환교수
현재-동양미래대학교 기계과 교수

김중배
연세대학교 기계공학과 졸업
연세대학교 대학원 기계공학과 졸업(석사)
연세대학교 대학원 기계공학과 졸업(박사)
대우전자 전장사업부 선임연구원
현재-동양미래대학교 기계설계과 교수

시퀀스 제어와 PLC

초판 발행 | 2009년 08월 20일
5쇄 발행 | 2020년 02월 10일

지은이 | 김 영 흡 · 김 중 배
펴낸이 | 조 승 식
펴낸곳 | (주)도서출판 북스힐

등 록 | 1998년 7월 28일 제 22-457호
주 소 | 서울시 강북구 한천로 153길 17
전 화 | (02) 994-0071
팩 스 | (02) 994-0073

홈페이지 | www.bookshill.com
이메일 | bookshill@bookshill.com

정가 17,000원

ISBN 978-89-5526-510-1

Published by bookshill, Inc. Printed in Korea.